개념이
수학의
전부다

개념수다 3

중등 수학 2 (상)

BOOK CONCEPT

술술 읽으며 개념 잡는 수학 EASY 개념서

BOOK GRADE

구성 비율	개념				문제
개념 수준	간략		알참		상세
문제 수준	기본		실전		심화

WRITERS

미래엔콘텐츠연구회
No.1 Content를 개발하는 교육 전문 콘텐츠 연구회

COPYRIGHT

인쇄일 2022년 11월 1일(1판1쇄)
발행일 2022년 11월 1일

펴낸이 신광수
펴낸곳 ㈜미래엔
등록번호 제16-67호

교육개발1실장 하남규
개발책임 주석호
개발 김윤희, 김지연, 박지혜

콘텐츠서비스실장 김효정
콘텐츠서비스책임 이승연

디자인실장 손현지
디자인책임 김기욱
디자인 권욱훈, 신수정, 유성아

CS본부장 강윤구
CS지원책임 강승훈

ISBN 979-11-6841-303-0

술술 읽으며 개념 잡는

개념 수다 3

중등 수학 2 (상)

0 개념, 점검하기

덧셈을 모르고 곱셈을 알 수는 없어요.
이전 개념을 점검하는 것부터 시작하세요!

1 개념, 이해하기

개념의 원리와 설명을 찬찬히 읽으며
자연스럽게 이해해 보세요. 이해가 어렵다면
개념 영상 강의도 시청해 보세요.
분명 2배의 학습 효과가 있을 거예요.

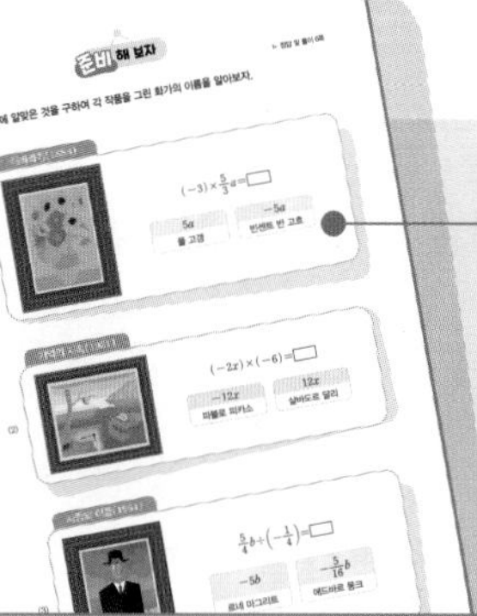

0 준비해 보자

개념 학습을 시작하기 전에 이전 개념을
재미있게 점검할 수 있습니다.

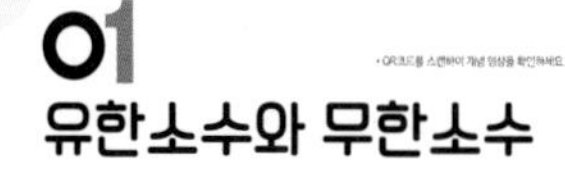

※ 개념 영상은 4쪽 ❷에 설명되어 있습니다.

1 개념 도입 만화

개념에 대한 흥미와 궁금증을 유발하는
만화입니다.

1 꽉 잡아, 개념!

중요 개념을 따라 쓰면서 배운 내용을
확인할 수 있습니다.

2 개념, 확인&정리하기

개념을 잘 이해했는지 문제를 풀어 보며
부족한 부분을 보완해 보세요. 개념 공부가 끝났으면
개념 전체의 흐름을 한 번에 정리해 보세요.

3 개념, 끝장내기

이제는 얼마나 잘 이해했는지 테스트를 해 봐야겠죠?
QR코드를 스캔하여 문제의 답을 입력하면 자동으로
채점이 되고, 부족한 개념을 문제로 보충할 수 있어요.
이것까지 완료하면 개념 공부를 끝장낸 거예요.

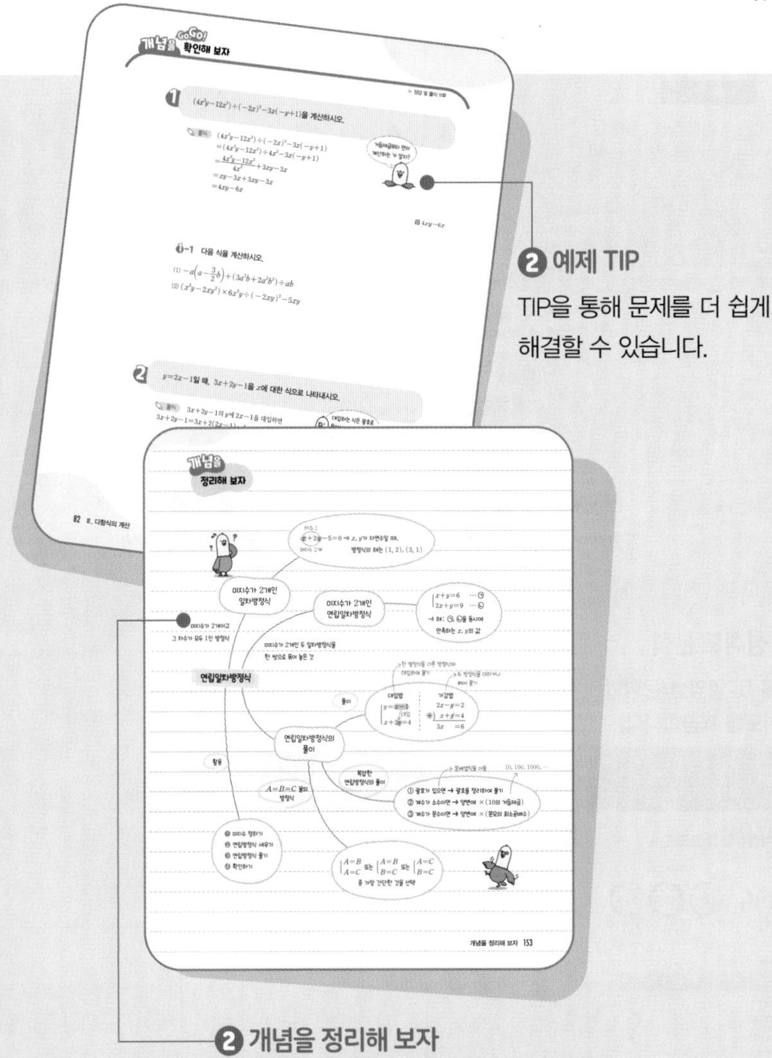

❷ 예제 TIP
TIP을 통해 문제를 더 쉽게
해결할 수 있습니다.

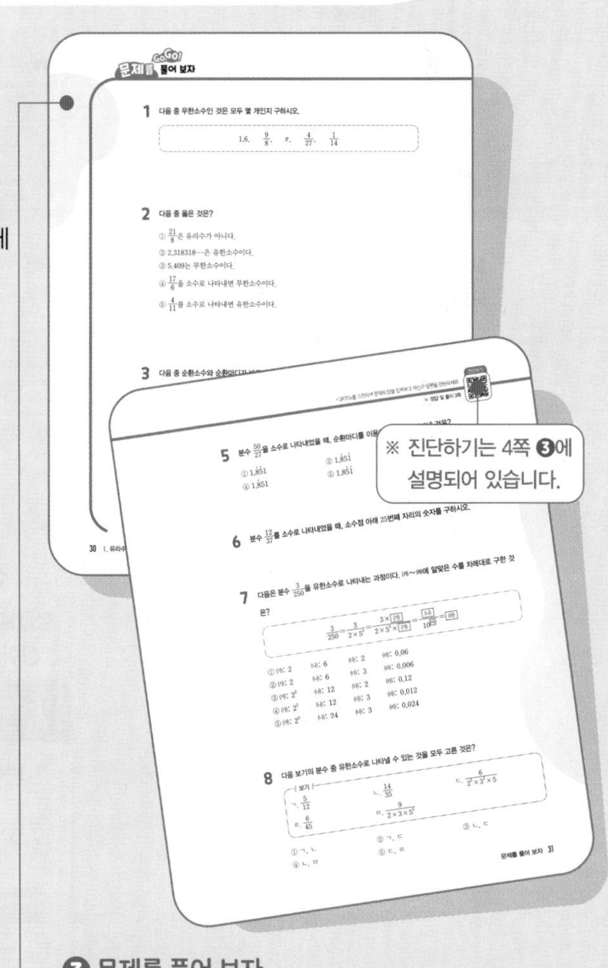

※ 진단하기는 4쪽 ❸에
설명되어 있습니다.

❷ 개념을 정리해 보자
단원에서 배운 개념을 구조화하여 한 번에
정리할 수 있습니다.

❸ 문제를 풀어 보자
문제를 풀면서 단원에서 배운 개념을
점검할 수 있습니다.

❶ 사전 테스트

교재 표지의 QR코드를 스캔

»

사전 테스트
이전에 배운 내용에 대한 학습 수준을 파악합니다.

»

테스트 분석
정답률 및 결과에 따른 안내를 제공합니다.

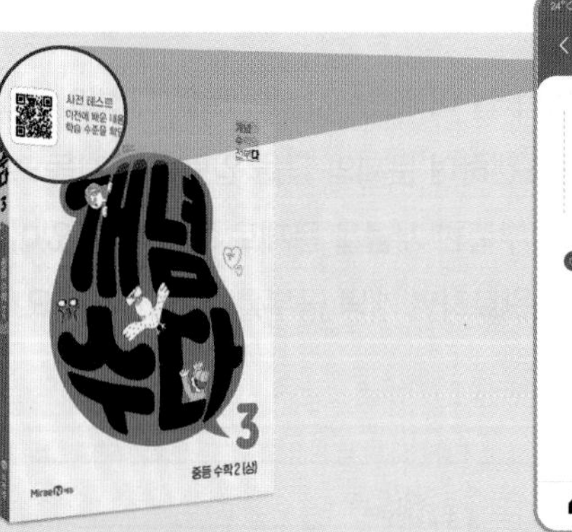

❷ 개념 영상

교재 기반의 강의로 개념을 더욱더 잘 이해할 수 있도록 도와 줍니다.

❸ 단원 진단하기

전 문항 답 입력하기
모두 입력한 후 [제출하기]를 클릭합니다.

»

성취도 분석
정답률 및 영역별/문항별 성취도를 제공합니다.

»

맞춤 클리닉
개개인별로 틀린 문항에 대한 맞춤 클리닉을 제공합니다.

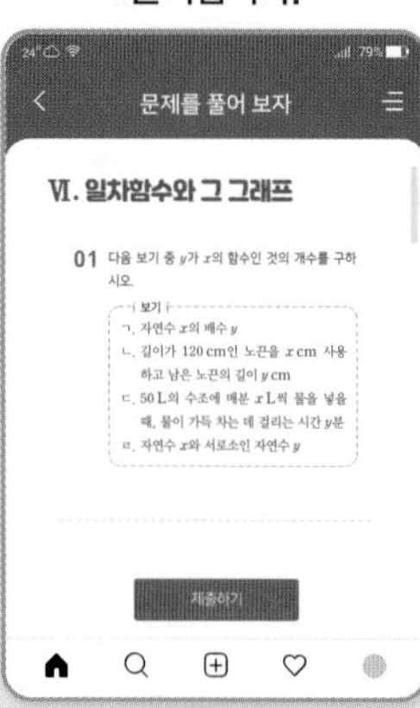

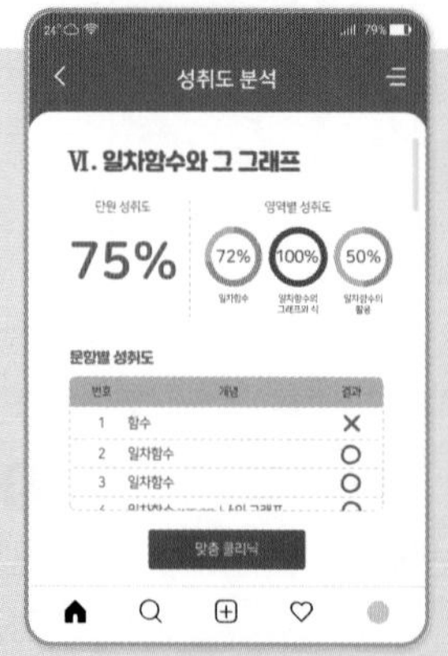

이 책의 차례

I

유리수와 순환소수

1 유리수의 소수 표현

개념 01 유한소수와 무한소수

개념 02 순환소수

2 유리수의 분수 표현

개념 03 유한소수, 순환소수로 나타낼 수 있는 분수

개념 04 순환소수를 분수로 나타내기

1 유리수의 소수 표현

#유리수

#유한소수 #무한소수

#순환소수 #되풀이

#순환마디

▶ 정답 및 풀이 2쪽

● 다음에서 설명하는 것은 무엇일까?

이것은 '완전한 사진'이라는 뜻으로, 두 빛이 만날 때 발생하는 간섭 현상을 이용하여 2차원 영상을 3차원 입체 영상처럼 볼 수 있는 그림이다. 신용 카드에는 위조 방지를 위하여 이것이 붙여져 있는데, 카드의 고유한 문양을 표현한 3차원 입체 영상을 눈으로 확인할 수 있다.

다음 소수를 기약분수로, 분수를 소수로 바르게 나타낸 것은 ○, 그렇지 않은 것은 ×에 있는 글자를 골라 위에서 설명한 것이 무엇인지 알아보자.

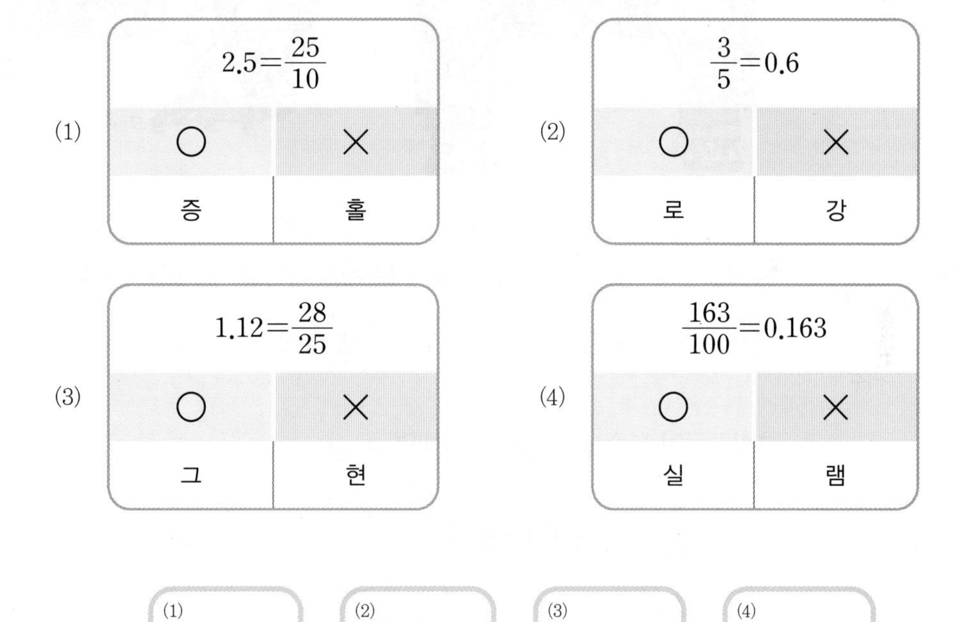

01 유한소수와 무한소수

* QR코드를 스캔하여 개념 영상을 확인하세요.

•• $\frac{1}{2}$과 $\frac{1}{3}$을 소수로 나타내 볼까?

▶ **유리수의 분류**

유리수 ┌ 정수 ┌ 양의 정수(자연수)
│ │ 0
│ └ 음의 정수
└ 정수가 아닌 유리수

유리수는 $\frac{(\text{정수})}{(0\text{이 아닌 정수})}$ 꼴의 분수로 나타낼 수 있는 수이다. 이러한 분수는 분자를 분모로 나누어 정수 또는 소수로 나타낼 수 있다.

예를 들어 분수를 소수로 나타내면

$$\frac{1}{2}=1\div2=0.\underline{5}$$

↳ 0이 아닌 숫자가 1번

$$\frac{11}{8}=11\div8=1.\underline{375}$$

↳ 0이 아닌 숫자가 3번

와 같이 소수점 아래의 0이 아닌 숫자가 유한 번 나타나는 경우와

$$\frac{1}{3}=1\div3=0.\underline{333\cdots}$$

↳ 0이 아닌 숫자가 무한 번

$$-\frac{1}{6}=-(1\div6)=-0.\underline{1666\cdots}$$

↳ 0이 아닌 숫자가 무한 번

과 같이 소수점 아래의 0이 아닌 숫자가 무한 번 나타나는 경우가 있다.

이때 0.5, 1.375와 같이 소수점 아래의 0이 아닌 숫자가 유한 번 나타나는 소수를 **유한소수**라 하고,
0.333⋯, −0.1666⋯과 같이 소수점 아래의 0이 아닌 숫자가 무한 번 나타나는 소수를 **무한소수**라 한다.

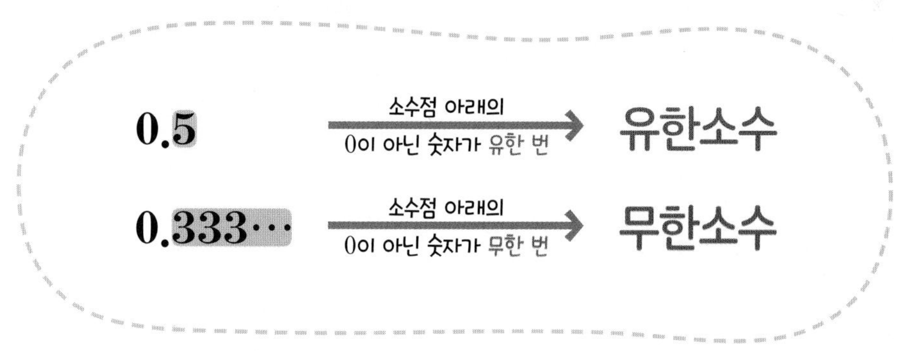

다음 소수가 유한소수이면 '유', 무한소수이면 '무'를 써넣어 보자.

(1) 0.8 (　　) (2) 0.2777⋯ (　　)

(3) 4.696969⋯ (　　) (4) 1.555 (　　)

답 (1) 유 (2) 무 (3) 무 (4) 유

회색 글씨를 따라 쓰면서 개념을 정리해 보자!

꽉 잡아, 개념!

(1) **유리수**: 분수 $\frac{a}{b}$ (a, b는 정수, $b \neq 0$) 꼴로 나타낼 수 있는 수

참고 유리수의 분류

- 유리수
  - 정수
    - 양의 정수(자연수): 1, 2, 3, ⋯
    - 0
    - 음의 정수: −1, −2, −3, ⋯
  - 정수가 아닌 유리수: $-\frac{1}{2}$, −0.3, $\frac{5}{3}$, 1.7, ⋯

(2) **소수의 분류**

① 유한소수: 소수점 아래의 0이 아닌 숫자가 유한 번 나타나는 소수

② 무한소수: 소수점 아래의 0이 아닌 숫자가 무한 번 나타나는 소수

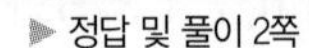
▶ 정답 및 풀이 2쪽

1 다음 분수를 소수로 나타내고, 유한소수와 무한소수로 구분하시오.

(1) $\frac{3}{2}$　(2) $\frac{4}{9}$　(3) $\frac{2}{11}$

(4) $\frac{101}{100}$　(5) $-\frac{13}{5}$　(6) $-\frac{7}{6}$

풀이 (1) $\frac{3}{2}=3\div2=1.5$ ⇨ 유한소수　(2) $\frac{4}{9}=4\div9=0.444\cdots$ ⇨ 무한소수

(3) $\frac{2}{11}=2\div11=0.181818\cdots$ ⇨ 무한소수　(4) $\frac{101}{100}=1.01$ ⇨ 유한소수

(5) $-\frac{13}{5}=-(13\div5)=-2.6$ ⇨ 유한소수　(6) $-\frac{7}{6}=-(7\div6)=-1.1666\cdots$ ⇨ 무한소수

답 풀이 참조

1-1 다음 분수를 소수로 나타낼 때, 무한소수가 되는 것을 모두 고르시오.

$-\frac{2}{3},\quad \frac{5}{4},\quad -\frac{6}{15},\quad \frac{7}{12},\quad \frac{15}{8}$

1-2 다음 보기 중 옳은 것을 모두 고르시오.

보기

ㄱ. 5.40324861은 무한소수이다.

ㄴ. 0.234234234⋯는 무한소수이다.

ㄷ. $\frac{35}{42}$를 소수로 나타내면 유한소수이다.

ㄹ. $\frac{7}{56}$을 소수로 나타내면 유한소수이다.

02 순환소수

* QR코드를 스캔하여 개념 영상을 확인하세요.

●● 어떤 부분이 반복되는 무한소수가 있을까?

무한소수 중에는 다음과 같이 소수점 아래의 어떤 자리에서부터 일정한 숫자의 배열이 끝없이 반복되는 소수가 있다.

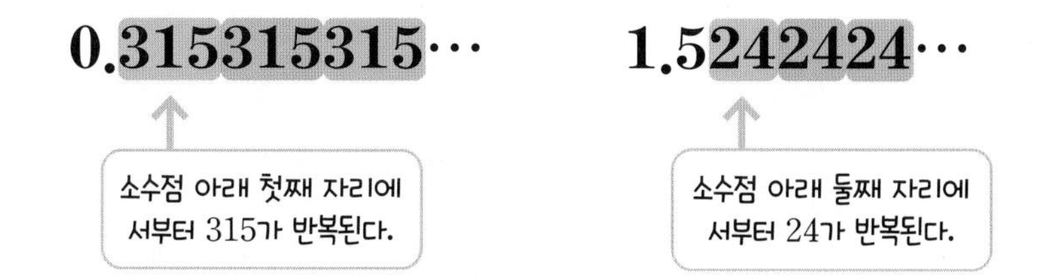

이와 같이 소수점 아래의 어떤 자리에서부터 일정한 숫자의 배열이 끝없이 되풀이되는 무한소수를 **순환소수**라 한다.
이때 되풀이되는 한 부분을 **순환마디**라 한다.

▶ 무한소수 중에는 $0.1010010001\cdots$, 원주율 $\pi=3.14159265\cdots$와 같이 순환소수가 아닌 무한소수도 있다.

순환소수		순환마디
$0.315315315\cdots$	→	315
$1.5242424\cdots$	→	24

이제 순환마디를 이용하여 순환소수를 간단히 표현하는 방법을 알아보자.

순환소수는 첫 번째 순환마디의 양 끝의 숫자 위에 점을 찍어서 다음과 같이 간단히 나타낸다.

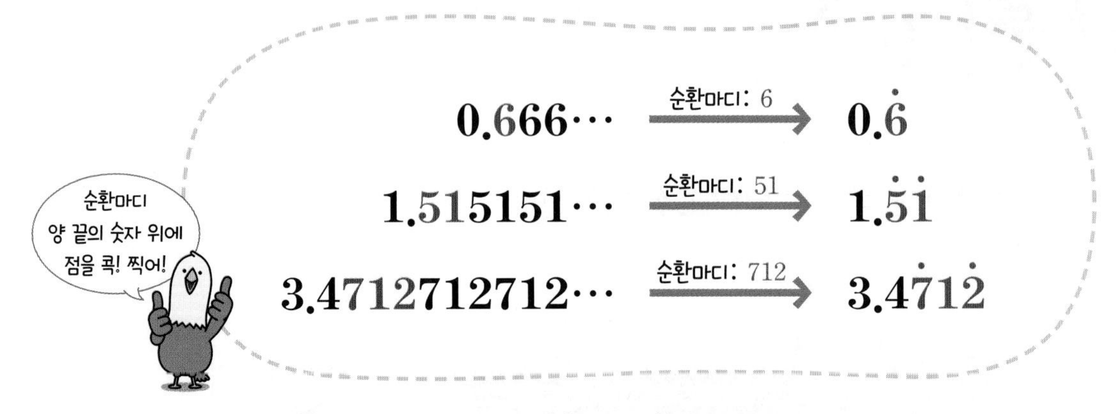

주의 순환소수 $1.515151\cdots$을 $\dot{1}.\dot{5}$ 또는 $1.5\dot{1}\dot{5}$와 같이 나타내지 않도록 한다.

다음 순환소수의 순환마디를 구하고, 순환마디에 점을 찍어 간단히 나타내 보자.

	[순환마디]	[순환소수의 표현]
(1) $0.858585\cdots$ ⇨	______ ⇨	______
(2) $2.3777\cdots$ ⇨	______ ⇨	______
(3) $0.005005005\cdots$ ⇨	______ ⇨	______

답 (1) 85, $0.\dot{8}\dot{5}$ (2) 7, $2.3\dot{7}$ (3) 005, $0.\dot{0}0\dot{5}$

회색 글씨를 따라 쓰면서 개념을 정리해 보자!

꽉 잡아, 개념!

(1) **순환소수**: 소수점 아래의 어떤 자리에서부터 일정한 숫자의 배열이 끝없이 되풀이되는 무한소수

(2) **순환마디**: 순환소수에서 되풀이되는 한 부분

(3) **순환소수의 표현**: 순환소수는 첫 번째 순환마디의 양 끝의 숫자 위에 점을 찍어서 나타낸다.

$2.\underline{31}3131\cdots = 2.\dot{3}\dot{1}$

순환마디 순환소수의 표현

▶ 정답 및 풀이 2쪽

다음 순환소수를 순환마디에 점을 찍어 간단히 나타내시오.

(1) $3.141414\cdots$　　(2) $-0.456456456\cdots$

(3) $2.1737373\cdots$　　(4) $5.64333\cdots$

풀이 (1) 소수점 아래 첫째 자리에서부터 14가 반복되므로 $3.\dot{1}\dot{4}$

(2) 소수점 아래 첫째 자리에서부터 456이 반복되므로 $-0.\dot{4}5\dot{6}$

(3) 소수점 아래 둘째 자리에서부터 73이 반복되므로 $2.1\dot{7}\dot{3}$

(4) 소수점 아래 셋째 자리에서부터 3이 반복되므로 $5.64\dot{3}$

답 (1) $3.\dot{1}\dot{4}$　(2) $-0.\dot{4}5\dot{6}$　(3) $2.1\dot{7}\dot{3}$　(4) $5.64\dot{3}$

1-1 다음 보기 중 순환소수의 표현이 옳은 것을 모두 고르시오.

보기

ㄱ. $0.575757\cdots=0.\dot{5}\dot{7}$　　ㄴ. $1.311311311\cdots=\dot{1}.1\dot{3}$

ㄷ. $2.101010\cdots=2.1\dot{0}\dot{1}$　　ㄹ. $3.365365365\cdots=3.\dot{3}6\dot{5}$

순환소수 $3.\dot{1}2\dot{5}$의 소수점 아래 20번째 자리의 숫자를 구하시오.

풀이 $3.\dot{1}2\dot{5}$의 순환마디는 125이고, 순환마디를 이루는 숫자는 1, 2, 5의 3개이다.
이때 $20=3\times6+2$이므로 소수점 아래 20번째 자리의 숫자는 순환마디의 2번째 숫자와 같은 2이다.

답 2

2-1 분수 $\frac{2}{7}$를 소수로 나타낼 때, 다음 물음에 답하시오.

(1) 순환마디를 이루는 숫자의 개수를 구하시오.

(2) 소수점 아래 45번째 자리의 숫자를 구하시오.

2
유리수의 분수 표현

#분모 #소인수

#2 또는 5 #유한소수

#2 또는 5 이외 #순환소수

#순환소수를 분수로

▶ 정답 및 풀이 2쪽

- 유생은 어떤 동물이 완전한 성체로 자라기 전까지의 상태를 말한다. 올챙이는 개구리와 같은 양서류의 유생을 일컫고, 애벌레는 곤충의 유생을 일컫는다.
  그렇다면 장구벌레는 무엇의 유생을 일컫는 말일까?

분수 $\frac{42}{360}$를 기약분수로 나타낸 후 분모의 소인수를 모두 찾아 색칠하여 장구벌레의 유생을 알아보자.

13	3	3	3	3	5	11	2	2	2	5	13	2	11
13	2	7	7	7	2	11	7	13	11	5	13	2	11
17	2	11	11	11	2	19	7	13	11	5	13	3	11
17	2	13	13	13	2	19	7	13	11	5	13	3	11
17	2	5	5	5	3	19	7	17	19	5	13	3	11
17	7	11	7	11	11	19	7	17	19	5	13	3	19
17	11	7	5	7	11	19	17	17	19	7	17	3	19
17	11	7	5	7	11	19	11	7	19	7	17	5	19
17	7	7	3	7	11	19	11	7	11	7	17	5	19
2	2	2	3	3	3	3	11	7	7	7	17	5	19

정답

* QR코드를 스캔하여 개념 영상을 확인하세요.

03 유한소수, 순환소수로 나타낼 수 있는 분수

•• 어떤 분수를 유한소수로 나타낼 수 있을까?

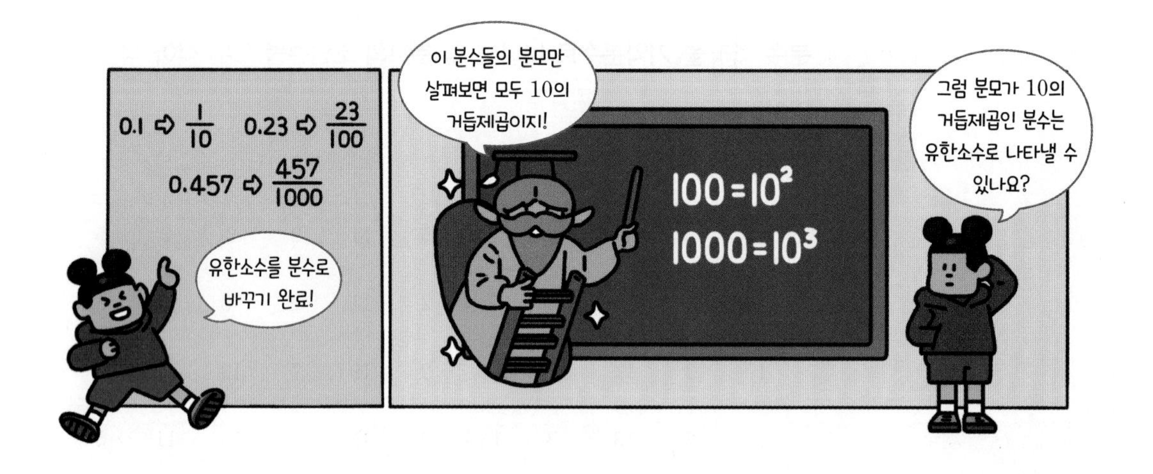

유한소수 0.1, 0.23, 0.457은 각각 다음과 같이 분모가 10의 거듭제곱인 분수로 나타낼 수 있다.

$$0.1=\frac{1}{10}$$

$$0.23=\frac{23}{100}=\frac{23}{10^2}$$

$$0.457=\frac{457}{1000}=\frac{457}{10^3}$$

모든 유한소수는 분수로 나타낼 수 있어!

이때 분모를 각각 소인수분해하면

$$10=2\times5,\quad 10^2=2^2\times5^2,\quad 10^3=2^3\times5^3$$

이므로 분모의 소인수는 2와 5뿐임을 알 수 있다.

한편, 분수 $\frac{7}{20}$, $\frac{6}{250}$은 각각 다음과 같이 분모를 10의 거듭제곱으로 고쳐서 유한소수로 나타낼 수 있다.

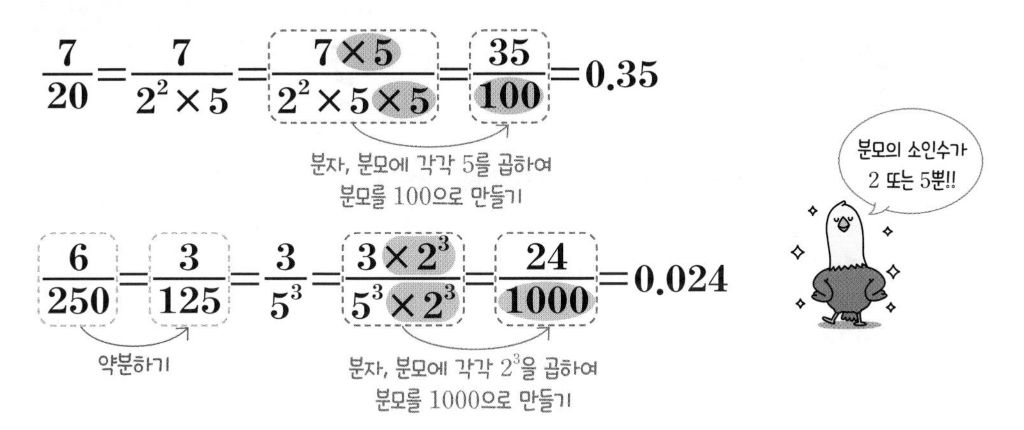

이와 같이 정수가 아닌 분수를 기약분수로 나타냈을 때, 분모의 소인수가 2 또는 5뿐이면 분자와 분모에 2 또는 5의 거듭제곱을 적당히 곱하여 분모를 10의 거듭제곱으로 고쳐서 유한소수로 나타낼 수 있다.

▶ 기약분수는 더 이상 약분되지 않는 분수로서, 분모와 분자의 공약수가 1뿐이다.

●● 어떤 분수를 순환소수로 나타낼 수 있을까?

앞에서 분모의 소인수가 2 또는 5뿐인 기약분수는 유한소수로 나타낼 수 있음을 배웠다.
이번에는 분모에 2 또는 5 이외의 소인수가 있는 기약분수를 소수로 나타내 보자.

예를 들어 분수 $\frac{1}{7}$을 소수로 나타내기 위해 나눗셈

분자에 2 또는 5 이외의 소인수 7이 있으므로 유한소수로 나타낼 수 없다.

$$1 \div 7$$

을 하면 오른쪽과 같다.

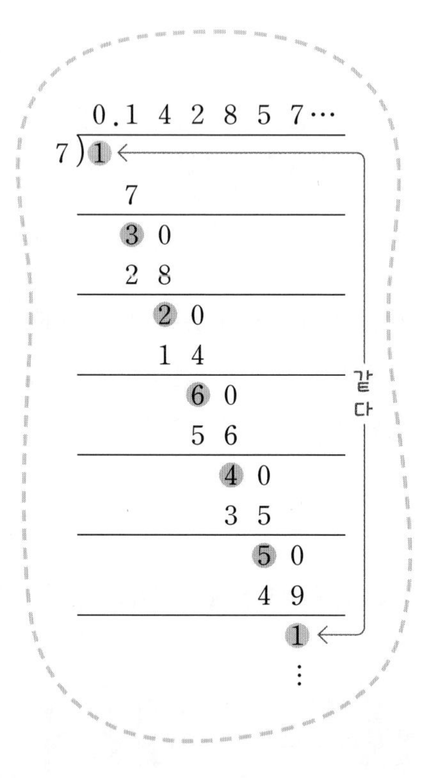

이 나눗셈을 하는 과정에서 각 단계의 나머지는

$$3,\ 2,\ 6,\ 4,\ 5,\ 1$$

이 차례대로 나타난다.
이때 나머지는 7보다 작은 자연수

1, 2, 3, 4, 5, 6

중 하나이므로 적어도 7번째 안에 같은 수가 다시 나온다.
실제로 오른쪽 계산 과정의 6번째 나눗셈에서 나머지는 처음의 나누어지는 수

$$1$$

과 같게 나왔음을 확인할 수 있다.
이렇게 나머지가 같은 수가 나오면 그 후의 나눗셈에서는 앞의 과정이 되풀이되고, 이 과정에서 순환마디가 생기게 된다.

따라서 분수 $\frac{1}{7}$은 다음과 같이 소수점 아래에 1428570이 끝없이 되풀이되는 순환소수로 나타낼 수 있다.

$$\frac{1}{7}=0.142857142857142857\cdots$$
$$=0.\dot{1}4285\dot{7}$$

이와 같이 정수가 아닌 분수를 기약분수로 나타냈을 때, 분모가 2 또는 5 이외의 소인수를 가지면 그 분수는 무한소수가 되며, 이 무한소수는 순환소수로 나타내어진다.

이상에서 정수가 아닌 분수를 기약분수로 나타냈을 때, 분모의 소인수에 따라 그 분수를 유한소수 또는 순환소수로 나타낼 수 있음을 알 수 있다.

따라서 분수를 유한소수 또는 순환소수로 나타낼 수 있는지는 다음과 같이 분모의 소인수를 살펴 확인한다.

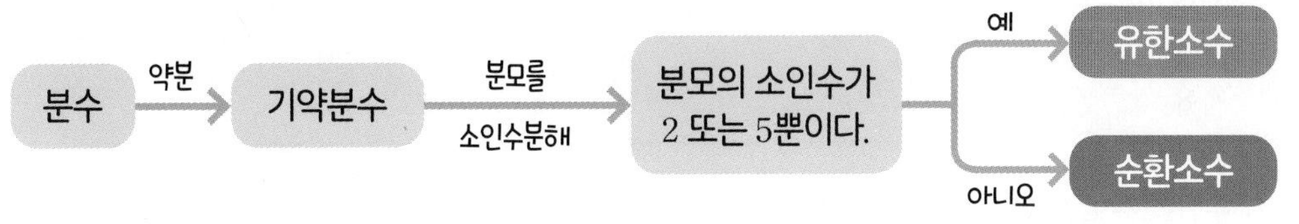

다음 □ 안에 알맞은 수를 써넣고, 옳은 것에 ○표를 해 보자.

(1) $\dfrac{1}{80}=\dfrac{1}{\square^4\times\square}$ ⇨ 분모의 소인수가 □ 또는 □뿐이다.
⇨ 유한소수로 나타낼 수 (있다, 없다).

(2) $\dfrac{1}{56}=\dfrac{1}{\square^3\times\square}$ ⇨ 분모에 2 또는 5 이외의 소인수 □이 있다.
⇨ 유한소수로 나타낼 수 (있다, 없다).

답 (1) 2, 5, 2, 5, 있다 (2) 2, 7, 7, 없다

회색 글씨를 따라 쓰면서 개념을 정리해 보자!

꽉 잡아, 개념!

(1) **유한소수로 나타낼 수 있는 분수:** 정수가 아닌 분수를 기약분수로 나타냈을 때, 분모의 소인수가 2 또는 5뿐이면 그 분수는 유한소수로 나타낼 수 있다.

(2) **순환소수로 나타낼 수 있는 분수:** 정수가 아닌 분수를 기약분수로 나타냈을 때, 분모가 2 또는 5 이외의 소인수를 가지면 그 분수는 순환소수로 나타낼 수 있다.

주의 유한소수나 순환소수로 나타낼 수 있는 분수인지 판단하기 위하여 분모를 소인수분해하기 전에 반드시 주어진 분수를 기약분수로 고쳐야 한다.

확인해 보자

1 아래 보기의 분수 중 다음에 해당하는 것을 모두 고르시오.

보기			
ㄱ. $\frac{3}{8}$	ㄴ. $\frac{4}{15}$	ㄷ. $\frac{9}{21}$	ㄹ. $\frac{39}{60}$

(1) 유한소수로 나타낼 수 있는 것

(2) 유한소수로 나타낼 수 없는 것

풀이 ㄱ. $\frac{3}{8}=\frac{3}{2^3}$ ⇨ 분모의 소인수: 2 ㄴ. $\frac{4}{15}=\frac{4}{3\times5}$ ⇨ 분모의 소인수: 3, 5

ㄷ. $\frac{9}{21}=\frac{3}{7}$ ⇨ 분모의 소인수: 7 ㄹ. $\frac{39}{60}=\frac{13}{20}=\frac{13}{2^2\times5}$ ⇨ 분모의 소인수: 2, 5

(1) 유한소수로 나타낼 수 있는 것은 기약분수로 나타냈을 때 분모의 소인수가 2 또는 5뿐인 ㄱ, ㄹ이다.

(2) 유한소수로 나타낼 수 없는 것은 기약분수로 나타냈을 때 분모에 2 또는 5 이외의 소인수가 있는 ㄴ, ㄷ이다.

답 (1) ㄱ, ㄹ (2) ㄴ, ㄷ

1-1 다음 분수 중 유한소수로 나타낼 수 있는 것을 모두 고르면? (정답 2개)

① $\frac{6}{2\times7}$ ② $\frac{10}{2^2\times3\times5}$ ③ $\frac{21}{3\times5\times7}$

④ $\frac{27}{2^2\times3^2\times5}$ ⑤ $\frac{45}{2^3\times5\times11}$

1-2 다음 분수 중 순환소수로만 나타낼 수 있는 것을 모두 고르시오.

$\frac{23}{50}$, $\frac{24}{57}$, $\frac{63}{105}$, $\frac{55}{121}$

▶ 정답 및 풀이 3쪽

$\frac{3}{140} \times a$를 소수로 나타내면 유한소수가 될 때, a의 값이 될 수 있는 가장 작은 자연수를 구하시오.

풀이 $\frac{3}{140} = \frac{3}{2^2 \times 5 \times 7}$이므로

$\frac{3}{140} \times a$가 유한소수가 되려면 a는 7의 배수이어야 한다.

따라서 a의 값이 될 수 있는 가장 작은 자연수는 7이다.

답 7

2-1 분수 $\frac{x}{2^2 \times 3 \times 5 \times 7}$를 소수로 나타내면 유한소수가 될 때, x의 값이 될 수 있는 가장 작은 자연수를 구하시오.

2-2 분수 $\frac{6}{2 \times 5 \times a}$을 소수로 나타내면 순환소수가 될 때, 다음 중 a의 값이 될 수 있는 것을 모두 고르면? (정답 2개)

① 6 ② 7 ③ 8
④ 9 ⑤ 10

* QR코드를 스캔하여 개념 영상을 확인하세요.

04 순환소수를 분수로 나타내기

●● 순환소수를 분수로 어떻게 나타낼까?

순환소수 $0.\dot{5}=0.555\cdots$와 10을 곱한 수 $5.555\cdots$는 소수점 아래의 부분이 같으므로 두 수의 차는 정수 5가 된다.
즉, 어떤 순환소수에 10의 거듭제곱을 적당히 곱하면 그 소수점 아래의 부분이 처음 순환소수의 소수점 아래의 부분과 같아지므로 두 수의 차는 정수가 된다.

$$\begin{array}{r} 5.555\cdots \\ -\big)\,0.555\cdots \\ \hline 5 \end{array} \leftarrow \text{정수}$$

이를 이용하여 다음과 같은 순서로 순환소수를 분수로 나타낼 수 있다.

❶ 순환소수를 x라 한다.
❷ 양변에 10의 거듭제곱을 곱하여 소수점 아래의 부분이 같은 두 식을 만든다.
❸ 두 식을 변끼리 빼어 x의 값을 구한다.

이제 본격적으로 순환소수를 분수로 나타내 볼까?
먼저 순환소수의 소수점 아래에 바로 순환마디가 오는 경우를 살펴보자.

순환소수 $0.\dot{2}\dot{3}$을 분수로 나타내기

❶ $0.\dot{2}\dot{3}$을 x라 하면

$$x=0.\underline{23}\,\underline{23}\,\underline{23}\cdots$$

순환마디: 23

❷ 양변에 100을 곱하면

$$100x=23.232323\cdots$$

소수점이 첫 순환마디 뒤에 오도록!

❸ ❶, ❷의 두 식을 변끼리 빼면

$$\begin{array}{rl} 100x= & 23.232323\cdots \\ -)\quad x= & 0.232323\cdots \\ \hline 99x= & 23 \end{array} \qquad \therefore x=\frac{23}{99}$$

소수점 아래의 부분이 같다.

따라서 $0.\dot{2}\dot{3}=\dfrac{23}{99}$이다.

다음 순환소수를 분수로 나타내 보자.

(1) $0.\dot{5}\dot{0}$

$x=0.505050\cdots$이라 하면

$$\begin{array}{rl} \square\, x= & 50.505050\cdots \\ -)\quad x= & 0.505050\cdots \\ \hline \square\, x= & 50 \end{array}$$

$\therefore x=\dfrac{50}{\square}$

(2) $0.\dot{1}1\dot{3}$

$x=0.113113113\cdots$이라 하면

$$\begin{array}{rl} \square\, x= & 113.113113113\cdots \\ -)\quad x= & 0.113113113\cdots \\ \hline \square\, x= & 113 \end{array}$$

$\therefore x=\dfrac{113}{\square}$

답 (1) **100, 99, 99** (2) **1000, 999, 999**

이번에는 순환소수의 소수점 아래에 바로 순환마디가 오지 않는 경우를 살펴보자.

순환소수 $0.2\dot{3}$을 분수로 나타내기

❶ $0.2\dot{3}$을 x라 하면

$$x=0.2\underline{3}\underline{3}\underline{3}\cdots$$

순환마디: 3

❷ 양변에 10, 100을 각각 곱하면

$$10x=2.333\cdots$$

↖소수점이 첫 순환마디 앞에 오도록!

$$100x=23.333\cdots$$

↖소수점이 첫 순환마디 뒤에 오도록!

❸ ❷의 두 식을 변끼리 빼면

$$\begin{array}{rl} 100x= & 23.333\cdots \\ -)\ \ 10x= & 2.333\cdots \\ \hline 90x= & 21 \end{array}$$

소수점 아래의 부분이 같다.

$$\therefore\ x=\frac{21}{90}=\frac{7}{30}$$

따라서 $0.2\dot{3}=\dfrac{7}{30}$이다.

다음 순환소수를 분수로 나타내 보자.

(1) $0.3\dot{5}$

(2) $0.\dot{1}9\dot{6}$

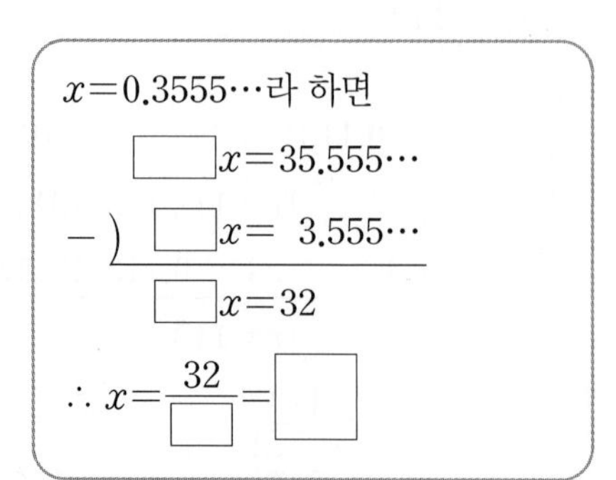

$x=0.3555\cdots$라 하면

$$\begin{array}{rl} \square x= & 35.555\cdots \\ -)\ \square x= & 3.555\cdots \\ \hline \square x= & 32 \end{array}$$

$\therefore\ x=\dfrac{32}{\square}=\square$

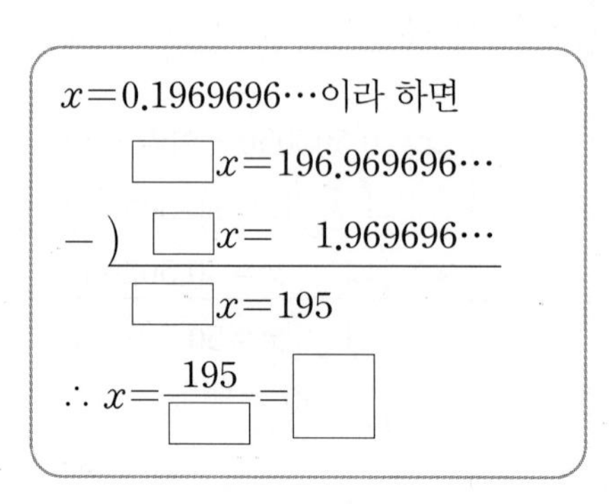

$x=0.1969696\cdots$이라 하면

$$\begin{array}{rl} \square x= & 196.969696\cdots \\ -)\ \square x= & 1.969696\cdots \\ \hline \square x= & 195 \end{array}$$

$\therefore\ x=\dfrac{195}{\square}=\square$

답 (1) 100, 10, 90, 90, $\frac{16}{45}$ (2) 1000, 10, 990, 990, $\frac{13}{66}$

●● 유리수와 소수의 관계를 알아볼까?

지금까지 배운 내용으로부터, 정수가 아닌 모든 유리수를 소수로 나타내면 유한소수 또는 순환소수가 되고, 유한소수와 순환소수는 분수로 나타낼 수 있으므로 모두 유리수임을 알 수 있다.
따라서 유리수와 소수 사이에는 다음과 같은 관계가 성립한다.

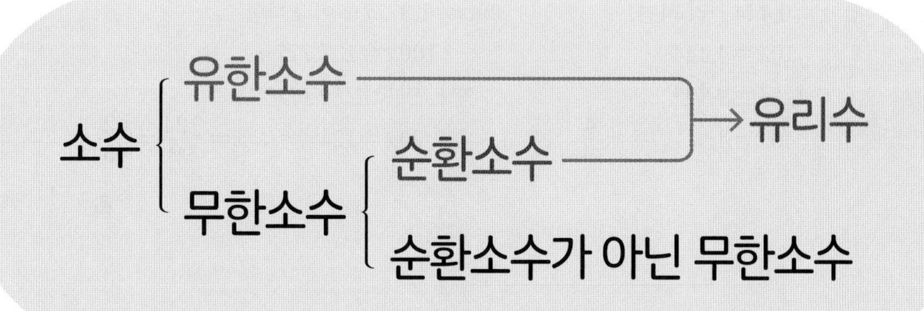

▶ 순환소수가 아닌 무한소수는 분수로 나타낼 수 없다.

다음 수가 유리수이면 ○표, 유리수가 아니면 ×표를 해 보자.

(1) 1.5 (　　)　(2) $2.\dot{3}\dot{0}$ (　　)

(3) 1.2334445555⋯ (　　)　(4) $-0.959595\cdots$ (　　)

답 (1) ○ (2) ○ (3) × (4) ○

회색 글씨를 따라 쓰면서 개념을 정리해 보자!

꽉 잡아, 개념!

(1) 순환소수를 분수로 나타내기

다음과 같은 순서로 순환소수를 분수로 나타낼 수 있다.

❶ 순환소수를 x라 한다.

❷ 양변에 10의 거듭제곱을 곱하여 소수점 아래의 부분이 같은 두 식을 만든다.

❸ 두 식을 변끼리 빼어 x의 값을 구한다.

(2) 유리수와 소수의 관계

① 정수가 아닌 모든 유리수는 유한소수 또는 순환소수로 나타낼 수 있다.

② 유한소수와 순환소수는 모두 유리수이다.

▶ 정답 및 풀이 3쪽

1 다음 순환소수를 분수로 나타내시오.

(1) $0.\dot{4}$　　　　(2) $1.3\dot{7}$

풀이 (1) $x=0.444\cdots$라 하면

$$\begin{array}{r} 10x=4.444\cdots \\ -\underline{)\quad x=0.444\cdots} \\ 9x=4 \end{array} \qquad \therefore x=\frac{4}{9}$$

(2) $x=1.3777\cdots$이라 하면

$$\begin{array}{r} 100x=137.777\cdots \\ -\underline{)\ 10x=\ \ 13.777\cdots} \\ 90x=124 \end{array} \qquad \therefore x=\frac{124}{90}=\frac{62}{45}$$

답 (1) $\frac{4}{9}$　(2) $\frac{62}{45}$

1-1 다음 순환소수를 분수로 나타내시오.

(1) $1.\dot{0}\dot{6}$　　　　(2) $2.3\dot{1}\dot{5}$

2 다음 중 옳은 것은 ○표, 옳지 않은 것은 ×표를 하시오.

(1) 모든 순환소수는 유리수이다. (　　)

(2) 정수가 아닌 유리수는 모두 유한소수로 나타낼 수 있다. (　　)

풀이 (2) 정수가 아닌 유리수는 유한소수 또는 순환소수로 나타낼 수 있다.

답 (1) ○　(2) ×

2-1 다음 보기 중 옳은 것을 모두 고르시오.

보기

ㄱ. 모든 무한소수는 유리수이다.

ㄴ. 모든 유한소수는 분수로 나타낼 수 있다.

ㄷ. 무한소수 중에는 순환소수가 아닌 것도 있다.

개념을
정리해 보자

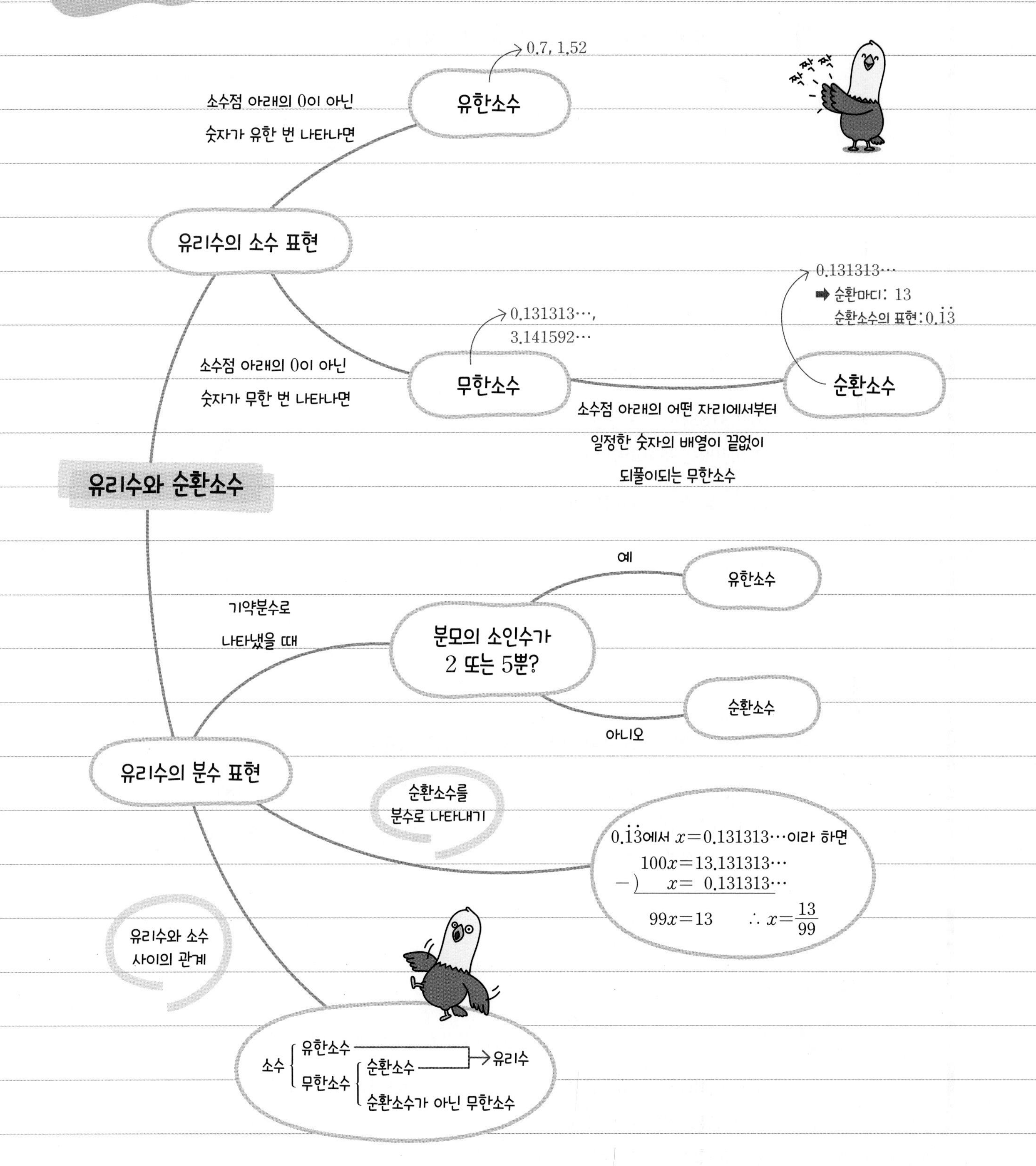
유리수와 순환소수
유리수의 소수 표현
소수점 아래의 0이 아닌 숫자가 유한 번 나타나면
유한소수
0.7, 1.52
짝짝짝
소수점 아래의 0이 아닌 숫자가 무한 번 나타나면
무한소수
0.131313⋯, 3.141592⋯
순환소수
소수점 아래의 어떤 자리에서부터 일정한 숫자의 배열이 끝없이 되풀이되는 무한소수
0.131313⋯
➡ 순환마디: 13
순환소수의 표현: $0.\dot{1}\dot{3}$
유리수의 분수 표현
기약분수로 나타냈을 때
분모의 소인수가 2 또는 5뿐?
예
유한소수
아니오
순환소수
순환소수를 분수로 나타내기
$0.\dot{1}\dot{3}$에서 $x=0.131313\cdots$이라 하면
$100x=13.131313\cdots$
$-)\ \ x=0.131313\cdots$
$99x=13 \quad \therefore x=\frac{13}{99}$
유리수와 소수 사이의 관계
소수
유한소수
무한소수
순환소수
순환소수가 아닌 무한소수
유리수

문제를 풀어 보자 Go, Go!

1 다음 중 무한소수인 것은 모두 몇 개인지 구하시오.

$1.6,\quad \frac{9}{8},\quad \pi,\quad \frac{4}{27},\quad \frac{1}{14}$

2 다음 중 옳은 것은?

① $\frac{21}{8}$은 유리수가 아니다.

② $2.318318\cdots$은 유한소수이다.

③ 5.409는 무한소수이다.

④ $\frac{17}{6}$을 소수로 나타내면 무한소수이다.

⑤ $\frac{4}{11}$를 소수로 나타내면 유한소수이다.

3 다음 중 순환소수와 순환마디가 바르게 연결된 것은?

① $0.303030\cdots$ ⇨ 3

② $0.1878787\cdots$ ⇨ 187

③ $1.212121\cdots$ ⇨ 21

④ $3.797979\cdots$ ⇨ 97

⑤ $86.686868\cdots$ ⇨ 86

4 다음 중 순환소수를 점을 찍어 간단히 나타낸 것으로 옳지 <u>않은</u> 것은?

① $0.454545\cdots=0.\dot{4}\dot{5}$

② $0.1666\cdots=0.1\dot{6}$

③ $0.1232323\cdots=0.1\dot{2}\dot{3}$

④ $1.737373\cdots=1.\dot{7}3\dot{7}$

⑤ $2.532532532\cdots=2.\dot{5}3\dot{2}$

* QR코드를 스캔하여 문제의 답을 입력하고 자신의 실력을 진단하세요.

진단하기

▶ 정답 및 풀이 3쪽

5 분수 $\frac{50}{27}$을 소수로 나타내었을 때, 순환마디를 이용하여 간단히 나타낸 것은?

① $1.\dot{8}\dot{5}1$　② $1.\dot{8}5\dot{1}$　③ $1.\dot{8}\dot{5}\dot{1}$

④ $1.\dot{8}51$　⑤ $1.8\dot{5}\dot{1}$

6 분수 $\frac{12}{37}$를 소수로 나타내었을 때, 소수점 아래 25번째 자리의 숫자를 구하시오.

7 다음은 분수 $\frac{3}{250}$을 유한소수로 나타내는 과정이다. (가)~(라)에 알맞은 수를 차례대로 구한 것은?

$$\frac{3}{250}=\frac{3}{2\times5^3}=\frac{3\times\boxed{(가)}}{2\times5^3\times\boxed{(가)}}=\frac{\boxed{(나)}}{10^{\boxed{(다)}}}=\boxed{(라)}$$

① (가): 2　(나): 6　(다): 2　(라): 0.06

② (가): 2　(나): 6　(다): 3　(라): 0.006

③ (가): 2^2　(나): 12　(다): 2　(라): 0.12

④ (가): 2^2　(나): 12　(다): 3　(라): 0.012

⑤ (가): 2^3　(나): 24　(다): 3　(라): 0.024

8 다음 보기의 분수 중 유한소수로 나타낼 수 있는 것을 모두 고른 것은?

보기

ㄱ. $\frac{5}{12}$　ㄴ. $\frac{14}{35}$　ㄷ. $\frac{6}{2^3\times3^2\times5}$

ㄹ. $\frac{6}{45}$　ㅁ. $\frac{9}{2\times3\times5^2}$

① ㄱ, ㄴ　② ㄱ, ㄷ　③ ㄴ, ㄷ

④ ㄴ, ㅁ　⑤ ㄷ, ㄹ

9 분수 $\frac{a}{3\times5\times11}$를 소수로 나타내면 유한소수가 될 때, 다음 중 a의 값이 될 수 <u>없는</u> 것은?

① 15　② 33　③ 66
④ 99　⑤ 132

10 분수 $\frac{7}{2\times5^3\times n}$을 소수로 나타내었을 때, 순환소수가 되도록 하는 모든 한 자리 자연수 n의 값의 합은?

① 3　② 7　③ 13
④ 18　⑤ 25

11 다음은 순환소수 $0.31\dot{4}$를 분수로 나타내는 과정이다. ㈎~㈒에 알맞은 수는?

> 순환소수 $0.31\dot{4}$를 x로 놓으면 $x=0.31444\cdots$ ······ ㉠
> ㉠의 양변에 ㈎ 을 곱하면 ㈎ $x=31.444\cdots$ ······ ㉡
> 또, ㉠의 양변에 ㈏ 을 곱하면 ㈏ $x=314.444\cdots$ ······ ㉢
> ㉢에서 ㉡을 변끼리 빼면 ㈐ $x=$ ㈑ $\therefore x=$ ㈒

① ㈎ 10　② ㈏ 100　③ ㈐ 900
④ ㈑ 279　⑤ ㈒ $\frac{31}{100}$

12 순환소수 $0.\dot{3}\dot{2}$를 기약분수로 나타내면 $\frac{a}{b}$일 때, $a+b$의 값은?

① 32　② 99　③ 117
④ 131　⑤ 168

13

순환소수 $0.1\dot{6}$을 분수로 나타내려고 한다. $0.1\dot{6}$을 x로 놓을 때, 다음 중 가장 편리한 식은?

① $10x-x$　② $100x-x$　③ $100x-10x$
④ $1000x-10x$　⑤ $1000x-100x$

14

다음 네 학생 중 주어진 순환소수를 분수로 나타내려고 할 때, 가장 편리한 식을 잘못 말한 학생을 모두 고르면?

[민정] $x=1.\dot{3}$ ⇨ $100x-10x$　[은수] $x=2.7\dot{5}$ ⇨ $100x-x$
[규민] $x=3.\dot{2}\dot{5}$ ⇨ $100x-x$　[성주] $x=5.2\dot{4}\dot{0}$ ⇨ $1000x-10x$

① 성주　② 민정, 은수　③ 민정, 규민
④ 은수, 성주　⑤ 규민, 성주

15

순환소수 $x=83.2707070\cdots$에 대한 설명으로 옳은 것을 고르면?

① 순환마디가 270이다.
② x는 유리수가 아니다.
③ 순환하지 않는 무한소수이다.
④ $1000x-10x$를 이용하여 분수로 나타낼 수 있다.
⑤ 분모의 소인수가 2 또는 5뿐인 기약분수로 나타낼 수 있다.

16

다음 보기 중 옳은 것을 모두 고르면?

보기

ㄱ. 모든 무한소수는 순환소수로 나타낼 수 있다.
ㄴ. 모든 유리수는 유한소수이다.
ㄷ. 순환소수가 아닌 무한소수는 유리수가 아니다.
ㄹ. 정수가 아닌 유리수 중 유한소수로 나타낼 수 없는 것은 순환소수로 나타낼 수 있다.

① ㄴ, ㄹ　② ㄷ, ㄹ　③ ㄱ, ㄴ, ㄷ
④ ㄱ, ㄴ, ㄹ　⑤ ㄴ, ㄷ, ㄹ

Ⅱ 단항식의 계산

3 지수법칙

4 단항식의 곱셈과 나눗셈

3
지수법칙

#거듭제곱 #간단히

#지수법칙 #네 가지

#지수의 합 #지수의 곱

#지수의 차 #지수의 분배

준비 해 보자

▶ 정답 및 풀이 5쪽

● 이 인물은 그리스 신화에 나오는 매우 아름다운 소년으로, 그 누구의 마음도 받아주지 않다가 자기 자신과 사랑에 빠지는 벌을 받게 된다. 자기애를 뜻하는 정신분석학 용어 '나르시시즘'은 이 인물의 이름에서 유래되었다.

다음 □ 안에 들어갈 알맞은 수를 출발점으로 하고 사다리 타기를 하여 이 인물의 이름을 알아보자.

(1) $2\times3\times2\times3\times2\times3\times3=2^3\times3^{\square}$

(2) $\frac{1}{125}=\left(\frac{1}{5}\right)^{\square}$

(3) $(-1)^{100}=\square$

(4) $(-1)^{51}=\square$

(5) $-2^2\times(-5)^2=\square$

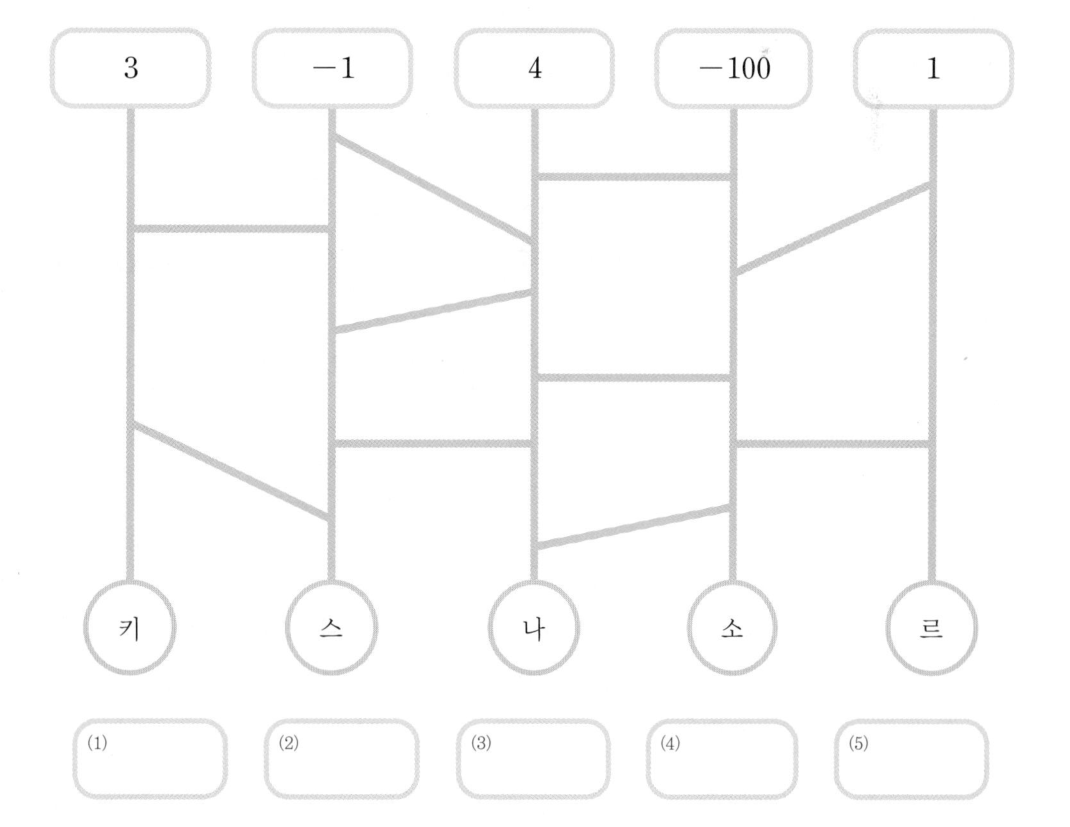

05 지수법칙 (1), (2)

* QR코드를 스캔하여 개념 영상을 확인하세요.

•• $a^m \times a^n$의 계산은 어떻게 할까?

▶ **거듭제곱**
같은 수나 문자를 거듭하여 곱한 것

$2^2 \times 2^4$은 (2를 2번 곱한 것)×(2를 4번 곱한 것)이므로 2를 6번 곱한 것과 같다.
즉, $2^2 \times 2^4 = 2^6$이다.

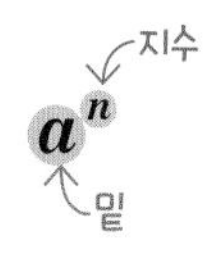

같은 방법으로 $a^2 \times a^4$은 다음과 같이 나타낼 수 있다.

$$a^2 \times a^4 = (\underbrace{a \times a}_{2개}) \times (\underbrace{a \times a \times a \times a}_{4개})$$
$$= \underbrace{a \times a \times a \times a \times a \times a}_{(2+4)개}$$
$$= a^{2+4} \leftarrow \text{지수끼리 더하기}$$
$$= a^6$$

이때 a^6의 지수 6은 $a^2 \times a^4$에서 두 지수 2와 4의 합과 같음을 알 수 있다. 따라서 밑이 같은 거듭제곱의 곱셈은 밑은 그대로 놓고 지수끼리 더한다.

일반적으로 m, n이 자연수일 때, 밑이 같은 거듭제곱의 곱셈에서는 다음과 같은 지수법칙이 성립한다.

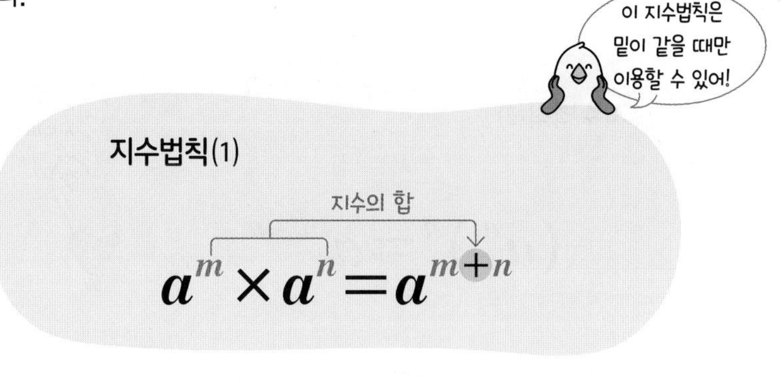

참고 l, m, n이 자연수일 때, $a^l \times a^m \times a^n = a^{l+m+n}$

 다음 식을 간단히 해 보자.

(1) $a^3 \times a^5 = a^{3+\square} = a^{\square}$

(2) $x \times x^2 \times x^4 = x^{1+\square+\square} = x^{\square}$

▶ $x = x^1$으로 지수 1이 생략된 것이다.

답 (1) 5, 8 (2) 2, 4, 7

●● $(a^m)^n$의 계산은 어떻게 할까?

$(2^2)^3 = 2^2 \times 2^2 \times 2^2$은 (2를 2번 곱한 것) × (2를 2번 곱한 것) × (2를 2번 곱한 것)이므로 2를 6번 곱한 것과 같다. 즉, $(2^2)^3 = 2^6$이다.

같은 방법으로 $(a^2)^3$은 다음과 같이 나타낼 수 있다.

$$(a^2)^3 = \underbrace{a^2 \times a^2 \times a^2}_{3\text{개}}$$

$$= a^{2+2+2}$$

$$= a^{2 \times 3} \leftarrow \text{지수끼리 곱하기}$$

$$= a^6$$

이때 a^6의 지수 6은 $(a^2)^3$에서 두 지수 2와 3의 곱과 같음을 알 수 있다. 따라서 거듭제곱의 거듭제곱은 밑은 그대로 놓고 괄호 안의 지수와 괄호 밖의 지수를 곱한다.

일반적으로 m, n이 자연수일 때, 거듭제곱의 거듭제곱에서는 다음과 같은 지수법칙이 성립한다.

▸ $a^{m\times n}=a^{n\times m}$이므로 $(a^m)^n=(a^n)^m$

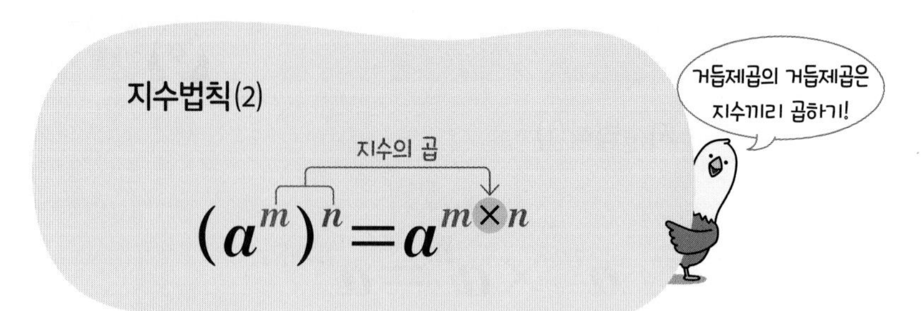

참고 l, m, n이 자연수일 때, $\{(a^l)^m\}^n=a^{lmn}$

다음 식을 간단히 해 보자.

(1) $(a^3)^6=a^{3\times\square}=a^{\square}$

(2) $(x^5)^2\times x^3=x^{5\times\square}\times x^3=x^{\square}\times x^3=x^{\square+3}=x^{\square}$

답 (1) **6, 18** (2) **2, 10, 10, 13**

(1) **지수법칙(1)**

m, n이 자연수일 때,

$a^m\times a^n=\boxed{a^{m+n}}$

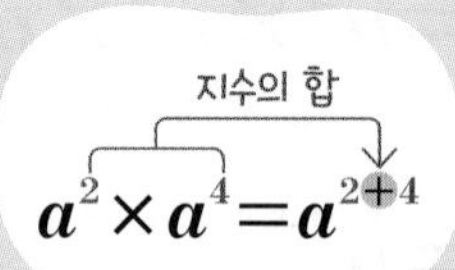

(2) **지수법칙(2)**

m, n이 자연수일 때,

$(a^m)^n=\boxed{a^{mn}}$

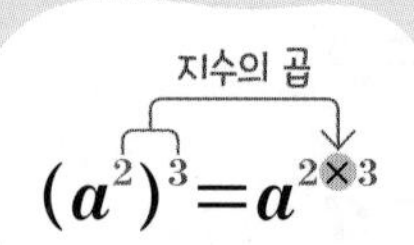

참고 l, m, n이 자연수일 때, 다음이 성립한다.

① $a^l\times a^m\times a^n=a^{l+m+n}$

② $\{(a^l)^m\}^n=a^{lmn}$

▶ 정답 및 풀이 5쪽

1 다음 식을 간단히 하시오.

(1) $a^6 \times a^2$ (2) $5^2 \times 5^4 \times 5^3$

(3) $a^5 \times a^7 \times b^3$ (4) $x^3 \times y^3 \times x \times y^8$

풀이 (1) $a^6 \times a^2 = a^{6+2} = a^8$

(2) $5^2 \times 5^4 \times 5^3 = 5^{2+4+3} = 5^9$

(3) $a^5 \times a^7 \times b^3 = a^{5+7} \times b^3 = a^{12}b^3$

(4) $x^3 \times y^3 \times x \times y^8 = x^3 \times x \times y^3 \times y^8 = x^{3+1} \times y^{3+8} = x^4y^{11}$

답 (1) a^8 (2) 5^9 (3) $a^{12}b^3$ (4) x^4y^{11}

1-1 다음 식을 간단히 하시오.

(1) $7^4 \times 7^8$ (2) $b^3 \times b^6 \times b$

(3) $y^5 \times x^4 \times y^3$ (4) $a^2 \times b^7 \times b^2 \times a^5$

2 다음 □ 안에 알맞은 수를 구하시오.

(1) $a^5 \times a^{\square} = a^{11}$ (2) $2^3 \times 2^{\square} \times 2^4 = 2^{10}$

풀이 (1) $a^5 \times a^{\square} = a^{5+\square} = a^{11}$이므로 $5 + \square = 11$ $\therefore \square = 6$

(2) $2^3 \times 2^{\square} \times 2^4 = 2^{3+\square+4} = 2^{7+\square} = 2^{10}$이므로 $7 + \square = 10$ $\therefore \square = 3$

답 (1) 6 (2) 3

2-1 다음 □ 안에 알맞은 수를 구하시오.

(1) $x^{\square} \times x^3 = x^8$ (2) $y^4 \times y^6 \times y^{\square} = y^{14}$

3 다음 식을 간단히 하시오.

(1) $(3^4)^6$ (2) $a\times(a^7)^2$

(3) $(x^3)^5\times(x^2)^7$ (4) $(x^4)^3\times(y^6)^2\times x$

풀이 (1) $(3^4)^6=3^{4\times6}=3^{24}$

(2) $a\times(a^7)^2=a\times a^{7\times2}=a\times a^{14}=a^{1+14}=a^{15}$

(3) $(x^3)^5\times(x^2)^7=x^{3\times5}\times x^{2\times7}=x^{15}\times x^{14}=x^{15+14}=x^{29}$

(4) $(x^4)^3\times(y^6)^2\times x-x^{4\times3}\times y^{6\times2}\times x-x^{12}\times y^{12}\times x$

$=x^{12}\times x\times y^{12}=x^{12+1}\times y^{12}=x^{13}y^{12}$

답 (1) 3^{24} (2) a^{15} (3) x^{29} (4) $x^{13}y^{12}$

3-1 다음 식을 간단히 하시오.

(1) $(x^5)^4$ (2) $(y^4)^2\times(y^3)^3$

(3) $(a^2)^5\times a\times(a^3)^4$ (4) $(a^5)^3\times b^7\times(b^2)^4\times a^3$

4 다음 □ 안에 알맞은 수를 구하시오.

(1) $(a^8)^{\square}=a^{24}$ (2) $(x^2)^{\square}\times x^4=x^{18}$

풀이 (1) $(a^8)^{\square}=a^{8\times\square}=a^{24}$이므로 $8\times\square=24$ $\therefore\ \square=3$

(2) $(x^2)^{\square}\times x^4=x^{2\times\square}\times x^4=x^{2\times\square+4}=x^{18}$이므로 $2\times\square+4=18$ $\therefore\ \square=7$

답 (1) 3 (2) 7

4-1 다음 □ 안에 알맞은 수를 구하시오.

(1) $(x^{\square})^5=x^{20}$ (2) $(7^3)^2\times7^{10}=(7^{\square})^2$

06 지수법칙 (3), (4)

* QR코드를 스캔하여 개념 영상을 확인하세요.

•• $a^m \div a^n$의 계산은 어떻게 할까?

$2^5 \div 2^2$은 (2를 5번 곱한 것)÷(2를 2번 곱한 것)이므로 2를 3번 곱한 것과 같다.
즉, $2^5 \div 2^2 = 2^3$이다.

같은 방법으로 0이 아닌 수 a에 대하여 $a^5 \div a^2$, $a^2 \div a^2$, $a^2 \div a^5$은 각각 다음과 같이 나타낼 수 있다.

$$a^5 \div a^2 = \frac{a^5}{a^2} = \frac{a \times a \times a \times a \times a}{a \times a} = a \times a \times a = a^3$$

$$a^2 \div a^2 = \frac{a^2}{a^2} = \frac{a \times a}{a \times a} = 1$$

$$a^2 \div a^5 = \frac{a^2}{a^5} = \frac{a \times a}{a \times a \times a \times a \times a} = \frac{1}{a \times a \times a} = \frac{1}{a^3}$$

즉,

$$a^5 \div a^2 = a^{5-2} = a^3$$ ← 지수끼리 빼기

$$a^2 \div a^2 = 1$$ ← 지수가 같으면 1

$$a^2 \div a^5 = \frac{1}{a^{5-2}} = \frac{1}{a^3}$$ ← 지수끼리 빼기

임을 알 수 있다.

지수끼리 뺄 때는 (큰 수)−(작은 수)

일반적으로 $a\neq0$이고 m, n이 자연수일 때, 밑이 같은 거듭제곱의 나눗셈에서는 다음과 같은 지수법칙이 성립한다.

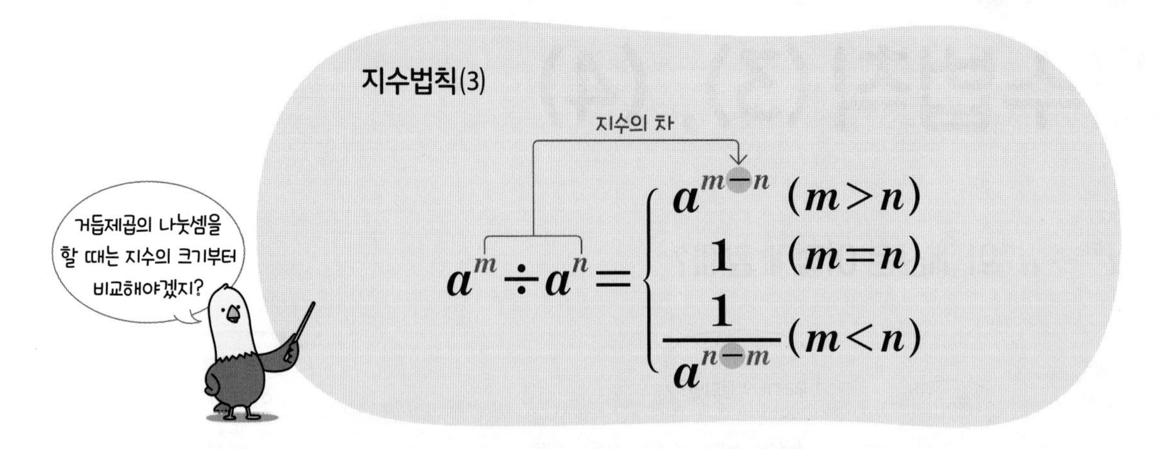

$$a^m\div a^n=\begin{cases} a^{m-n} & (m>n) \\ 1 & (m=n) \\ \dfrac{1}{a^{n-m}} & (m<n) \end{cases}$$

다음 식을 간단히 해 보자.

(1) $a^6\div a^4=a^{6-\square}=a^{\square}$

(2) $x^3\div x^3=\square$

(3) $a^5\div a^9=\dfrac{1}{a^{\square-\square}}=\dfrac{1}{a^{\square}}$

답 (1) 4, 2 (2) 1 (3) 9, 5, 4

•• $(ab)^m$과 $\left(\dfrac{a}{b}\right)^m$의 계산은 어떻게 할까?

$(ab)^3$은 ab를 3개, $\left(\dfrac{a}{b}\right)^3$은 $\dfrac{a}{b}$를 3개 곱한 것이므로 $(ab)^3$, $\left(\dfrac{a}{b}\right)^3$은 각각 다음과 같이 나타낼 수 있다.

$$(ab)^3=\underbrace{ab\times ab\times ab}_{3개}=\underbrace{a\times a\times a}_{3개}\times\underbrace{b\times b\times b}_{3개}=a^3b^3$$

$$\left(\frac{a}{b}\right)^3=\underbrace{\frac{a}{b}\times\frac{a}{b}\times\frac{a}{b}}_{3개}=\frac{\overbrace{a\times a\times a}^{3개}}{\underbrace{b\times b\times b}_{3개}}=\frac{a^3}{b^3}$$

이때 a^3b^3에서 a와 b 각각의 지수 3은 $(ab)^3$의 지수 3과 같고, $\frac{a^3}{b^3}$에서 a와 b 각각의 지수 3은 $\left(\frac{a}{b}\right)^3$의 지수 3과 같음을 알 수 있다.

일반적으로 m이 자연수일 때, 밑이 곱 또는 분수 꼴인 거듭제곱에서는 다음과 같은 지수법칙이 성립한다.

▶ $(-a)^m$ 꼴의 계산
$a>0$일 때,
$(-a)^m=\{(-1)\times a\}^m$
$=(-1)^m a^m$
이므로
$(-a)^m$
$=\begin{cases} a^m \ (m\text{이 짝수}) \\ -a^m \ (m\text{이 홀수}) \end{cases}$

지수법칙(4)

지수의 분배 지수의 분배

$$(ab)^m=a^m b^m,\quad \left(\frac{a}{b}\right)^m=\frac{a^m}{b^m}$$

다음 식을 간단히 해 보자.

(1) $(ab)^6=a^{\square}b^{\square}$

(2) $(-2x)^4=(-2)^{\square}x^{\square}=\square$

(3) $\left(\frac{a}{b}\right)^5=\frac{a^{\square}}{b^{\square}}$

(4) $\left(\frac{x}{y^2}\right)^3=\frac{x^{\square}}{y^{2\times\square}}=\frac{x^{\square}}{y^{\square}}$

답 (1) 6, 6 (2) 4, 4, $16x^4$ (3) 5, 5 (4) 3, 3, 3, 6

회색 글씨를 따라 쓰면서 개념을 정리해 보자!

(1) **지수법칙(3)**

$a\neq 0$이고 m, n이 자연수일 때,

① $m>n$이면 $a^m\div a^n=a^{m-n}$

② $m=n$이면 $a^m\div a^n=1$

③ $m<n$이면 $a^m\div a^n=\frac{1}{a^{n-m}}$

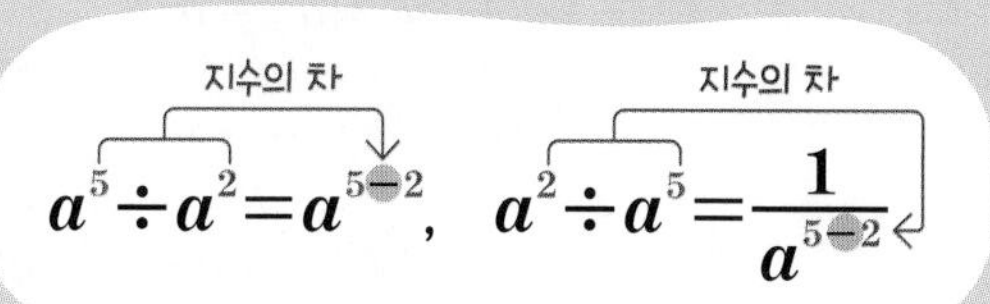

(2) **지수법칙(4)**

m이 자연수일 때,

① $(ab)^m=a^m b^m$

② $\left(\frac{a}{b}\right)^m=\frac{a^m}{b^m}$ (단, $b\neq 0$)

지수의 분배 지수의 분배

$$(ab)^3=a^3b^3,\quad \left(\frac{a}{b}\right)^3=\frac{a^3}{b^3}$$

확인해 보자

다음 식을 간단히 하시오.

(1) $7^8 \div 7^3$ (2) $a^6 \div a^{12}$

(3) $(b^4)^5 \div (b^5)^4$ (4) $x^7 \div x^2 \div x^3$

풀이 (1) $7^8 \div 7^3 = 7^{8-3} = 7^5$ (2) $a^6 \div a^{12} = \frac{1}{a^{12-6}} = \frac{1}{a^6}$

(3) $(b^4)^5 \div (b^5)^4 = b^{20} \div b^{20} = 1$ (4) $x^7 \div x^2 \div x^3 = x^{7-2} \div x^3 = x^5 \div x^3 = x^{5-3} = x^2$

답 (1) 7^5 (2) $\frac{1}{a^6}$ (3) 1 (4) x^2

1-1 다음 식을 간단히 하시오.

(1) $2^{11} \div 2^3$ (2) $(x^3)^2 \div x^8$

(3) $(a^2)^7 \div (a^5)^2$ (4) $y^5 \div y^4 \div (y^3)^3$

2 다음 □ 안에 알맞은 수를 구하시오.

(1) $a^9 \div a^{\square} = a^4$ (2) $x^8 \div x^{\square} = \frac{1}{x^2}$

풀이 (1) $a^9 \div a^{\square} = a^{9-\square} = a^4$이므로 $9 - \square = 4$ $\therefore \square = 5$

(2) $x^8 \div x^{\square} = \frac{1}{x^{\square - 8}} = \frac{1}{x^2}$이므로 $\square - 8 = 2$ $\therefore \square = 10$

답 (1) 5 (2) 10

2-1 다음 □ 안에 알맞은 수를 구하시오.

(1) $x^{\square} \div x^4 = x^3$ (2) $5^{13} \div 5^7 \div 5^{\square} = 1$

▶ 정답 및 풀이 6쪽

다음 식을 간단히 하시오.

(1) $(a^5b)^6$　　(2) $(-xy^6)^2$

(3) $\left(\frac{x^2}{y^4}\right)^4$　　(4) $\left(-\frac{x^3}{3}\right)^3$

괄호 안의 계수와 문자 모두에 지수를 분배해야 해.

풀이 (1) $(a^5b)^6=a^{5\times6}\times b^6=a^{30}b^6$　　(2) $(-xy^6)^2=(-1)^2\times x^2\times y^{6\times2}=x^2y^{12}$

(3) $\left(\frac{x^2}{y^4}\right)^4=\frac{x^{2\times4}}{y^{4\times4}}=\frac{x^8}{y^{16}}$　　(4) $\left(-\frac{x^3}{3}\right)^3=(-1)^3\times\frac{x^{3\times3}}{3^3}=-\frac{x^9}{27}$

답 (1) $a^{30}b^6$　(2) x^2y^{12}　(3) $\frac{x^8}{y^{16}}$　(4) $-\frac{x^9}{27}$

3-1 다음 식을 간단히 하시오.

(1) $(5x^3)^2$　　(2) $(-a^4b^2)^5$

(3) $\left(\frac{y^5}{2x^2}\right)^3$　　(4) $\left(-\frac{bc^2}{a^3}\right)^4$

다음 □ 안에 알맞은 수를 구하시오.

(1) $(a^{\square}b^4)^3=a^{21}b^{12}$　　(2) $\left(-\frac{x^{\square}}{y^2}\right)^5=-\frac{x^{25}}{y^{10}}$

풀이 (1) $a^{\square\times3}b^{4\times3}=a^{21}b^{12}$에서 $\square\times3=21$이므로 $\square=7$

(2) $(-1)^5\times\frac{x^{\square\times5}}{y^{2\times5}}=-\frac{x^{25}}{y^{10}}$에서 $\square\times5=25$이므로 $\square=5$

답 (1) 7　(2) 5

4-1 다음 □ 안에 알맞은 수를 구하시오.

(1) $(-3x^4)^{\square}=81x^{16}$　　(2) $\left(\frac{2a^3}{b^{\square}}\right)^3=\frac{8a^9}{b^{18}}$

4
단항식의 곱셈과 나눗셈

#(단항식) × (단항식)

#계수끼리 #문자끼리

#(단항식) ÷ (단항식)

#역수로 #분모로 #혼합 계산

준비 해 보자

▶ 정답 및 풀이 6쪽

● 다음 □ 안에 알맞은 것을 구하여 각 작품을 그린 화가의 이름을 알아보자.

(1)

$$(-3)\times\frac{5}{3}a=\square$$

$5a$	$-5a$
폴 고갱	빈센트 반 고흐

기억의 지속(1931)

(2)

$$(-2x)\times(-6)=\square$$

$-12x$	$12x$
파블로 피카소	살바도르 달리

사람의 아들(1964)

(3)

$$\frac{5}{4}b\div\left(-\frac{1}{4}\right)=\square$$

$-5b$	$-\frac{5}{16}b$
르네 마그리트	에드바르 뭉크

* QR코드를 스캔하여 개념 영상을 확인하세요.

07 단항식의 곱셈과 나눗셈

●● (단항식) × (단항식)은 어떻게 계산할까?

▶ 곱셈의 교환법칙
$a \times b = b \times a$

▶ 곱셈의 결합법칙
$a \times b \times c$
$= (a \times b) \times c$
$= a \times (b \times c)$

두 단항식 $4a$와 $3b$의 곱 $4a \times 3b$는 곱셈의 교환법칙과 결합법칙을 이용하여 다음과 같이 계산한다.

$$\begin{aligned} 4a \times 3b &= 4 \times a \times 3 \times b \\ &= 4 \times 3 \times a \times b \\ &= (4 \times 3) \times (a \times b) \\ &= 12ab \end{aligned}$$

곱셈의 교환법칙

곱셈의 결합법칙

계수끼리 문자끼리

이때 $12ab$는 계수끼리의 곱 12와 문자끼리의 곱 ab의 곱으로 되어 있음을 알 수 있다.

이와 같이 단항식의 곱셈에서는 계수는 계수끼리, 문자는 문자끼리 계산한다.

이때 같은 문자끼리의 곱셈은 지수법칙을 이용하여 간단히 한다.

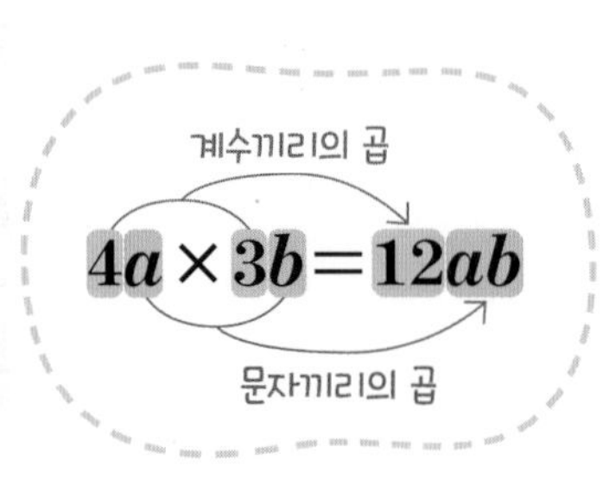

단항식에서는 수를 문자 앞에, 문자는 알파벳 순서로 쓰는 것 잊지마~

한편, 단항식의 곱셈에서 계산 결과의 부호는 각 항의 $(-)$의 개수에 따라 다음과 같이 결정된다.

> $(-)$인 단항식이 홀수 개이면 ➜ 계산 결과의 부호는 $(-)$
> $(-)$인 단항식이 짝수 개이면 ➜ 계산 결과의 부호는 $(+)$

다음 식을 계산해 보자.

(1) $(-3x)\times 7y=(-3)\times\square\times x\times y=\square$

(2) $2x^2y\times 4y^3=2\times\square\times x^2\times y\times y^{\square}=\square$

답 (1) $7,\ -21xy$ (2) $4,\ 3,\ 8x^2y^4$

●● (단항식) ÷ (단항식)은 어떻게 계산할까?

단항식의 나눗셈에서는 단항식을 수로 나눌 때와 마찬가지로 나눗셈을 곱셈으로 바꾸거나 주어진 식을 분수 꼴로 바꿔서 계산한다. 이때 계수는 계수끼리, 문자는 문자끼리 계산한다.

두 단항식 $24x^2y$와 $6x$의 나눗셈 $24x^2y\div 6x$를 두 가지 방법으로 계산해 보자.

[방법 1] 나눗셈을 곱셈으로 바꾸어 계산한다.

▸ $A\div B=A\times\frac{1}{B}$

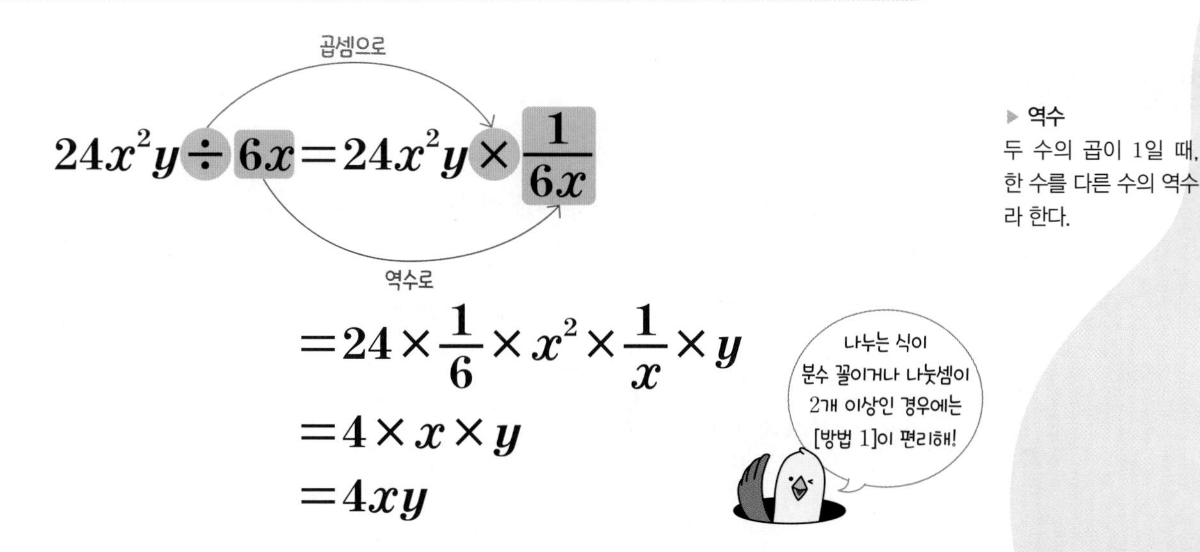

▸ **역수**
두 수의 곱이 1일 때, 한 수를 다른 수의 역수라 한다.

▸ $A \div B = \frac{A}{B}$

[방법 2] 분수 꼴로 바꾸어 계산한다.

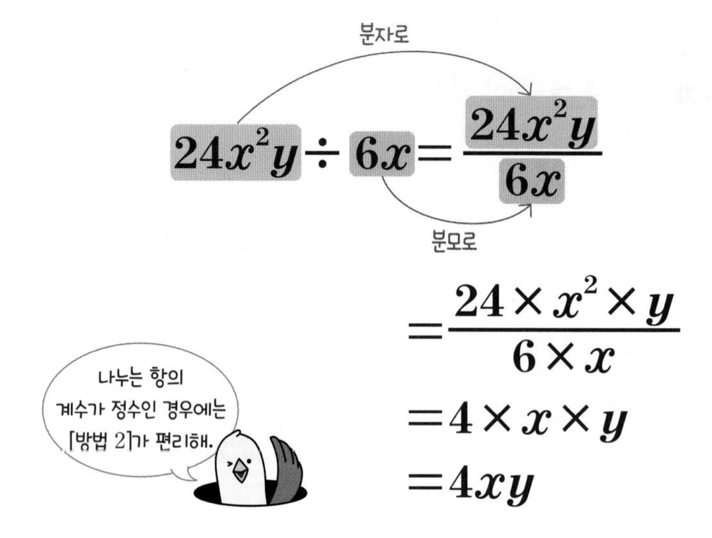

$= \frac{24 \times x^2 \times y}{6 \times x}$

$= 4 \times x \times y$

$= 4xy$

나누는 항의 계수가 정수인 경우에는 [방법 2]가 편리해.

다음 식을 계산해 보자.

(1) $3a^5 \div \frac{a}{4} = 3a^5 \times \frac{4}{\square} = 3 \times \square \times a^5 \times \frac{1}{\square} = \square$

(2) $(-14a^2b^3) \div 2ab = \frac{-14a^2b^3}{\square} = \frac{-14 \times a^2 \times b^3}{2 \times \square \times \square} = \square$

답 (1) a, 4, a, $12a^4$ (2) $2ab$, a, b, $-7ab^2$

꽉 잡아, 개념!

(1) 단항식의 곱셈

① 계수는 계수끼리, 문자는 문자끼리 곱하여 계산한다.

② 같은 문자끼리의 곱셈은 지수법칙을 이용하여 간단히 한다.

(2) 단항식의 나눗셈

[방법 1] 나눗셈을 곱셈으로 바꾸어 계산한다.

➡ $A \div B = A \times \frac{1}{B}$

[방법 2] 분수 꼴로 바꾸어 계산한다.

➡ $A \div B = \frac{A}{B}$

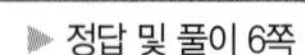

1 다음 식을 계산하시오.

(1) $5a^2\times(-2a^4)$

(2) $8x^4y^3\times\dfrac{1}{4xy}$

(3) $6x^3y\times(-xy^2)^3$

(4) $36a^5b^3\div(-4a^3b)$

(5) $2xy^4\div\dfrac{1}{7}x^2y$

(6) $(-10ab)^2\div\dfrac{5a}{b^3}$

풀이 (1) $5a^2\times(-2a^4)=5\times(-2)\times a^2\times a^4=-10a^6$

(2) $8x^4y^3\times\dfrac{1}{4xy}=8\times\dfrac{1}{4}\times x^4\times\dfrac{1}{x}\times y^3\times\dfrac{1}{y}=2x^3y^2$

(3) $6x^3y\times(-xy^2)^3=6x^3y\times(-x^3y^6)=6\times(-1)\times x^3\times x^3\times y\times y^6=-6x^6y^7$

(4) $36a^5b^3\div(-4a^3b)=\dfrac{36a^5b^3}{-4a^3b}=\dfrac{36\times a^5\times b^3}{-4\times a^3\times b}=-9a^2b^2$

(5) $2xy^4\div\dfrac{1}{7}x^2y=2xy^4\times\dfrac{7}{x^2y}=2\times7\times x\times\dfrac{1}{x^2}\times y^4\times\dfrac{1}{y}=\dfrac{14y^3}{x}$

(6) $(-10ab)^2\div\dfrac{5a}{b^3}=100a^2b^2\div\dfrac{5a}{b^3}=100a^2b^2\times\dfrac{b^3}{5a}$

$=100\times\dfrac{1}{5}\times a^2\times\dfrac{1}{a}\times b^2\times b^3=20ab^5$

답 (1) $-10a^6$ (2) $2x^3y^2$ (3) $-6x^6y^7$ (4) $-9a^2b^2$ (5) $\dfrac{14y^3}{x}$ (6) $20ab^5$

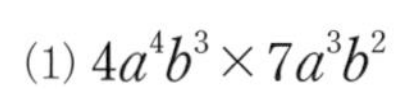

다음 식을 계산하시오.

(1) $4a^4b^3\times7a^3b^2$

(2) $(3x)^3\times\left(-\dfrac{2}{3}x\right)$

(3) $x^4y^3\times\left(-\dfrac{2x^2}{y}\right)^3$

(4) $x^2\times xy^3\times3x^3y^4$

(5) $15x^5y^2\div(-5xy^2)$

(6) $(3a^3b)^3\div9a^5b$

(7) $(-12x^4y^5)\div\left(-\dfrac{4}{3}xy^3\right)$

(8) $16a^3\div4a^2\div\left(-\dfrac{2}{5}a\right)^2$

08 단항식의 곱셈과 나눗셈의 혼합 계산

* QR코드를 스캔하여 개념 영상을 확인하세요.

●● 단항식의 곱셈과 나눗셈이 혼합된 식은 어떻게 계산할까?

단항식의 계산에서 곱셈과 나눗셈이 섞여 있는 경우에는 반드시 앞에서부터 차례대로 계산해야 하고, 나눗셈은 곱셈으로 바꾸어 계산하면 편리하다.

예를 들어 $12x^3y \div 3y \times 2x$를 계산하면 다음과 같다.

$$12x^3y \div 3y \times 2x$$

$$= 12x^3y \times \frac{1}{3y} \times 2x$$

나눗셈을 곱셈으로 바꾸기

$$= \left(12 \times \frac{1}{3} \times 2\right) \times \left(x^3y \times \frac{1}{y} \times x\right)$$

계수는 계수끼리, 문자는 문자끼리 계산하기

계수끼리 문자끼리

$$= 8x^4$$

한편, 괄호가 있는 거듭제곱이 포함된 식은 지수법칙을 이용하여 거듭제곱을 먼저 계산해야 한다.

예를 들어 $(2a^4)^3 \div (-4a^5) \times 3a$를 계산하면 다음과 같다.

$$
\begin{aligned}
&(2a^4)^3 \div (-4a^5) \times 3a \\
&= 8a^{12} \div (-4a^5) \times 3a \\
&= 8a^{12} \times \left(-\frac{1}{4a^5}\right) \times 3a \\
&= \underbrace{\left\{8 \times \left(-\frac{1}{4}\right) \times 3\right\}}_{\text{계수끼리}} \times \underbrace{\left(a^{12} \times \frac{1}{a^5} \times a\right)}_{\text{문자끼리}} \\
&= -6a^8
\end{aligned}
$$

괄호 풀기 (지수법칙 이용)

나눗셈을 곱셈으로 바꾸기

계수는 계수끼리,
문자는 문자끼리 계산하기

다음 식을 계산해 보자.

(1) $6x^7 \times x \div 3x^2 = 6x^7 \times x \times \frac{1}{\square} = 6 \times \frac{1}{\square} \times x^7 \times x \times \frac{1}{x^{\square}} = \square$

(2) $21a^2b^3 \div \left(-\frac{3b^2}{a^3}\right)^2 \times \frac{1}{a^4} = 21a^2b^3 \div \frac{\square}{a^6} \times \frac{1}{a^4} = 21a^2b^3 \times \frac{a^6}{\square} \times \frac{1}{a^4}$

$= 21 \times \frac{1}{9} \times a^2b^3 \times \frac{a^6}{\square} \times \frac{1}{a^4} = \square$

답 (1) $3x^2$, 3, 2, $2x^6$ (2) $9b^4$, $9b^4$, b^4, $\frac{7a^4}{3b}$

회색 글씨를 따라 쓰면서 개념을 정리해 보자!

꽉 잡아, 개념!

단항식의 곱셈과 나눗셈의 혼합 계산

곱셈과 나눗셈이 혼합된 식은 다음과 같은 순서로 계산한다.

❶ 괄호가 있는 거듭제곱은 지수법칙을 이용하여 괄호를 푼다.

❷ 나눗셈은 나누는 식의 역수의 곱셈으로 바꾼다.

❸ 계수는 계수끼리, 문자는 문자끼리 계산한다.

주의 곱셈과 나눗셈이 혼합된 식은 앞에서부터 차례대로 계산한다.

➡ $A \div B \times C = A \div BC = \frac{A}{BC}$ (×), $A \div B \times C = \frac{A}{B} \times C = \frac{AC}{B}$ (○)

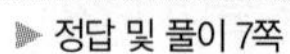

▶ 정답 및 풀이 7쪽

1 $(-3x^2y^3)^3\div(-2xy^2)\times\left(\frac{2x}{3y}\right)^2$을 계산하시오.

풀이 $(-3x^2y^3)^3\div(-2xy^2)\times\left(\frac{2x}{3y}\right)^2=(-27x^6y^9)\div(-2xy^2)\times\frac{4x^2}{9y^2}$

$=(-27x^6y^9)\times\left(-\frac{1}{2xy^2}\right)\times\frac{4x^2}{9y^2}$

$=(-27)\times\left(-\frac{1}{2}\right)\times\frac{4}{9}\times x^6y^9\times\frac{1}{xy^2}\times\frac{x^2}{y^2}$

$=6x^7y^5$

답 $6x^7y^5$

1-1 다음 식을 계산하시오.

(1) $8x^5\times(-4x)\div x^2$

(2) $(-x^3)^2\div3x^5\times x^4$

(3) $10a^3b\div(-5ab^2)\times(-3a^4b^6)$

(4) $ab\times(2ab)^3\div(-2a^3b^2)$

2 다음 □ 안에 알맞은 식을 구하시오.

$$9x^4y^2\times\square\div(-3xy^2)=6x^2y^2$$

풀이 $9x^4y^2\times\square\div(-3xy^2)=6x^2y^2$에서

$9x^4y^2\times\square\times\left(-\frac{1}{3xy^2}\right)=6x^2y^2$

$\therefore\ \square=6x^2y^2\times\frac{1}{9x^4y^2}\times(-3xy^2)=-\frac{2y^2}{x}$

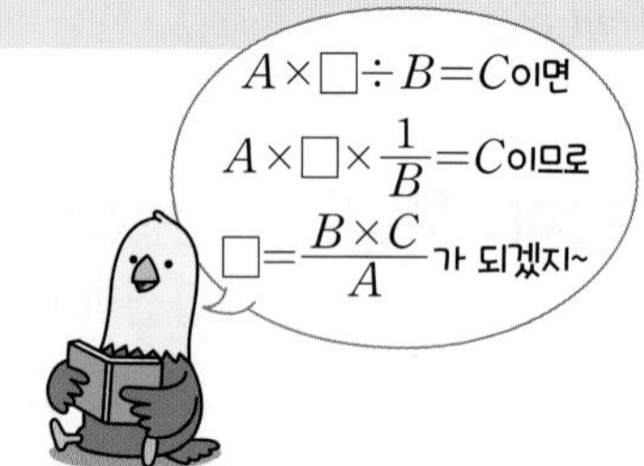

답 $-\frac{2y^2}{x}$

2-1 $2a^3\div\square\times(-14ab)=-\frac{4}{3}a^3b^2$일 때, □ 안에 알맞은 식을 구하시오.

개념을 정리해 보자

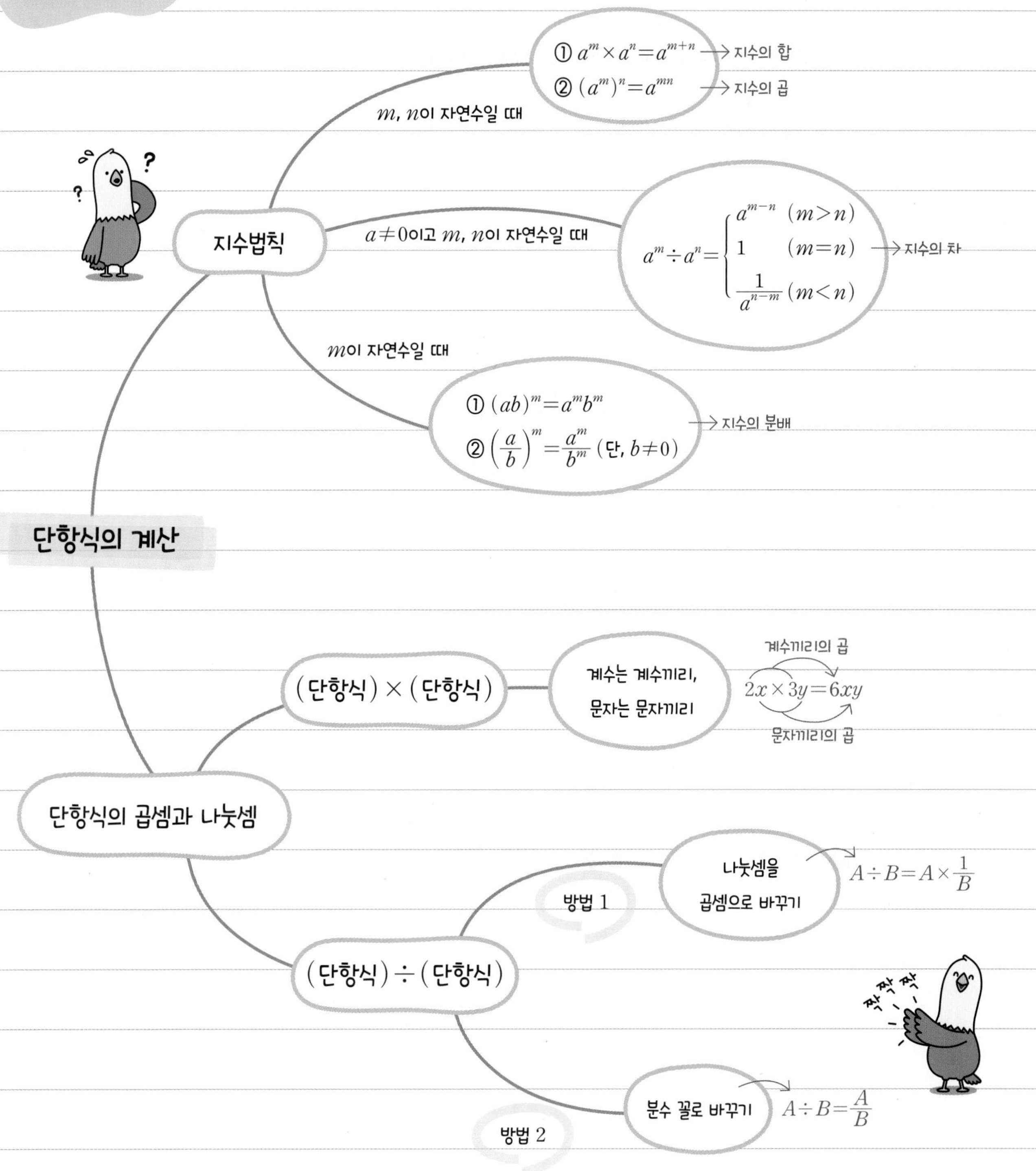

단항식의 계산
지수법칙
m, n이 자연수일 때
① $a^m \times a^n = a^{m+n}$ → 지수의 합
② $(a^m)^n = a^{mn}$ → 지수의 곱
$a \neq 0$이고 m, n이 자연수일 때
$a^m \div a^n = \begin{cases} a^{m-n} & (m>n) \\ 1 & (m=n) \\ \frac{1}{a^{n-m}} & (m<n) \end{cases}$ → 지수의 차
m이 자연수일 때
① $(ab)^m = a^m b^m$
② $\left(\frac{a}{b}\right)^m = \frac{a^m}{b^m}$ (단, $b \neq 0$) → 지수의 분배
단항식의 곱셈과 나눗셈
(단항식) × (단항식)
계수는 계수끼리,
문자는 문자끼리
계수끼리의 곱
$2x \times 3y = 6xy$
문자끼리의 곱
(단항식) ÷ (단항식)
방법 1
나눗셈을
곱셈으로 바꾸기
$A \div B = A \times \frac{1}{B}$
방법 2
분수 꼴로 바꾸기
$A \div B = \frac{A}{B}$
짝 짝 짝

1 $2^x \times 2^3 = 128$일 때, 자연수 x의 값을 구하시오.

2 $(a^3)^4 \times b^4 \times a \times (b^2)^3$을 간단히 하면?

① a^4b^5　② a^4b^{10}　③ $a^{12}b^5$
④ $a^{13}b^{10}$　⑤ $a^{81}b^6$

3 $x^{14} \div (x^2)^4 \div x^{\square} = 1$일 때, □ 안에 알맞은 수를 구하시오.

4 $81^3 \times 27^2 \div 9^3 = 3^x$일 때, 자연수 x의 값은?

① 4　② 8　③ 12
④ 18　⑤ 24

▶ 정답 및 풀이 7쪽

5 다음 중 옳은 것은?

① $(a^4b^6)^2=a^6b^8$　　② $(2x^2y)^3=8x^5y^3$
③ $(-xy^3)^4=x^4y^{12}$　　④ $(-5x^3y^6)^2=-25x^6y^{12}$
⑤ $(-3x^2y^4)^3=-9x^6y^{12}$

6 $\left(-\dfrac{3x^3}{y^a}\right)^3=-\dfrac{bx^c}{y^{15}}$일 때, 자연수 a, b, c에 대하여 $a+b-c$의 값은?

① -31　　② -13　　③ 13
④ 23　　⑤ 41

7 다음 중 옳은 것은?

① $3^3\times3^4\times3^5=3^{60}$　　② $\{(2^2)^4\}^5=2^{11}$
③ $x^5\div x^4\div x^2=\dfrac{1}{x}$　　④ $\left(-\dfrac{x}{y^2}\right)^7=\dfrac{x^7}{y^{14}}$
⑤ $a^8\times a^4\div a^2=a^6$

8 다음 중 □ 안에 알맞은 수가 나머지 넷과 다른 하나는?

① $a^{\square}\times a^2=a^7$　　② $\dfrac{x^{\square}}{x^9}=\dfrac{1}{x^4}$　　③ $\left(\dfrac{y^5}{x^{\square}}\right)^2=\dfrac{y^{10}}{x^{10}}$
④ $(a^4b^{\square})^3=a^{12}b^{15}$　　⑤ $x^{\square}\times x^2\div x^3=x^6$

9 다음 중 옳지 않은 것은?

① $(-2x^2)\times3x^5=-6x^7$

② $(-6ab)\div\dfrac{a}{2}=-12b$

③ $(2a^3)^2\times5a=20a^6$

④ $(-5a^2)^2\div4a^2b=\dfrac{25a^2}{4b}$

⑤ $(-27x^4)\div(9x)^2=-\dfrac{x^2}{3}$

10 $(xy^3)^2\div\left(-\dfrac{x}{y^2}\right)^2\div(-x^3y^2)^5$을 간단히 하면?

① $-\dfrac{1}{x^{15}y}$ ② $-\dfrac{1}{x^{14}y}$ ③ $-\dfrac{1}{x^{13}y}$

④ $-\dfrac{1}{x^{15}}$ ⑤ $-\dfrac{1}{x^{14}}$

11 $(3x^2y)^3\times(-xy^2)^5\times(-4x^5y^6)=ax^by^c$일 때, 자연수 a, b, c에 대하여 $a-b-c$의 값을 구하시오.

12 오른쪽 그림과 같이 밑면의 가로의 길이가 $\frac{1}{2}a^2b^3$, 세로의 길이가 $8ab$, 높이가 $6ab^2$인 직육면체의 부피는?

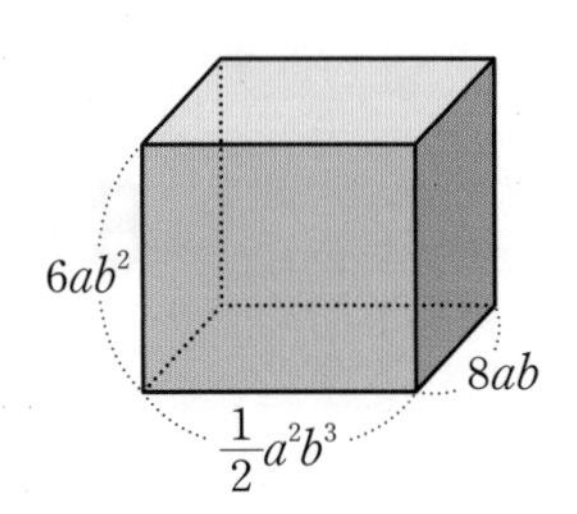

① $24a^3b^6$ ② $24a^4b^5$

③ $24a^4b^6$ ④ $24a^5b^6$

⑤ $24a^4b^7$

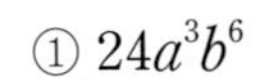

13

다음 보기 중 옳은 것을 모두 고르면?

보기	
ㄱ. $a \div b \times c = \dfrac{a}{bc}$	ㄴ. $a \times b \div c = \dfrac{ab}{c}$
ㄷ. $a \times (b \div c) = \dfrac{b}{ac}$	ㄹ. $a \div (b \div c) = \dfrac{ac}{b}$

① ㄱ, ㄴ　　② ㄱ, ㄷ　　③ ㄱ, ㄹ
④ ㄴ, ㄹ　　⑤ ㄷ, ㄹ

14

$(-4a^2b^2)^2 \div \square \times \dfrac{1}{6a^3b^4} = \dfrac{2b}{a^3}$일 때, □ 안에 알맞은 식은?

① $\dfrac{8b^3}{3a^5}$　　② $\dfrac{32b^3}{27a^5}$　　③ $\dfrac{8a^4}{3b^3}$
④ $\dfrac{64a^2}{27b^2}$　　⑤ $\dfrac{4a^4}{3b}$

15

$(-3x^3y)^a \times bxy^4 \div x^3y = 243x^{10}y^c$일 때, 자연수 a, b, c에 대하여 $a-b+c$의 값을 구하시오.

16

오른쪽 그림과 같이 밑면의 지름의 길이가 $6x$인 원뿔의 부피가 $48\pi x^2y$일 때, 이 원뿔의 높이는?

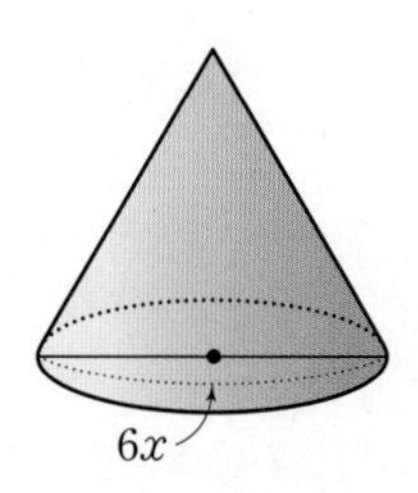

① $16y$　　② $16xy$
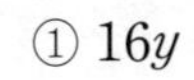
③ $17y$　　④ $17xy$
⑤ $17y^2$

Ⅲ

다항식의 계산

5 다항식의 덧셈과 뺄셈

6 단항식과 다항식의 곱셈과 나눗셈

5
다항식의 덧셈과 뺄셈

#다항식 #덧셈 #뺄셈

#괄호 풀고 #동류항끼리

#모아서 계산 #이차식

#차수가 2 #덧셈 #뺄셈

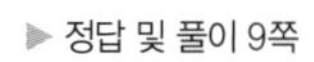
▶ 정답 및 풀이 9쪽

● 다음 문제의 식을 계산하고, 그 정답과 짝 지어진 물건을 아래 그림에서 찾아보자.

문제	정답	물건
(1) $(3x+1)+(x-2)$	$2x-1$	국자
	$4x-1$	숟가락
(2) $(-4x+3)+2(1-x)$	$-6x+5$	연필
	$-5x+5$	빗
(3) $5(x+2)-(-x+3)$	$4x+7$	가방
	$6x+7$	안경

* QR코드를 스캔하여 개념 영상을 확인하세요.

09 다항식의 덧셈과 뺄셈

●● 다항식의 덧셈과 뺄셈은 어떻게 할까?

위의 도넛 가게에서 도넛은 한 개에 a원, 주스는 한 잔에 b원에 판매한다고 하면 두 사람이 주문한 메뉴의 금액은 각각 다음과 같다.

즉, 두 사람이 주문한 금액의 합은

$$\{(3a+2b)+(2a+b)\}\text{원}$$

이다.

한편, 두 사람이 주문한 도넛은 5개, 주스는 3잔이므로 전체 메뉴의 금액의 합은

$$(5a+3b)\text{원}$$

이다.

따라서 다음과 같음을 알 수 있다.

$$(3a+2b)+(2a+b)=5a+3b$$

이것은 다음과 같이 계산한 것과 같다.

이와 같이 문자가 2개 이상인 다항식의 덧셈은 문자가 1개인 일차식의 덧셈과 마찬가지로 괄호를 풀고 동류항끼리 모아서 계산한다.

또, 다항식의 뺄셈은 빼는 식의 각 항의 부호를 바꾸어 더한다.

$$\begin{aligned}&(4a+3b)-(2a-2b)\\&=4a+3b-2a+2b\\&=4a-2a+3b+2b\\&=2a+5b\end{aligned}$$

빼는 식의 각 항의 부호를 바꾸어 괄호 풀기

동류항끼리 모으기

계산하기

$$\begin{array}{rr}&4a+3b\\-)&2a-2b\\\hline&2a+5b\end{array}$$

다음 식을 계산해 보자.

(1) $(2x-y)+(x+7y)$
$=2x-y+x+7y$
$=2x+\square-y+\square$
$=\square$

(2) $(a-6b)-(-3a+2b)$
$=a-6b+3a-2b$
$=a+\square-6b-\square$
$=\square$

답 (1) x, $7y$, $3x+6y$ (2) $3a$, $2b$, $4a-8b$

•• 여러 가지 괄호가 있는 식의 계산은 어떻게 할까?

여러 가지 괄호가 있는 다항식의 덧셈과 뺄셈은 ( ) → { } → [ ]의 순서로 괄호를 풀고 동류항끼리 모아서 계산한다.

$$6x-[4x-\{y-(x+3y)\}]$$
$$=6x-\{4x-(y-x-3y)\}$$ ← 처음 식의 소괄호 ( )를 푼다.
$$=6x-\{4x-(-x-2y)\}$$
$$=6x-(4x+x+2y)$$ ← 처음 식의 중괄호 { }를 푼다.
$$=6x-(5x+2y)$$
$$=6x-5x-2y$$ ← 처음 식의 대괄호 [ ]를 푼다.
$$=x-2y$$

✔ $a-\{2b-(-3a+5b)\}$를 계산해 보자.

$a-\{2b-(-3a+5b)\}$
$=a-(2b+\square a-\square b)$
$=a-(\square a-\square b)$
$=a-\square a+\square b$
$=\square$

답 3, 5, 3, 3, 3, 3, $-2a+3b$

(1) **다항식의 덧셈과 뺄셈**: 괄호를 풀고 동류항끼리 모아서 계산 한다.

참고 괄호 앞에
- +가 있으면 괄호 안의 부호를 그대로 ➡ $A+(B-C)=A+B-C$
- −가 있으면 괄호 안의 부호를 반대로 ➡ $A-(B-C)=A-B+C$

(2) 여러 가지 괄호가 있는 다항식의 덧셈과 뺄셈은 ( ) → { } → [ ] 의 순서로 괄호를 풀고 동류항끼리 모아서 계산한다.

▶ 정답 및 풀이 9쪽

1 다음 식을 계산하시오.

(1) $(a-3b)+(-4a+5b)$ (2) $(3x-7y)-2(5x-y)$

풀이 (1) $(a-3b)+(-4a+5b)=a-3b-4a+5b$
$=a-4a-3b+5b=-3a+2b$

(2) $(3x-7y)-2(5x-y)=3x-7y-10x+2y$
$=3x-10x-7y+2y=-7x-5y$

답 (1) $-3a+2b$ (2) $-7x-5y$

1-1 다음 식을 계산하시오.

(1) $(4x+y)+(6x-10y)$ (2) $(7x-2y-2)-(-x+y-4)$

(3) $(-a+4b)-4(-2a-b)$ (4) $3(2x+3y-1)+(3x-y+6)$

2 $4x-[5y+\{x-(2x-y)\}]$를 계산하시오.

풀이 $4x-[5y+\{x-(2x-y)\}]=4x-\{5y+(x-2x+y)\}$
$=4x-\{5y+(-x+y)\}$
$=4x-(5y-x+y)$
$=4x-(-x+6y)$
$=4x+x-6y$
$=5x-6y$

답 $5x-6y$

2-1 $x-[4y-\{3x-(-2x+7y)+9y\}]$를 계산하시오.

* QR코드를 스캔하여 개념 영상을 확인하세요.

10 이차식의 덧셈과 뺄셈

●● 이차식의 덧셈과 뺄셈은 어떻게 할까?

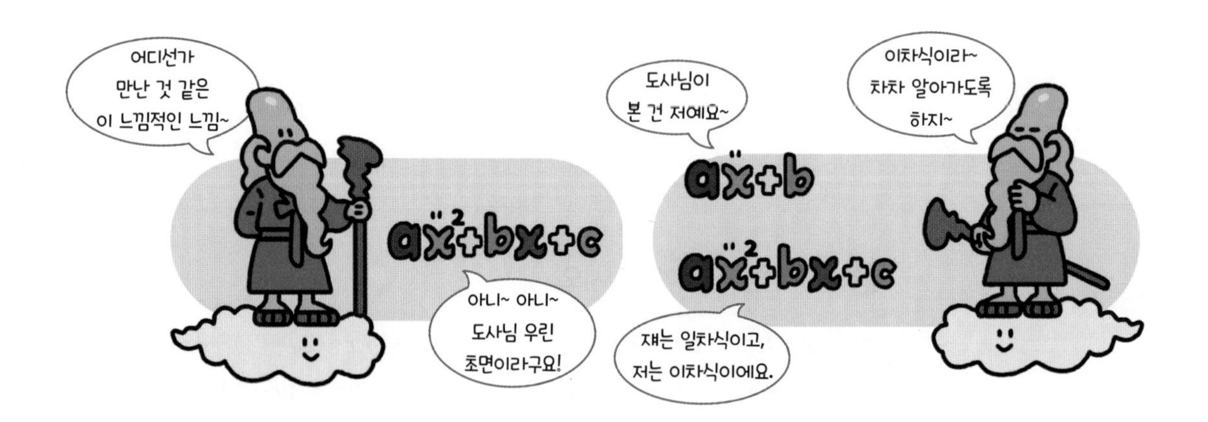

▶ 다항식에서 차수가 가장 큰 항의 차수를 그 다항식의 차수라 한다.

한 문자에 대한 차수가 2인 다항식을 그 문자에 대한 이차식이라 한다.
예를 들어 x에 대한 다항식 $4x^2-5x+1$에서 차수가 가장 큰 항은 $4x^2$이고, 그 차수가 2이므로 $4x^2-5x+1$은 x에 대한 이차식이다.

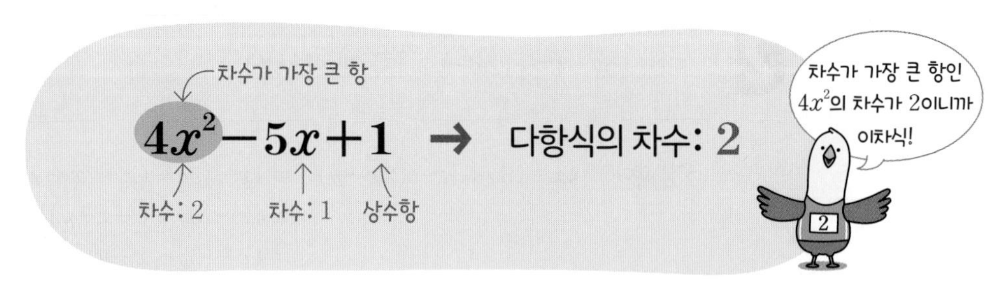

참고 다항식 $3y^2+y+2$, $a-a^2$에서 차수가 가장 큰 항은 각각 $3y^2$, $-a^2$이고, 그 차수가 2이므로 모두 이차식이다.

이제 이차식의 덧셈과 뺄셈에 대하여 알아보자.

이차식의 덧셈도 일차식의 덧셈과 마찬가지로 괄호가 있으면 먼저 괄호를 풀고 동류항끼리 모아서 계산한다.

$$(2x^2+4x+5)+(3x^2-x+1)$$
괄호 풀기
$$=2x^2+4x+5+3x^2-x+1$$
동류항끼리 모으기
$$=2x^2+3x^2+4x-x+5+1$$
계산하기
$$=5x^2+3x+6$$

	$2x^2$	$+4x$	$+5$
$+)$	$3x^2$	$-\ x$	$+1$
	$5x^2$	$+3x$	$+6$

또, 이차식의 뺄셈도 일차식의 뺄셈과 마찬가지로 빼는 식의 각 항의 부호를 바꾸어 더한다.

$$(2x^2-5x+1)-(x^2+x-4)$$
빼는 식의 각 항의 부호를 바꾸어 괄호 풀기
$$=2x^2-5x+1-x^2-x+4$$
동류항끼리 모으기
$$=2x^2-x^2-5x-x+1+4$$
계산하기
$$=x^2-6x+5$$

	$2x^2$	$-5x$	$+1$
$-)$	x^2	$+\ x$	-4
	x^2	$-6x$	$+5$

다음 식을 계산해 보자.

(1) $(x^2+2x-2)+(2x^2-6x+3)$
$=x^2+2x-2+2x^2-6x+3$
$=x^2+\square x^2+\square x-6x-2+\square$
$=\square$

(2) $(7x^2+3x+5)-(-3x^2+4x-6)$
$=7x^2+3x+5+\square x^2-4x+\square$
$=7x^2+\square x^2+3x-4x+5+\square$
$=\square$

답 (1) 2, 2, 3, $3x^2-4x+1$ (2) 3, 6, 3, 6, $10x^2-x+11$

꽉 잡아, 개념!

(1) **이차식:** 한 문자에 대한 차수가 2인 다항식을 그 문자에 대한 이차식이라 한다.

(2) **이차식의 덧셈과 뺄셈:** 괄호를 풀고 동류항끼리 모아서 계산한다.

$3x^2-4x+1$ ➡ 이차식
(차수: 2, 차수: 1, 상수항)

1 다음 중 이차식인 것은 ○표, 이차식이 아닌 것은 ×표를 하시오.

(1) $6x+1$ ( )

(2) $\frac{1}{2}a^2$ ( )

(3) $\frac{5}{x^2}-1$ ( )

(4) $3y^2+4y-3y^2$ ( )

풀이 (3) x^2이 분모에 있으므로 이차식이 아니다.

(4) $3y^2+4y-3y^2=4y$이므로 일차식이다.

답 (1) × (2) ○ (3) × (4) ×

1-1 다음 중 이차식인 것을 모두 고르면? (정답 2개)

① $a-a^2$

② $x^2-x(x+1)-2$

③ $\frac{1}{2y^2}+3$

④ $x+y-4$

⑤ $\frac{x^2+x+5}{3}$

2 다음 식을 계산하시오.

(1) $(x^2+5x-3)+(2x^2-3x-1)$

(2) $(6a^2-3a)-(-a^2+2a+6)$

풀이 (1) $(x^2+5x-3)+(2x^2-3x-1)=x^2+5x-3+2x^2-3x-1$
$=x^2+2x^2+5x-3x-3-1$
$=3x^2+2x-4$

(2) $(6a^2-3a)-(-a^2+2a+6)=6a^2-3a+a^2-2a-6$
$=6a^2+a^2-3a-2a-6$
$=7a^2-5a-6$

답 (1) $3x^2+2x-4$ (2) $7a^2-5a-6$

2-1 다음 식을 계산하시오.

(1) $(a^2-4a+5)+(-2a^2+a)$

(2) $(7x^2-x+4)-2(4x^2-5x+1)$

▶ 정답 및 풀이 9쪽

3 $\dfrac{x^2-x-4}{2}+\dfrac{3x^2+5x}{4}$ 를 계산하시오.

풀이 $\dfrac{x^2-x-4}{2}+\dfrac{3x^2+5x}{4}=\dfrac{2(x^2-x-4)+(3x^2+5x)}{4}$

$=\dfrac{2x^2-2x-8+3x^2+5x}{4}$

$=\dfrac{5x^2+3x-8}{4}$

답 $\dfrac{5x^2+3x-8}{4}$

3-1 다음 식을 계산하시오.

(1) $\dfrac{-2x^2+3}{3}+\dfrac{4x^2+2x-1}{2}$

(2) $\dfrac{3x^2-5x-2}{4}-\dfrac{x^2-3x+4}{3}$

4 $x^2-[4x-\{3x^2-(5x^2-x-1)\}+2]$를 계산하시오.

풀이 $x^2-[4x-\{3x^2-(5x^2-x-1)\}+2]=x^2-\{4x-(3x^2-5x^2+x+1)+2\}$

$=x^2-\{4x-(-2x^2+x+1)+2\}$

$=x^2-(4x+2x^2-x-1+2)$

$=x^2-(2x^2+3x+1)$

$=x^2-2x^2-3x-1$

$=-x^2-3x-1$

답 $-x^2-3x-1$

4-1 $4-[-3\{2x^2-5(1-x)\}+x^2]$을 계산하시오.

6

단항식과 다항식의 곱셈과 나눗셈

#(단항식) × (다항식)

#전개 #전개식 #분배법칙

#(다항식) ÷ (단항식) # 역수로

#분수로 #혼합 계산

#식의 대입

▶ 정답 및 풀이 10쪽

- 프랑스 파리의 몽마르트르에 세워진 '사랑해 벽'에는 250개 국가의 언어로 '사랑해'라는 단어가 가득 적혀 있다.

다음 식을 계산하고 그 답을 연결하여 각 나라에서 사용하는 언어로 '사랑해'를 말해 보자.

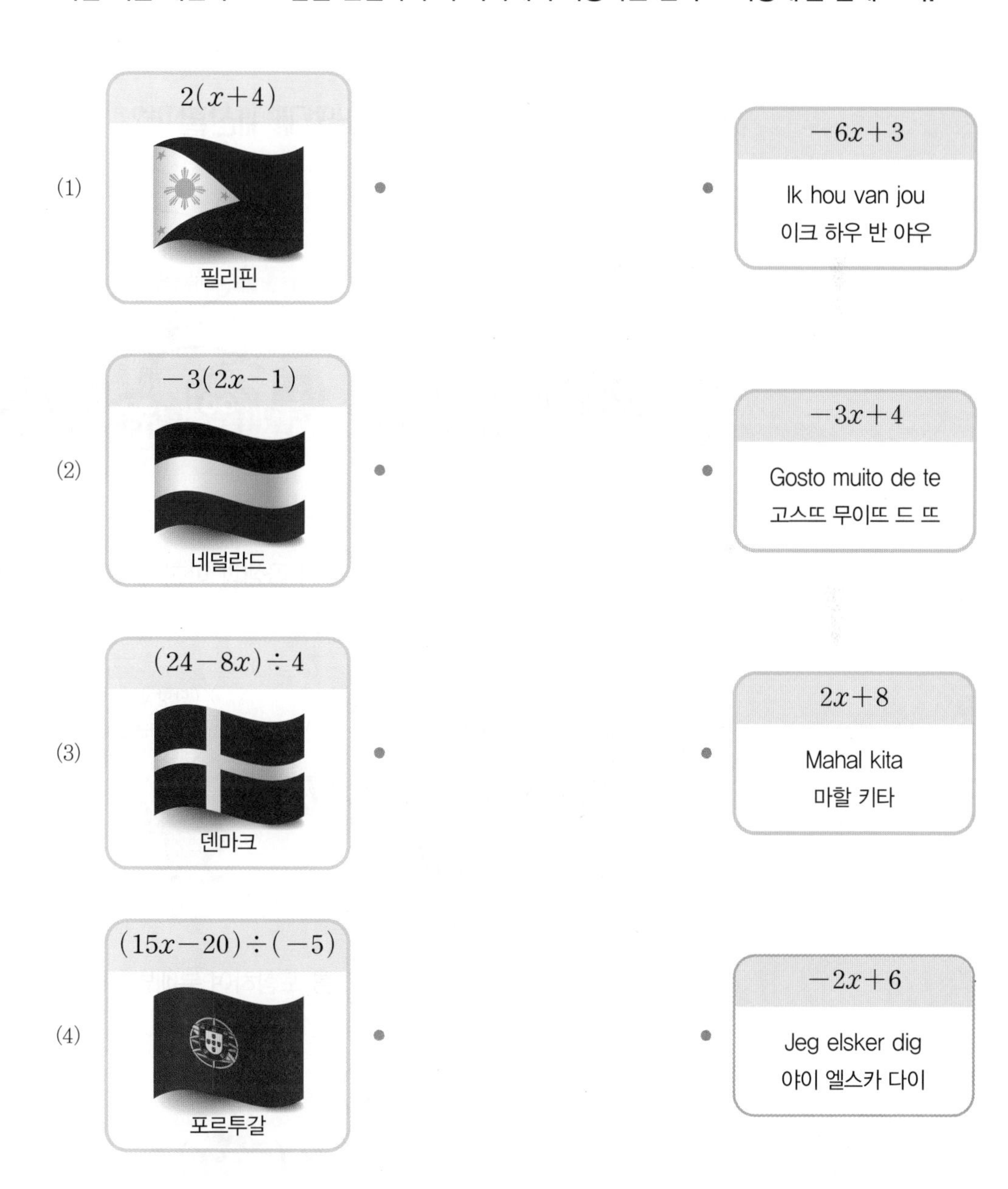

11

단항식과 다항식의 곱셈과 나눗셈

•• (단항식) × (다항식)은 어떻게 계산할까?

▶ 분배법칙
$a(b+c)=ab+ac$
$(a+b)c=ac+bc$

단항식과 다항식의 곱셈은 일차식과 수의 곱셈과 마찬가지로 분배법칙을 이용하여 단항식을 다항식의 각 항에 곱하여 계산한다.

$$3a(4a+b)$$
$$=3a\times4a+3a\times b$$
$$=12a^2+3ab$$

(단항식) × (다항식)에서는 분배법칙을 이용!

또, 단항식의 계수가 음수이면 부호 −를 포함하여 분배법칙을 이용한다.

$$(2a-b)\times(-a)$$
$$=2a\times(-a)-b\times(-a)$$
$$=-2a^2+ab$$

이와 같이 단항식과 다항식의 곱을 분배법칙을 이용하여 괄호를 풀어 하나의 다항식으로 나타내는 것을 **전개**한다고 하고, 전개하여 얻은 다항식을 전개식이라 한다.

전개

$$3a(4a+b)=\underline{12a^2+3ab}$$

전개식

다음 식을 전개해 보자.

(1) $2x(5x+3y)=2x\times\square+\square\times 3y=\square$

(2) $(a-6)\times(-2a)=\square\times(-2a)-\square\times(-2a)=\square$

답 (1) $5x$, $2x$, $10x^2+6xy$ (2) a, 6, $-2a^2+12a$

●● (다항식) ÷ (단항식)은 어떻게 계산할까?

다항식을 단항식으로 나눌 때는 '개념 07'에서 배운 단항식의 나눗셈과 마찬가지로 나눗셈을 곱셈으로 바꾸거나 주어진 식을 분수 꼴로 바꿔서 계산한다.

$(12x^2+9x)\div 3x$를 두 가지 방법으로 계산해 보자.

[방법 1] 나눗셈을 곱셈으로 바꾸어 다항식의 각 항에 단항식의 역수를 곱한다.

▶ $(A+B)\div C$
$=(A+B)\times\frac{1}{C}$
$=A\times\frac{1}{C}+B\times\frac{1}{C}$

곱셈으로

$$(12x^2+9x)\div 3x=(12x^2+9x)\times\frac{1}{3x}$$

역수로

$$=12x^2\times\frac{1}{3x}+9x\times\frac{1}{3x}$$
$$=4x+3$$

▶ $(A+B)\div C$
$=\frac{A+B}{C}$
$=\frac{A}{C}+\frac{B}{C}$

[방법 2] 분수 꼴로 바꾸어 다항식의 각 항을 단항식으로 나눈다.

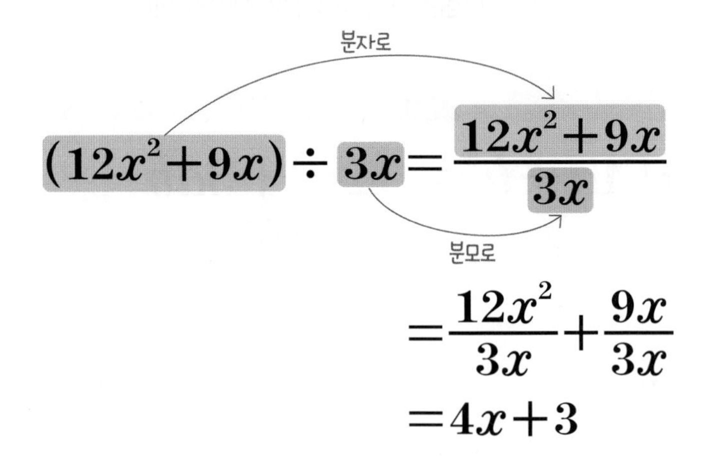

$$(12x^2+9x)\div 3x=\frac{12x^2+9x}{3x}$$
$$=\frac{12x^2}{3x}+\frac{9x}{3x}$$
$$=4x+3$$

나누는 식이 분수 꼴이면 [방법 1]을 이용하는 것이 편리해.

다음 식을 계산해 보자.

(1) $(2xy+3x)\div\frac{1}{4}x=(2xy+3x)\times\square=2xy\times\square+3x\times\square=\square$

(2) $(10a^2b^3-4ab^2)\div 2ab=\frac{10a^2b^3-4ab^2}{\square}=\frac{10a^2b^3}{\square}+\frac{-4ab^2}{\square}=\square$

답 (1) $\frac{4}{x}, \frac{4}{x}, \frac{4}{x}, 8y+12$ (2) $2ab, 2ab, 2ab, 5ab^2-2b$

꽉 잡아, 개념!

(1) **단항식과 다항식의 곱셈**

① 단항식과 다항식의 곱셈: 분배법칙을 이용 하여 단항식을 다항식의 각 항에 곱하여 계산한다.

② 전개: 단항식과 다항식의 곱을 분배법칙을 이용하여 괄호를 풀어 하나의 다항식으로 나타내는 것

③ 전개식: 전개하여 얻은 다항식

(2) **다항식과 단항식의 나눗셈**

[방법 1] 나눗셈을 곱셈으로 바꾸어 다항식의 각 항에 단항식의 역수를 곱한다.

➡ $(A+B)\div C=(A+B)\times\frac{1}{C}=A\times\frac{1}{C}+B\times\frac{1}{C}$

[방법 2] 분수 꼴로 바꾸어 다항식의 각 항을 단항식으로 나눈다.

➡ $(A+B)\div C=\frac{A+B}{C}=\frac{A}{C}+\frac{B}{C}$

▶ 정답 및 풀이 10쪽

다음 식을 계산하시오.

(1) $(a-b)\times(-ab)$

(2) $12x\left(\frac{1}{2}x+\frac{1}{3}y-\frac{1}{6}\right)$

(3) $(8x^2+20xy)\div 4x$

(4) $(-5a^2b+ab+ab^2)\div\left(-\frac{1}{2}ab\right)$

풀이 (1) $(a-b)\times(-ab)=a\times(-ab)-b\times(-ab)=-a^2b+ab^2$

(2) $12x\left(\frac{1}{2}x+\frac{1}{3}y-\frac{1}{6}\right)=12x\times\frac{1}{2}x+12x\times\frac{1}{3}y-12x\times\frac{1}{6}=6x^2+4xy-2x$

(3) $(8x^2+20xy)\div 4x=\frac{8x^2+20xy}{4x}=\frac{8x^2}{4x}+\frac{20xy}{4x}=2x+5y$

(4) $(-5a^2b+ab+ab^2)\div\left(-\frac{1}{2}ab\right)=(-5a^2b+ab+ab^2)\times\left(-\frac{2}{ab}\right)$

$=-5a^2b\times\left(-\frac{2}{ab}\right)+ab\times\left(-\frac{2}{ab}\right)+ab^2\times\left(-\frac{2}{ab}\right)$

$=10a-2-2b$

답 (1) $-a^2b+ab^2$ (2) $6x^2+4xy-2x$ (3) $2x+5y$ (4) $10a-2-2b$

1-1 다음 식을 계산하시오.

(1) $3x(-x+2)$

(2) $-4a(a-3b+1)$

(3) $(9x+y)\times\left(-\frac{1}{3}y\right)$

(4) $\frac{5}{2}x\left(\frac{4}{5}x-6y+8\right)$

(5) $(4a^2-12ab)\div\frac{4}{5}a$

(6) $(x^2y+16xy)\div(-4y)$

(7) $(-2x^2+4xy-8x)\div 2x$

(8) $(6a^2b^2+10a^2b-2ab^2)\div\left(-\frac{2}{3}ab\right)$

12 다항식의 혼합 계산

* QR코드를 스캔하여 개념 영상을 확인하세요.

•• 다항식의 혼합 계산은 어떻게 할까?

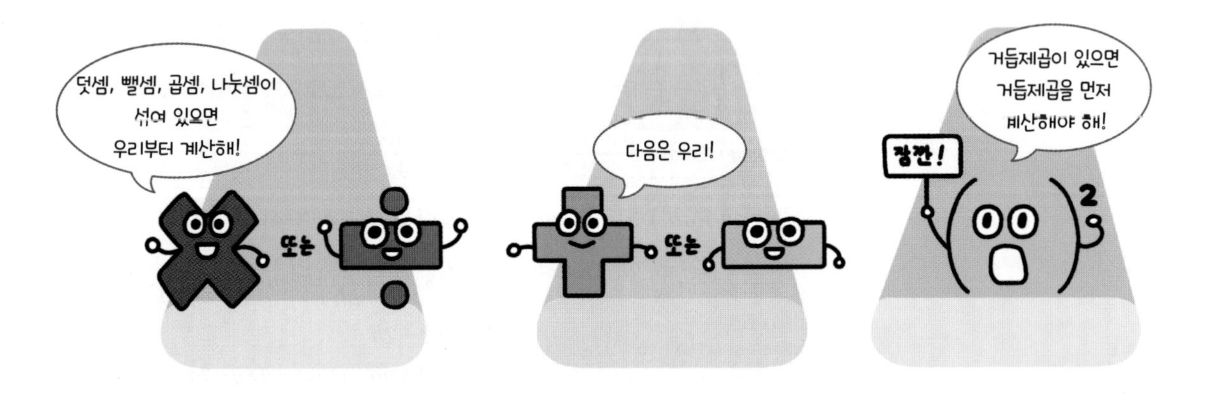

수의 혼합 계산에서와 마찬가지로 덧셈, 뺄셈, 곱셈, 나눗셈이 혼합된 식의 계산은 곱셈 또는 나눗셈을 먼저 한 다음 덧셈 또는 뺄셈을 한다. 이때 거듭제곱이 있으면 거듭제곱을 가장 먼저 계산한다.

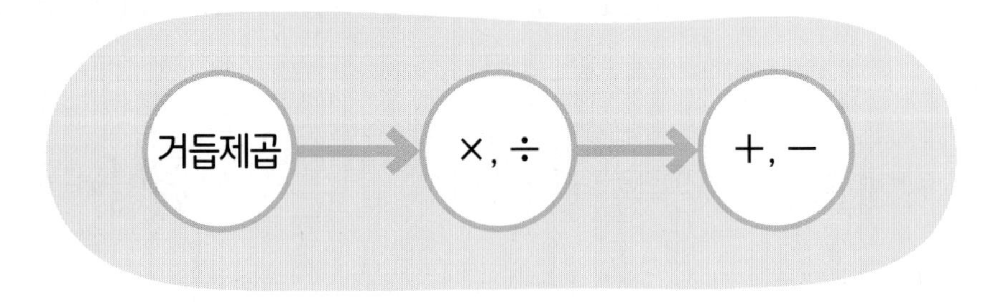

$2x(x+3)+(3x^2-12x^3)\div(-x)^2$ 을 계산해 보자.

$2x(x+3)+(3x^2-12x^3)\div(-x)^2$

$=2x(x+3)+(3x^2-12x^3)\div\square$

$=2x^2+\square+\dfrac{3x^2-12x^3}{\square}$

$=2x^2+\square+3-12x=\square$

답 x^2, $6x$, x^2, $6x$, $2x^2-6x+3$

●● 식의 대입에 대하여 알아볼까?

$y=x+3$일 때, $x-2y$를 x에 대한 식으로 나타내면

(y 대신 $x+3$ 넣기)

$$x-2y=x-2(x+3)=-x-6$$

(괄호 사용하기)

이와 같이 주어진 식의 문자에 그 문자가 나타내는 다른 식을 대입하여 주어진 식을 다른 문자에 대한 식으로 나타낼 수 있다.

$b=-3a+2$일 때, $2a+3b$를 a에 대한 식으로 나타내 보자.

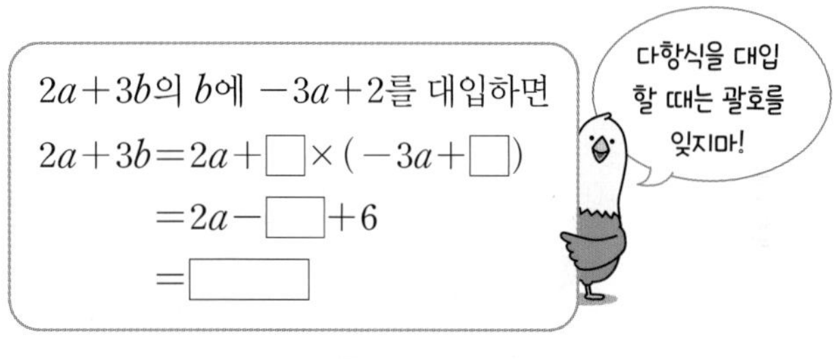

$2a+3b$의 b에 $-3a+2$를 대입하면

$2a+3b=2a+\square\times(-3a+\square)$

$=2a-\square+6$

$=\square$

답 3, 2, $9a$, $-7a+6$

꽉 잡아, 개념!

(1) **다항식의 혼합 계산**

덧셈, 뺄셈, 곱셈, 나눗셈이 혼합된 식은 다음과 같은 순서로 계산한다.

❶ 거듭제곱이 있으면 지수법칙을 이용하여 거듭제곱을 먼저 계산한다.

❷ 분배법칙을 이용하여 곱셈, 나눗셈을 한다.

❸ 동류항끼리 모아서 덧셈, 뺄셈을 한다.

주의 덧셈, 뺄셈, 곱셈, 나눗셈이 혼합된 식의 계산에서는 반드시 ×, ÷의 계산을 +, −의 계산보다 먼저 해야 한다.

(2) **식의 대입**

주어진 식의 문자에 그 문자가 나타내는 다른 식을 대입하여 주어진 식을 다른 문자에 대한 식으로 나타낼 수 있다.

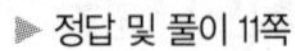
▶ 정답 및 풀이 11쪽

1 $(4x^3y-12x^3)\div(-2x)^2-3x(-y+1)$을 계산하시오.

풀이 $(4x^3y-12x^3)\div(-2x)^2-3x(-y+1)$

$=(4x^3y-12x^3)\div 4x^2-3x(-y+1)$

$=\dfrac{4x^3y-12x^3}{4x^2}+3xy-3x$

$=xy-3x+3xy-3x$

$=4xy-6x$

답 $4xy-6x$

1-1 다음 식을 계산하시오.

(1) $-a\left(a-\dfrac{3}{2}b\right)+(3a^2b+2a^2b^2)\div ab$

(2) $(x^2y-2xy^2)\times 6x^2y\div(-2xy)^2-5xy$

2 $y=2x-1$일 때, $3x+2y-1$을 x에 대한 식으로 나타내시오.

풀이 $3x+2y-1$의 y에 $2x-1$을 대입하면

$3x+2y-1=3x+2(2x-1)-1$

$=3x+4x-2-1$

$=7x-3$

답 $7x-3$

2-1 $a=3b+4$일 때, $ab-5a-2b$를 b에 대한 식으로 나타내시오.

개념을
정리해 보자

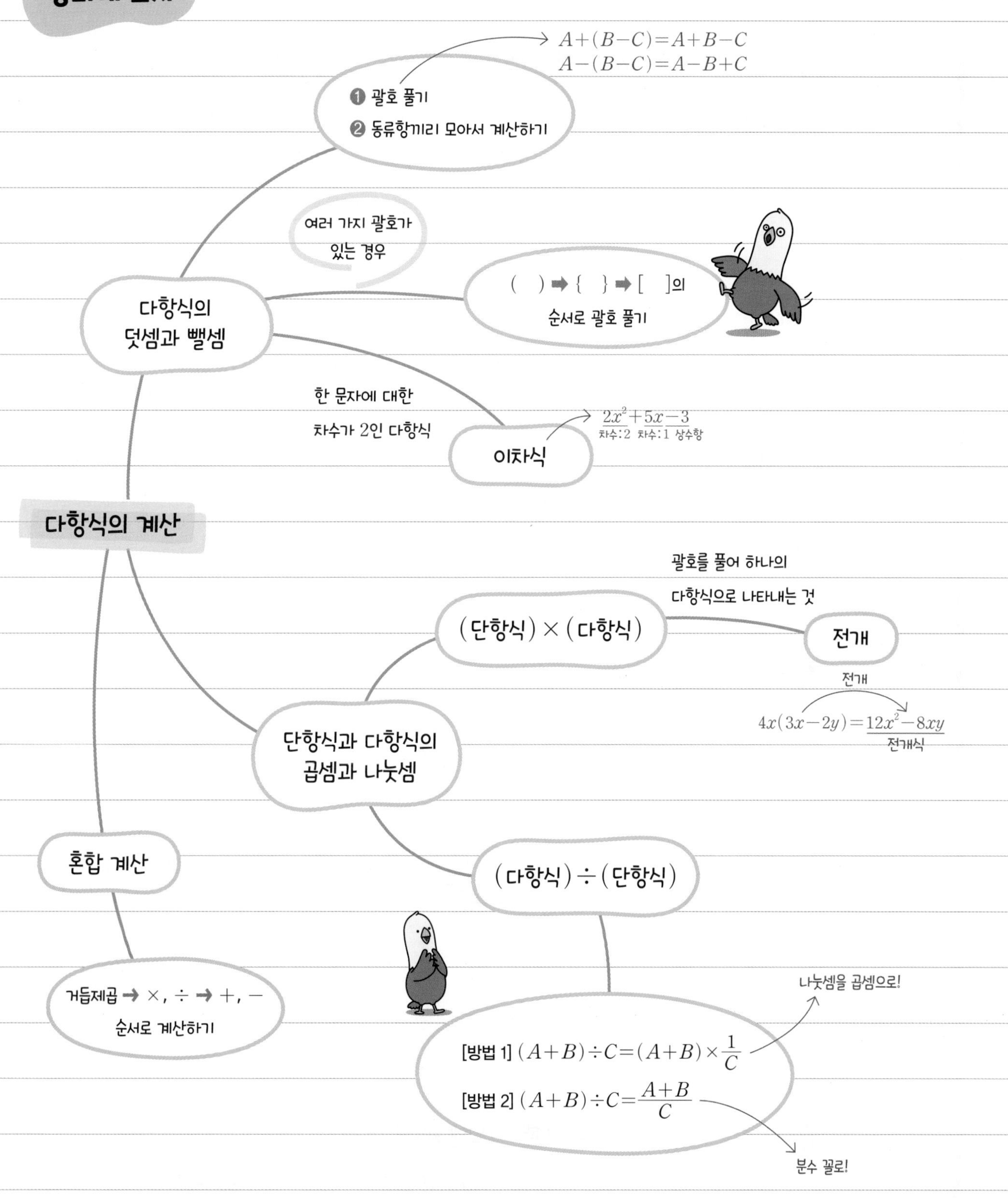
$A+(B-C)=A+B-C$
$A-(B-C)=A-B+C$
❶ 괄호 풀기
❷ 동류항끼리 모아서 계산하기
여러 가지 괄호가 있는 경우
( ) ➡ { } ➡ [ ]의 순서로 괄호 풀기
다항식의 덧셈과 뺄셈
한 문자에 대한 차수가 2인 다항식
이차식
$2x^2+5x-3$
차수:2 차수:1 상수항
다항식의 계산
괄호를 풀어 하나의 다항식으로 나타내는 것
(단항식)×(다항식)
전개
전개
$4x(3x-2y)=12x^2-8xy$
전개식
단항식과 다항식의 곱셈과 나눗셈
혼합 계산
(다항식)÷(단항식)
거듭제곱 ➡ ×, ÷ ➡ +, −
순서로 계산하기
나눗셈을 곱셈으로!
[방법 1] $(A+B)\div C=(A+B)\times\frac{1}{C}$
[방법 2] $(A+B)\div C=\frac{A+B}{C}$
분수 꼴로!

1 $(3a+5b)+(a-2b)$를 계산하면?

① $3a-7b$　② $3a+3b$　③ $4a-7b$
④ $4a+3b$　⑤ $4a+7b$

2 $(6x-7y)-2(-2x+5y)$를 간단히 했을 때, x의 계수와 y의 계수의 합은?

① -11　② -9　③ -7
④ -5　⑤ -3

3 다음 식을 계산하면?

$$\frac{x+2y}{3}-\frac{2x-y}{2}$$

① $\frac{-2x+y}{3}$　② $\frac{-2x+7y}{3}$　③ $\frac{-4x+7y}{6}$
④ $\frac{-4x+y}{6}$　⑤ $\frac{8x+7y}{2}$

4 $3a+b+\square=-a+5b$일 때, $\square$ 안에 알맞은 식은?

① $-4a+b$　② $-4a+4b$　③ $-2a-5b$
④ $-2a+3b$　⑤ $2a+b$

▶ 정답 및 풀이 11쪽

5 $2x-[5x-4y-\{2x+3y-(x-3y)\}]=ax+by$일 때, 수 a, b에 대하여 ab의 값을 구하시오.

6 다음 중 이차식인 것을 모두 고르면? (정답 2개)

① $-(a^2+5a-1)+5a$
② $4x^3-x(x^2-3)$
③ $2(y-4y^2)+8y^2$
④ $10b^2-(8b^2+7b)-2b^2$
⑤ $\frac{x^2-1}{2}+x$

7 $(2x^2-4x+6)-(-x^2+2x+5)$를 간단히 하면 ax^2+bx+c일 때, 수 a, b, c에 대하여 $a-b-c$의 값을 구하시오.

8 다음 식을 간단히 하면?

$$8x^2+5-[x^2-\{2(x-3x^2)-3x-2\}]$$

① x^2-x+3
② x^2+3
③ x^2+4
④ x^2+x+3
⑤ x^2+x+4

9 $-2x^2-5x-3$에서 어떤 식 A를 빼었더니 x^2+2x-2가 되었다. 이때 어떤 식 A는?

① $-5x^2-12x-4$　② $-4x^2-9x+1$　③ $-3x^2-7x-1$
④ $-x^2-3x-5$　⑤ $-x-7$

10 다음 중 옳지 <u>않은</u> 것은?

① $x(1-3x^2)=x-3x^3$
② $2y(3x+5y)=6xy+10y^2$
③ $5x(-2xy-7y)=-10x^2y-35xy$
④ $-3y(6x-11y+1)=-18xy-33y^2-3y$
⑤ $-4x(x+y-2)=-4x^2-4xy+8x$

11 $(6x^4y+16x^3-12xy)\div\frac{2}{3}x$를 간단히 하면?

① $3x^4y-8x^3+6xy$　② $3x^3y+8x^2-6y$
③ $9x^4y-24x^3+18xy$　④ $9x^3y+24x^2-18y$
⑤ $9x^6y+24x^5-18x^3y$

12 $\frac{15x^2y^3-35x^2y^2+30xy^2}{5xy}$을 간단히 한 식에서 xy의 계수와 y의 계수의 곱은?

① -42　② -7　③ 2
④ 6　⑤ 9

13 $\square \div 2ab = 10a^3b - 4a^2 + 3$일 때, $\square$ 안에 알맞은 식은?

① $20a^4b - 8a^3 + 6a$　② $20a^4b^2 - 8a^3b + 6ab$
③ $20a^5b - 8a^4 + 6a^2$　④ $20a^5b^2 - 8a^4b + 6a^2b$
⑤ $20a^6b^2 - 8a^5b + 6a^3b$

14 $(-y)^2 \times (5x-3) - \dfrac{x^2y^3 - 6xy^3}{xy}$을 간단히 하면 $Axy^2 + By^2$일 때, 수 A, B에 대하여 $A+B$의 값을 구하시오.

15 $A = -3x + 6y$, $B = 5x + 3y$일 때, $-4(A-B) + 3A - B$를 x, y에 대한 식으로 나타내면?

① $-42x - 33y$　② $-27x - 24y$　③ $-12x - 15y$
④ $18x + 3y$　⑤ $33x + 13y$

16 오른쪽 그림과 같이 가로, 세로의 길이가 각각 $6y$, $5x$인 직사각형에서 색칠한 부분의 넓이는?

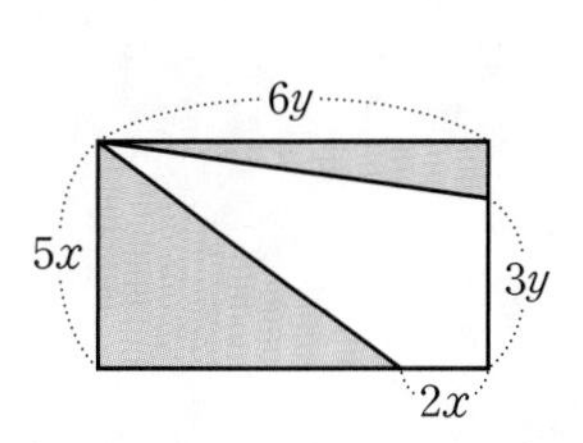

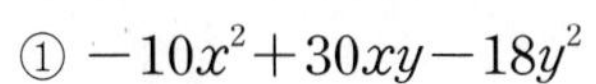
① $-10x^2 + 30xy - 18y^2$
② $-5x^2 + 28xy - 9y^2$
③ $-5x^2 + 30xy - 9y^2$
④ $-3x^2 + 28xy - 5y^2$
⑤ $-3x^2 + 30xy - 5y^2$

Ⅳ 일차부등식

차례~차례~
가 보자~!!

7 부등식의 해와 그 성질

8 일차부등식의 풀이와 그 활용

7
부등식의 해와 그 성질

#부등식 #해 #참

#거짓 #부등식을 푼다

#부등식의 성질 #세 가지

#부등호의 방향

▶ 정답 및 풀이 12쪽

● 다음은 고대 그리스의 수학자이자 물리학자인 이 사람의 유명한 일화이다.

어느 날 왕이 그에게 금관을 감정하라고 하였다. 그는 우연히 물이 가득 찬 탕 속에 들어갔다가, 물이 넘쳐흐르는 것을 보고는 넘친 물의 양이 자기 몸의 부피와 같다는 것을 깨달았다. 그래서 기쁜 나머지 옷도 입지 않은 채 뛰어나와 “유레카!”라고 외쳤고, 금관이 위조품이라는 것을 알아내었다고 한다.

다음 그림에서 주어진 두 수의 대소를 비교하여 왼쪽의 수가 크면 왼쪽 길로, 오른쪽의 수가 크면 오른쪽 길로 이동할 때, 이 사람은 누구인지 알아보자.

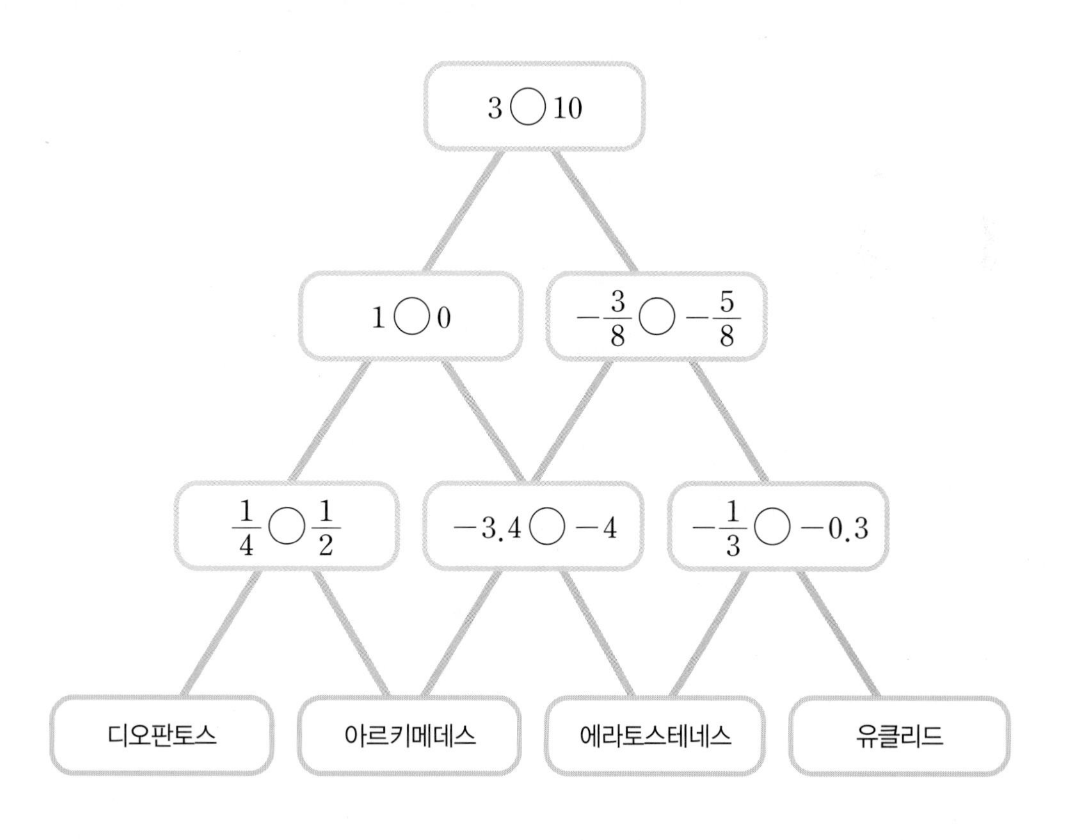

정답 ______

13 부등식과 그 해

* QR코드를 스캔하여 개념 영상을 확인하세요.

●● 부등식이란 무엇일까?

▶ 부등호 ≤는 '< 또는 =', 부등호 ≥는 '> 또는 ='를 뜻한다.

나이를 x살이라 할 때, 15세 이상 관람가 등급의 영화를 시청할 수 있는 나이를 식으로

$$x \geq 15$$

와 같이 나타낼 수 있다.

이와 같이 부등호 $<$, $>$, $\leq$, $\geq$를 사용하여 수 또는 식의 대소 관계를 나타낸 것을 **부등식**이라 한다.

그렇다면 다음 네 식은 부등호를 사용하여 수 또는 식의 대소 관계를 나타냈으므로 모두 부등식일까?

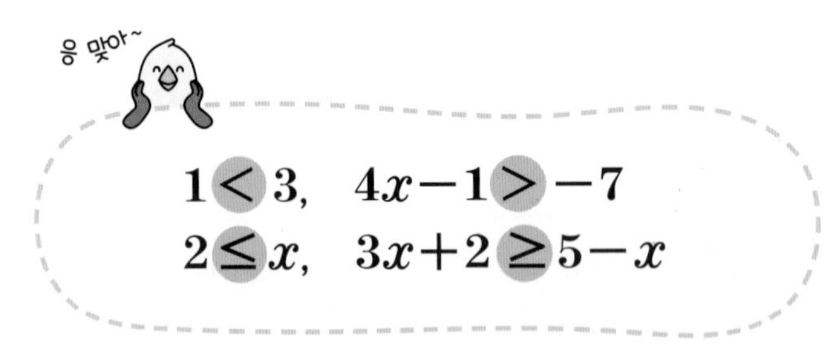

$\underbrace{2x+1}_{\text{좌변}} \leq \underbrace{5}_{\text{우변}}$ (좌변, 우변 → 양변)

이때 등식에서와 같이 부등식에서도 부등호의 왼쪽에 있는 부분을 좌변, 오른쪽에 있는 부분을 우변이라 하고, 좌변과 우변을 통틀어 양변이라 한다.

문장을 부등식으로 나타낼 때는 다음과 같이 좌변과 우변을 각각 결정한 다음 그 사이에 알맞은 부등호를 선택한다.

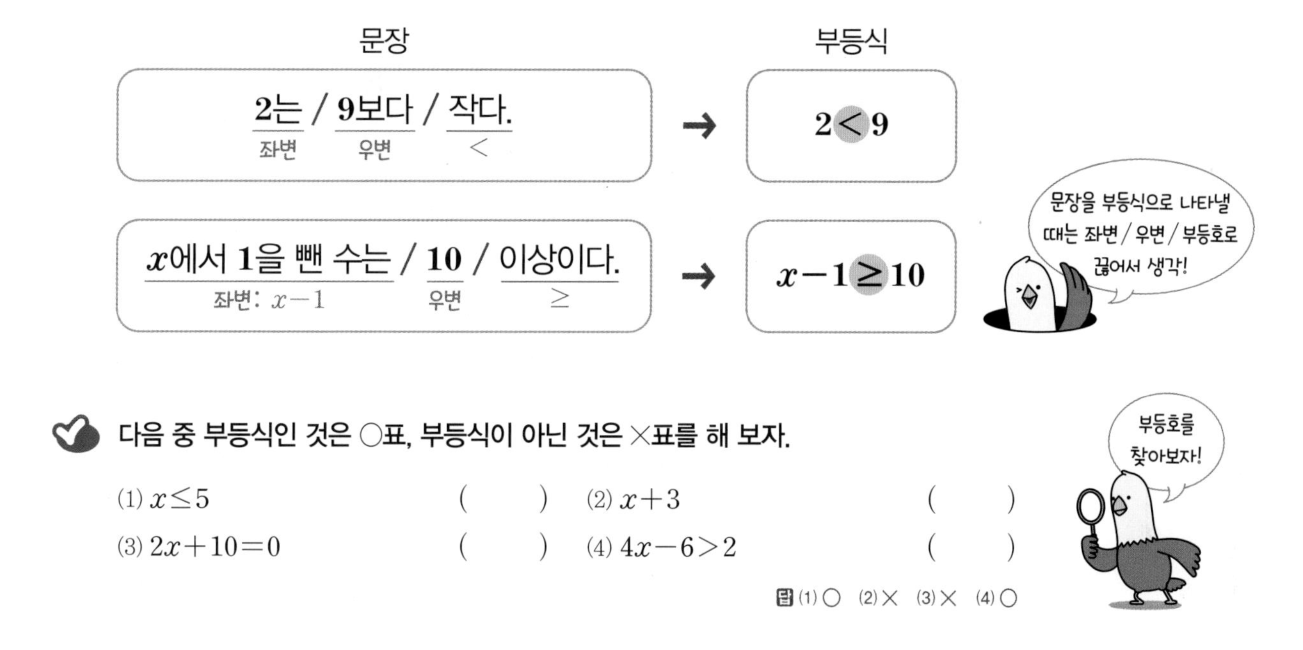

다음 중 부등식인 것은 ○표, 부등식이 아닌 것은 ×표를 해 보자.

(1) $x\leq5$ ( )   (2) $x+3$ ( )

(3) $2x+10=0$ ( )   (4) $4x-6>2$ ( )

답 (1) ○ (2) × (3) × (4) ○

•• 부등식의 해란 무엇일까?

미지수 x를 포함한 부등식이 참이 되게 하는 x의 값을 그 부등식의 해라 하고, 부등식의 해를 모두 구하는 것을 '부등식을 푼다'고 한다.

이제 x의 값이 1, 2, 3일 때, 부등식 $2x+3<8$을 풀어 보자.

x의 값	좌변의 값		우변의 값	참/거짓
1	$2\times1+3=5$	$<$	8	참
2	$2\times2+3=7$	$<$	8	참
3	$2\times3+3=9$	$>$	8	거짓

즉, 부등식 $2x+3<8$은 $x=1$, $x=2$일 때 참이 되고, $x=3$일 때는 거짓이 된다.
따라서 x의 값이 1, 2, 3일 때, 부등식 $2x+3<8$의 해는 1, 2이다.

이와 같이 $x=a$가 미지수 x를 포함한 부등식의 해인지 판단할 때는 부등식의 x에 a를 대입하여 부등식이 참이 되게 하는지 확인한다.

부등식의 x에 a를 대입
- 참이면 a는 해이다.
- 거짓이면 a는 해가 아니다.

다음 중 [ ] 안의 수가 주어진 부등식의 해인 것은 ○표, 해가 아닌 것은 ×표를 해 보자.

(1) $x-5>-4$ [3] ( ) (2) $3-2x\le6$ [-2] ( )

답 (1) ○ (2) ×

(1) **부등식:** 부등호 <, >, ≤, ≥를 사용하여 수 또는 식의 대소 관계를 나타낸 것

(2) **부등식의 해:** 미지수 x를 포함한 부등식이 참이 되게 하는 x의 값

(3) **부등식을 푼다:** 부등식의 해를 모두 구하는 것

▶ 정답 및 풀이 12쪽

1 다음 문장을 부등식으로 나타내시오.

(1) x의 3배에서 5를 뺀 수는 2보다 크다.

(2) 가로의 길이가 x cm, 세로의 길이가 3 cm인 직사각형의 둘레의 길이는 10 cm보다 길지 않다.

풀이 (1) x의 3배에서 5를 뺀 수는 / 2보다 / 크다. ⇨ $3x-5>2$

좌변: $3x-5$ 우변 $>$

(2) 가로의 길이가 x cm, 세로의 길이가 3 cm인 직사각형의 둘레의 길이는 / 10 cm보다 / 길지 않다.

좌변: $2(x+3)$ 우변 $\leq$

⇨ $2(x+3)\leq 10$

답 (1) $3x-5>2$ (2) $2(x+3)\leq 10$

1-1 다음 문장을 부등식으로 나타내시오.

(1) x의 4배에 6을 더한 수는 3보다 작지 않다.

(2) 1회 이용 요금이 720원인 지하철을 x회 이용한 요금은 14400원 미만이다.

2 x의 값이 -1, 0, 1, 2일 때, 부등식 $5x-4\geq x$를 푸시오.

부등식 $5x-4\geq x$에서

$x=-1$일 때, $5\times(-1)-4<-1$ ⇨ 거짓

$x=0$일 때, $5\times 0-4<0$ ⇨ 거짓

$x=1$일 때, $5\times 1-4=1$ ⇨ 참

$x=2$일 때, $5\times 2-4>2$ ⇨ 참

따라서 주어진 부등식의 해는 1, 2이다.

답 1, 2

2-1 x가 4 이하의 자연수일 때, 부등식 $-2x+6<4x-7$을 푸시오.

14 부등식의 성질

* QR코드를 스캔하여 개념 영상을 확인하세요.

●● 부등식에는 어떤 성질이 있을까?

위의 상황에서 알 수 있듯이 부등식의 성질에서는 부등호의 방향이 바뀌는 경우가 있다. 어떤 경우에 부등호의 방향이 바뀌는 걸까?
부등식의 양변에 같은 수를 더하거나 양변에서 같은 수를 빼는 경우, 양변에 같은 수를 곱하거나 양변을 같은 수로 나누는 경우에 부등호의 방향이 각각 어떻게 되는지 알아보자.

■ 부등식의 양변에 같은 수를 더하거나 양변에서 같은 수를 빼는 경우

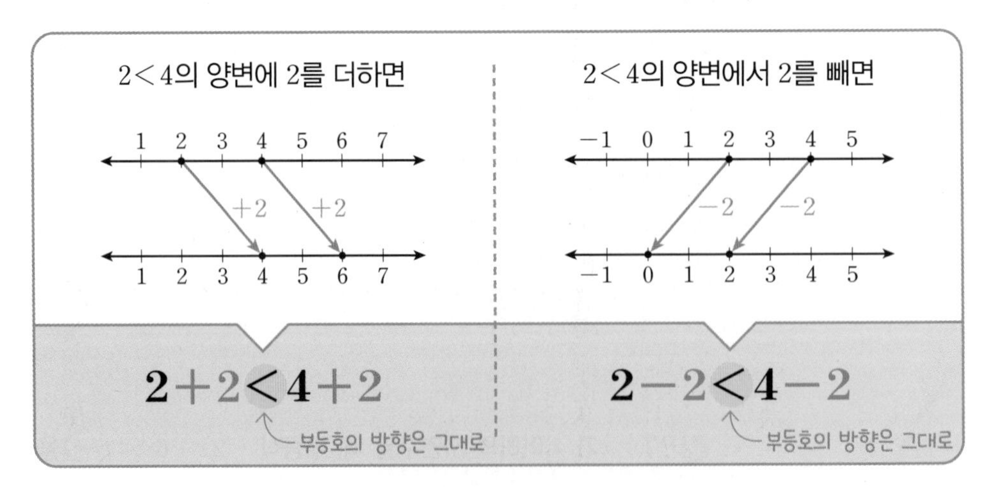

일반적으로 부등식의 양변에 같은 수를 더하거나 양변에서 같은 수를 빼도 부등호의 방향은 바뀌지 않는다.

▶ 부등호 <를 ≤로, >를 ≥로 바꾸어도 부등식의 성질은 성립한다.

■ 부등식의 양변에 같은 양수를 곱하거나 양변을 같은 양수로 나누는 경우

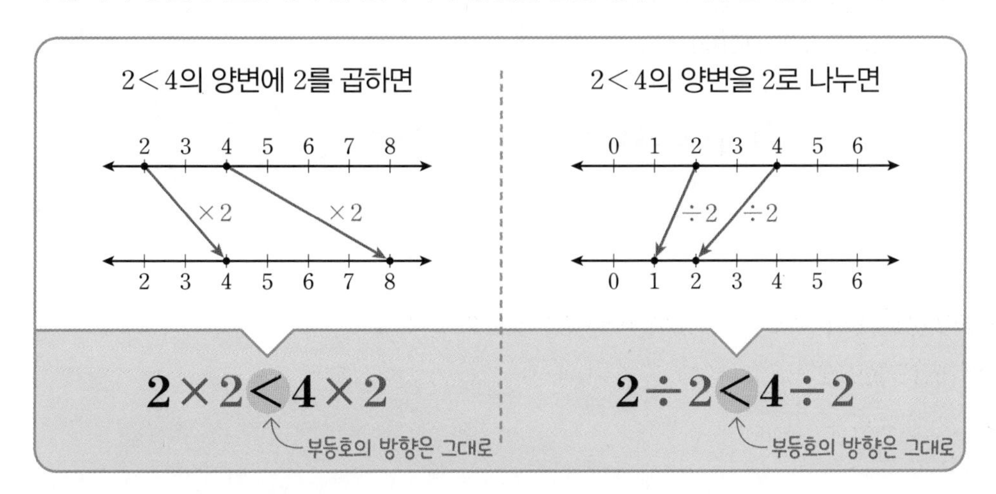

일반적으로 부등식의 양변에 같은 양수를 곱하거나 양변을 같은 양수로 나누어도 부등호의 방향은 바뀌지 않는다.

■ 부등식의 양변에 같은 음수를 곱하거나 양변을 같은 음수로 나누는 경우

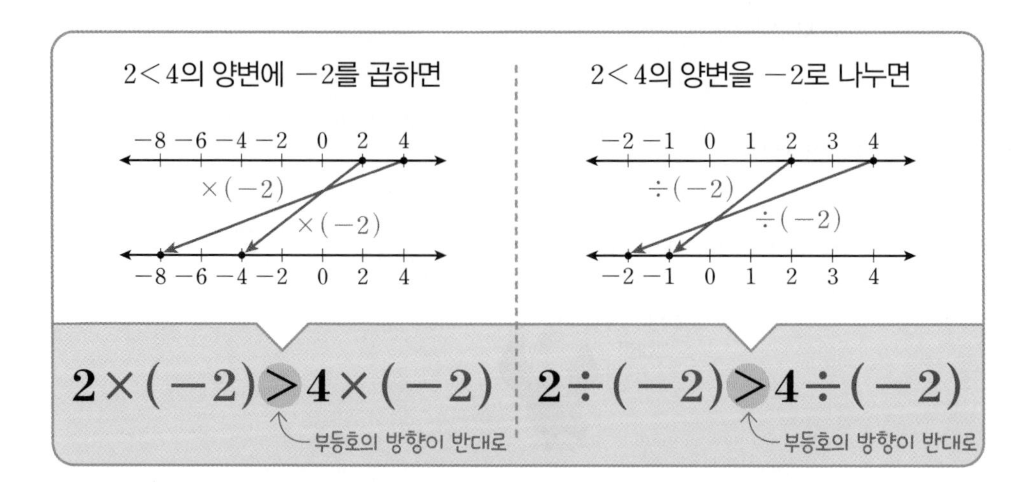

일반적으로 부등식의 양변에 같은 음수를 곱하거나 양변을 같은 음수로 나누면 부등호의 방향이 바뀐다.

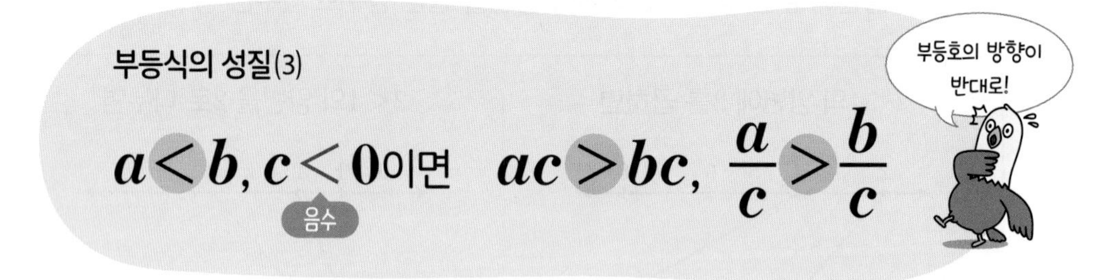

부등식의 성질

(1) 부등식의 양변에 [같은 수를 더하거나] 양변에서 [같은 수를 빼도] 부등호의 방향은 바뀌지 않는다. ➡ $a<b$이면 $a+c<b+c$, $a-c<b-c$

(2) 부등식의 양변에 [같은 양수를 곱하거나] 양변을 [같은 양수로 나누어도] 부등호의 방향은 바뀌지 않는다. ➡ $a<b$, $c>0$이면 $ac<bc$, $\frac{a}{c}<\frac{b}{c}$

(3) 부등식의 양변에 [같은 음수를 곱하거나] 양변을 [같은 음수로 나누면] 부등호의 방향이 바뀐다. ➡ $a<b$, $c<0$이면 $ac>bc$, $\frac{a}{c}>\frac{b}{c}$

참고 부등호 $<$를 $\le$로, $>$를 $\ge$로 바꾸어도 부등식의 성질은 성립한다.

▶ 정답 및 풀이 13쪽

1 $a \le b$일 때, 다음 ○ 안에 알맞은 부등호를 써넣으시오.

(1) $3a-4$ ○ $3b-4$

(2) $8-\dfrac{a}{2}$ ○ $8-\dfrac{b}{2}$

풀이 (1) $a \le b$의 양변에 3을 곱하면 $3a \le 3b$

$3a \le 3b$의 양변에서 4를 빼면 $3a-4 \le 3b-4$

(2) $a \le b$의 양변을 -2로 나누면 $-\dfrac{a}{2} \ge -\dfrac{b}{2}$

$-\dfrac{a}{2} \ge -\dfrac{b}{2}$의 양변에 8을 더하면 $8-\dfrac{a}{2} \ge 8-\dfrac{b}{2}$

답 (1) $\le$ (2) $\ge$

1-1 $a > b$일 때, 다음 ○ 안에 알맞은 부등호를 써넣으시오.

(1) $2a+5$ ○ $2b+5$

(2) $\dfrac{a}{9}-7$ ○ $\dfrac{b}{9}-7$

(3) $-6a+2$ ○ $-6b+2$

(4) $-\dfrac{3}{5}a-1$ ○ $-\dfrac{3}{5}b-1$

2 $3a-5 < 3b-5$일 때, 다음 ○ 안에 알맞은 부등호를 써넣으시오.

(1) $a-6$ ○ $b-6$

(2) $-\dfrac{a}{7}$ ○ $-\dfrac{b}{7}$

풀이 $3a-5 < 3b-5$의 양변에 5를 더하면 $3a < 3b$

$3a < 3b$의 양변을 3으로 나누면 $a < b$

(1) $a < b$의 양변에서 6을 빼면 $a-6 < b-6$

(2) $a < b$의 양변을 -7로 나누면 $-\dfrac{a}{7} > -\dfrac{b}{7}$

답 (1) $<$ (2) $>$

2-1 $-4a-2 \ge -4b-2$일 때, 다음 ○ 안에 알맞은 부등호를 써넣으시오.

(1) $1-5a$ ○ $1-5b$

(2) $\dfrac{a}{3}-6$ ○ $\dfrac{b}{3}-6$

8

일차부등식의 풀이와 그 활용

#일차부등식

#이항 #(일차식)<0 #해

#$x<$(수) #복잡한 일차부등식

#일차부등식의 활용

준비 해 보자

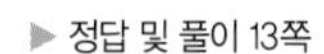
▶ 정답 및 풀이 13쪽

● 꽃은 특징에 따라 상징적인 의미를 부여한 꽃말을 가지고 있다. 다음 일차방정식을 풀고, 그 해를 찾아 각 꽃에 해당하는 꽃말을 알아보자.

15 일차부등식과 그 풀이

* QR코드를 스캔하여 개념 영상을 확인하세요.

●● 일차부등식이란 무엇일까?

▶ 부등식에서 이항을 하면 항의 부호는 바뀌지만 부등호의 방향은 바뀌지 않는다.

위의 부등식 중 $6x \geq 7$의 양변에서 7을 빼면

$$6x-7 \geq 7-7 \quad \rightarrow \quad 6x-7 \geq 0$$

이다.

이것은 부등식 $6x \geq 7$에서 우변의 7을 부호를 바꾸어 좌변으로 옮긴 것과 같다.
방정식에서와 같이 부등식에서도 한 변에 있는 항을 다른 변으로 이항할 수 있다.

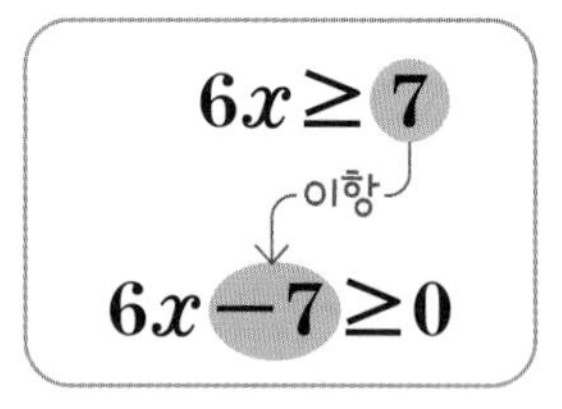

한편, 부등식 $6x-7 \geq 0$의 좌변 $6x-7$은 일차식이다.
이와 같이 부등식에서 우변의 모든 항을 좌변으로 이항하여 정리할 때

$$(\text{일차식})<0, \quad (\text{일차식})>0,$$
$$(\text{일차식}) \leq 0, \quad (\text{일차식}) \geq 0$$

중 어느 하나의 꼴이 되는 부등식을 **일차부등식**이라 한다.

일차부등식과 일차부등식이 아닌 예를 살펴보자.

○	×
$3x-1>2 \rightarrow 3x-3>0$ $5x+4\le -x \rightarrow 6x+4\le 0$	$6<8 \rightarrow -2<0$ $x^2-4x\ge x \rightarrow x^2-5x\ge 0$
우변의 항을 좌변으로 이항하여 정리하면 일차식이므로 일차부등식이다.	우변의 항을 좌변으로 이항하여 정리하면 일차식이 아니므로 일차부등식이 아니다.

좌변이 $ax+b\ (a\neq 0)$ 꼴로 정리되는지 확인해 봐~

다음 □ 안에 알맞은 것을 써넣고, 일차부등식인 것은 ○표, 일차부등식이 아닌 것은 ×표를 해 보자.

(1) $4x-3\le 2x$ ⇨ □ ≤ 0 (　　)

(2) $x^2-8<x+5$ ⇨ □ <0 (　　)

(3) $7x+2\ge 6+7x$ ⇨ □ ≥ 0 (　　)

답 (1) $2x-3$, ○ (2) x^2-x-13, × (3) -4, ×

●● 일차부등식은 어떻게 풀까?

일차부등식 $4x-2>x+7$을 풀어 보자.

$$4x-2>x+7$$
$$4x-x>7+2$$
$$3x>9$$
$$\therefore x>3$$

❶ 일차항은 좌변으로, 상수항은 우변으로 이항하기

❷ 양변을 정리하여 $ax>b$ 꼴로 나타내기

❸ 양변을 x의 계수로 나누기

▶ 특별한 말이 없을 때, x의 값의 범위를 수 전체로 생각하여 부등식을 푼다.

이때 3보다 큰 모든 수는 부등식 $4x-2>x+7$을 만족시킨다.

따라서 부등식 $4x-2>x+7$의 해는 $x>3$이고, 이것을 수직선 위에 나타내면 오른쪽 그림과 같다.

일반적으로 부등식을 풀 때는 이항과 부등식의 성질을 이용하여 주어진 부등식을

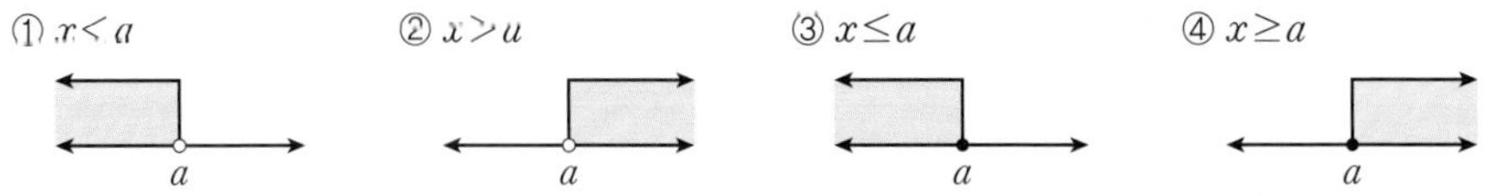

$x<(수)$, $x>(수)$, $x\le(수)$, $x\ge(수)$

중 어느 하나의 꼴로 나타내어 해를 구한다.

참고 부등식의 해를 수직선 위에 나타내기

① $x<a$ ② $x>a$ ③ $x\le a$ ④ $x\ge a$

이때 수직선에서 '○'에 대응하는 수는 부등식의 해에 포함되지 않고, '●'에 대응하는 수는 부등식의 해에 포함된다.

일차부등식 $3x+1\le5x-3$을 풀고, 그 해를 수직선 위에 나타내 보자.

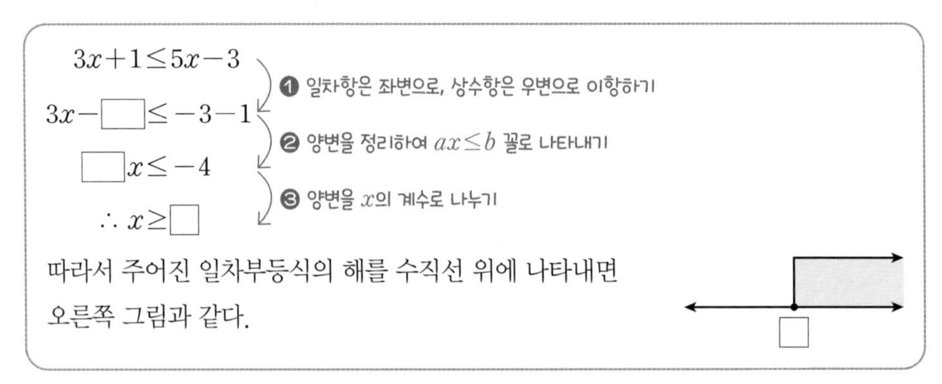

$3x+1\le5x-3$

❶ 일차항은 좌변으로, 상수항은 우변으로 이항하기

$3x-\square\le-3-1$

❷ 양변을 정리하여 $ax\le b$ 꼴로 나타내기

$\square x\le-4$

❸ 양변을 x의 계수로 나누기

$\therefore x\ge\square$

따라서 주어진 일차부등식의 해를 수직선 위에 나타내면 오른쪽 그림과 같다.

답 $5x$, -2, 2, 2

꽉 잡아, 개념!

(1) **일차부등식:** 부등식에서 우변의 모든 항을 좌변으로 이항하여 정리할 때

$(일차식)<0$, $(일차식)>0$, $(일차식)\le0$, $(일차식)\ge0$

중 어느 하나의 꼴이 되는 부등식

(2) **일차부등식의 풀이**

일차부등식은 다음과 같은 순서로 푼다.

❶ 일차항은 좌변으로, 상수항은 우변으로 각각 이항 한다.

❷ 양변을 정리하여 $ax<b$, $ax>b$, $ax\le b$, $ax\ge b$ $(a\ne0)$ 중 어느 하나의 꼴로 나타낸다.

❸ 양변을 x의 계수 a로 나누어

$x<(수)$, $x>(수)$, $x\le(수)$, $x\ge(수)$

중 어느 하나의 꼴로 나타낸다. 이때 a가 음수이면 부등호의 방향이 바뀐다.

확인해 보자

▶ 정답 및 풀이 13쪽

1 **다음 중 일차부등식인 것은 ○표, 일차부등식이 아닌 것은 ×표를 하시오.**

(1) $-1+6<8$ ( ) (2) $7x+1\geq-5$ ( )

(3) $3x-2>4x+7$ ( ) (4) $\frac{1}{x}-3\leq9-2x$ ( )

(1) $-1+6<8$에서 $-3<0$ ⇨ 부등식이지만 일차부등식은 아니다.
(2) $7x+1\geq-5$에서 $7x+6\geq0$ ⇨ 일차부등식이다.
(3) $3x-2>4x+7$에서 $-x-9>0$ ⇨ 일차부등식이다.
(4) $\frac{1}{x}-3\leq9-2x$ ⇨ 분모에 x가 있으므로 일차부등식이 아니다.

답 (1) × (2) ○ (3) ○ (4) ×

1-1 **다음 보기 중 일차부등식인 것을 모두 고르시오.**

보기

ㄱ. $\frac{1}{3}x+8\geq1$ ㄴ. $4-6x\leq-6x+10$

ㄷ. $2x-5x^2<5x^2$ ㄹ. $x^2+x>7-9x+x^2$

2 **일차부등식 $3-4x>5x+12$를 풀고, 그 해를 수직선 위에 나타내시오.**

$3-4x>5x+12$에서 $-4x-5x>12-3$

$-9x>9$ $\therefore x<-1$

따라서 주어진 일차부등식의 해를 수직선 위에 나타내면 오른쪽 그림과 같다.

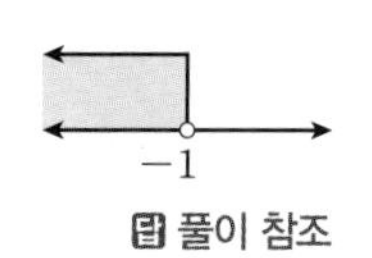

답 풀이 참조

2-1 **다음 일차부등식을 풀고, 그 해를 수직선 위에 나타내시오.**

(1) $7x-6\leq-3x-1$ (2) $x+8<6x-2$

16 복잡한 일차부등식의 풀이

* QR코드를 스캔하여 개념 영상을 확인하세요.

●● 괄호가 있는 일차부등식은 어떻게 풀까?

괄호가 있는 일차부등식은 먼저 분배법칙을 이용하여 괄호를 풀어 정리한 후 푼다.

괄호가 있으면 → 괄호를 풀어 정리한다.

일차부등식 $2(x+3)<5x$를 풀어 보자.

$$2(x+3)<5x$$
❶ 괄호 풀기
$$2x+6<5x$$
❷ 일차항은 좌변으로, 상수항은 우변으로 이항하기
$$2x-5x<-6$$
❸ 양변을 정리하여 $ax<b$ 꼴로 나타내기
$$-3x<-6$$
❹ 양변을 x의 계수로 나누기
$$\therefore x>2$$

일차부등식 $x+6\ge -4(x+1)$을 풀어 보자.

$$x+6\ge -4(x+1)$$
$$x+6\ge \square -4$$
$$x+\square \ge -4-6$$
$$\square x\ge -10$$
$$\therefore x\ge \square$$

답 $-4x$, $4x$, 5, -2

●● 계수가 소수 또는 분수인 일차부등식은 어떻게 풀까?

계수가 소수 또는 분수인 일차부등식은 양변에 적당한 수를 곱하여 계수를 모두 정수로 고쳐서 푼다.

계수가 소수이면 → 10의 거듭제곱을 곱한다.

계수가 분수이면 → 분모의 최소공배수를 곱한다.

❶ 계수가 소수인 일차부등식

일차부등식 $0.8x-1.2\le 0.2x$를 풀어 보자.

$$0.8x-1.2\le 0.2x$$
❶ 양변에 10 곱하기

$$8x-12\le 2x$$ (계수가 모두 정수)
❷ 일차항은 좌변으로, 상수항은 우변으로 이항하기

$$8x-2x\le 12$$
❸ 양변을 정리하여 $ax\le b$ 꼴로 나타내기

$$6x\le 12$$
❹ 양변을 x의 계수로 나누기

$$\therefore x\le 2$$

❷ 계수가 분수인 일차부등식

일차부등식 $\frac{1}{2}x+\frac{2}{3}\geq-\frac{1}{6}x$를 풀어 보자.

$$\frac{1}{2}x+\frac{2}{3}\geq-\frac{1}{6}x$$

❶ 양변에 분모의 최소공배수 6 곱하기

$$3x+4\geq-x$$

계수가 모두 정수

❷ 일차항은 좌변으로, 상수항은 우변으로 이항하기

$$3x+x\geq-4$$

❸ 양변을 정리하여 $ax\geq b$ 꼴로 나타내기

$$4x\geq-4$$

❹ 양변을 x의 계수로 나누기

$$\therefore x\geq-1$$

다음 일차부등식을 풀어 보자.

(1) $0.7x+1.1\geq0.5x-0.3$

$0.7x+1.1\geq0.5x-0.3$
$7x+11\geq\square$
$7x-\square\geq-3-11$
$\square x\geq-14$
$\therefore x\geq\square$

(2) $\frac{3}{8}x-\frac{1}{2}<\frac{3}{4}x+\frac{5}{8}$

$\frac{3}{8}x-\frac{1}{2}<\frac{3}{4}x+\frac{5}{8}$
$3x-4<\square$
$3x-6x<\square+4$
$\square x<9$
$\therefore x>\square$

답 (1) $5x-3$, $5x$, 2, -7 (2) $6x+5$, 5, -3, -3

꽉 잡아, 개념!

(1) 괄호가 있는 일차부등식의 풀이
분배법칙을 이용하여 괄호를 풀어 정리한 후 푼다.

(2) 계수가 소수 또는 분수인 일차부등식의 풀이
양변에 적당한 수를 곱하여 계수를 모두 정수로 고쳐서 푼다.

① 계수가 소수인 경우 ➡ 양변에 10의 거듭제곱을 곱한다.

② 계수가 분수인 경우 ➡ 양변에 분모의 최소공배수를 곱한다.

▶ 정답 및 풀이 14쪽

다음 일차부등식을 푸시오.

(1) $2(x+1)-1>5(x-4)$ (2) $0.1x+0.5\leq 3-0.4x$

(3) $\frac{1}{2}x+5\geq \frac{7}{3}-\frac{1}{6}x$ (4) $0.6x+\frac{8}{5}<\frac{2}{3}(x+3)$

계수에 소수와 분수가 함께 있으면 소수를 분수로 고쳐서 풀어 봐.

풀이 (1) $2(x+1)-1>5(x-4)$에서 $2x+2-1>5x-20$

$2x-5x>-20-1$, $-3x>-21$ $\therefore x<7$

(2) $0.1x+0.5\leq 3-0.4x$의 양변에 10을 곱하면 $x+5\leq 30-4x$

$x+4x\leq 30-5$, $5x\leq 25$ $\therefore x\leq 5$

(3) $\frac{1}{2}x+5\geq \frac{7}{3}-\frac{1}{6}x$의 양변에 6을 곱하면 $3x+30\geq 14-x$

$3x+x\geq 14-30$, $4x\geq -16$ $\therefore x\geq -4$

(4) $0.6x+\frac{8}{5}<\frac{2}{3}(x+3)$에서 $\frac{3}{5}x+\frac{8}{5}<\frac{2}{3}(x+3)$

이 식의 양변에 15를 곱하면 $9x+24<10(x+3)$, $9x+24<10x+30$

$9x-10x<30-24$, $-x<6$ $\therefore x>-6$

답 (1) $x<7$ (2) $x\leq 5$ (3) $x\geq -4$ (4) $x>-6$

1-1 다음 일차부등식을 푸시오.

(1) $9-(7x+4)<-6(x-2)$ (2) $0.05x+0.3>0.2x-0.15$

(3) $\frac{11}{10}x-\frac{1}{4}\geq \frac{3}{5}x-\frac{1}{2}$ (4) $\frac{2x-1}{4}\leq \frac{x+4}{3}-2$

(5) $\frac{1}{3}x-0.5<\frac{2}{5}x+0.3$ (6) $0.7(x+2)\geq \frac{3}{2}x-\frac{1}{5}$

* QR코드를 스캔하여 개념 영상을 확인하세요.

17 일차부등식의 활용

●● 가격과 개수에 대한 문제는 어떻게 해결할까?

❶ 미지수 정하기 마카롱을 x**개** 산다고 하면 쿠키는 $(8-x)$개를 사게 된다.

❷ 부등식 세우기 마카롱 x개의 가격은 $1600x$원, 쿠키 $(8-x)$개의 가격은 $800(8-x)$원이고,

(마카롱의 가격)+(쿠키의 가격)$\le$10000(원)이므로

$$\mathbf{1600x+800(8-x)\le 10000}$$

❸ 부등식 풀기 이 부등식을 풀면

$1600x+6400-800x\le 10000$

$800x\le 3600 \qquad \therefore x\le 4.5$

따라서 마카롱은 최대 **4개**까지 살 수 있다.

❹ 확인하기 $1600x+800(8-x)\le 10000$에 $x=4$를 대입하면 부등식이 성립하고, $x=5$를 대입하면 부등식이 성립하지 않으므로 문제의 뜻에 맞는다.

●● 거리, 속력, 시간에 대한 문제는 어떻게 해결할까?

등산을 하는데 올라갈 때는 시속 2 km로, 같은 길을 내려올 때는 시속 3 km로 걸어서 전체 걸리는 시간을 5시간 이내로 하려고 한다. 최대 몇 km 지점까지 올라갔다 내려올 수 있는지 구해 보자.

❶ 미지수 정하기 x **km** 지점까지 올라갔다 내려온다고 하자.

❷ 부등식 세우기 올라갈 때 걸린 시간은 $\frac{x}{2}$시간, 내려올 때 걸린 시간은 $\frac{x}{3}$시간이고, (올라갈 때 걸린 시간)+(내려올 때 걸린 시간)$\leq$5(시간)이므로

$$\frac{x}{2}+\frac{x}{3}\leq 5$$

	올라갈 때	내려올 때
거리	x km	x km
속력	시속 2 km	시속 3 km
시간	$\frac{x}{2}$시간	$\frac{x}{3}$시간

❸ 부등식 풀기 이 부등식의 양변에 6을 곱하면

$3x+2x\leq 30$

$5x\leq 30 \quad \therefore x\leq 6$

따라서 최대 **6 km** 지점까지 올라갔다 내려올 수 있다.

❹ 확인하기 6 km 지점까지 올라갔다 내려온다면 전체 걸리는 시간은 $\frac{6}{2}+\frac{6}{3}=3+2=5$(시간)이므로 문제의 뜻에 맞는다.

꽉 잡아, 개념!

일차부등식을 활용하여 문제를 해결하는 단계

❶ 미지수 정하기: 문제의 뜻을 이해하고, 구하려는 것을 미지수 x로 놓는다.

❷ 부등식 세우기: 문제의 뜻에 맞게 x에 대한 일차부등식을 세운다.

❸ 부등식 풀기: 일차부등식을 푼다.

❹ 확인하기: 구한 해가 문제의 뜻에 맞는지 확인한다.

+참고 물건의 개수, 사람 수, 횟수 등을 미지수 x로 놓았을 때는 구한 해 중에서 자연수만을 답으로 한다.

Go,Go! 개념을 확인해 보자

어떤 자연수에 5를 더한 수의 3배는 36보다 작다고 할 때, 어떤 자연수 중 가장 큰 수를 구하시오.

풀이 어떤 자연수를 x라 하면 어떤 자연수에 5를 더한 수의 3배는 $3(x+5)$이므로

$3(x+5)<36$, $3x+15<36$, $3x<21$ $\quad\therefore x<7$

따라서 어떤 자연수 중 가장 큰 수는 6이다.

[참고] $x=6$이면 $3\times(6+5)<36$ (참), $x=7$이면 $3\times(7+5)=36$ (거짓)이므로 문제의 뜻에 맞는다.
이와 같이 일차부등식의 활용 문제를 해결할 때는 구한 해가 문제의 뜻에 맞는지 확인하도록 한다.

답 6

1-1 **어떤 정수의 8배에서 2를 뺀 수는 어떤 정수의 6배에 4를 더한 수보다 크지 않다고 할 때, 어떤 정수 중 가장 큰 수를 구하시오.**

2 **한 송이에 1200원인 장미와 한 송이에 1000원인 카네이션을 합하여 12송이를 사려고 한다. 포장비는 2500원일 때, 전체 가격이 16000원 이하가 되게 하려면 장미는 최대 몇 송이까지 살 수 있는지 구하시오.**

부등식을 세울 때 포장비도 반드시 고려해야 해.

풀이 장미를 x송이 산다고 하면 카네이션은 $(12-x)$송이를 사게 된다.

(장미의 가격)+(카네이션의 가격)+(포장비)$\le$16000(원)이므로

$1200x+1000(12-x)+2500\le16000$

$1200x+12000-1000x+2500\le16000$, $200x\le1500$ $\quad\therefore x\le7.5$

따라서 장미는 최대 7송이까지 살 수 있다.

답 7송이

2-1 **한 개에 300원인 사탕과 한 개에 700원인 초콜릿을 합하여 15개를 사고, 2000원짜리 상자에 담아 포장하려고 한다. 전체 가격이 9000원을 넘지 않게 하려고 할 때, 초콜릿은 최대 몇 개까지 살 수 있는지 구하시오.**

3 어느 미술 전시회의 입장료는 한 사람당 4000원이고, 20명 이상의 단체의 경우 한 사람당 3400원인 단체 입장권을 구입할 수 있다고 한다. 20명 미만의 단체가 이 전시회에 입장하려고 할 때, 몇 명 이상이면 20명의 단체 입장권을 사는 것이 유리한지 구하시오.

풀이 x명이 입장한다고 하면 (x명의 입장료) > (20명의 단체 입장권 가격)이므로

$4000x > 3400 \times 20$, $4000x > 68000$ $\quad \therefore x > 17$

따라서 18명 이상이면 20명의 단체 입장권을 사는 것이 유리하다.

답 18명

3-1 동네 편의점에서 한 개에 1100원인 음료수가 할인 매장에서는 한 개에 900원이다. 할인 매장에 다녀오는 데 드는 왕복 교통비가 2000원일 때, 음료수를 몇 개 이상 사는 경우에 할인 매장에서 사는 것이 유리한지 구하시오.

3-2 현재 건우와 나은이의 통장에는 각각 30000원, 45000원이 예금되어 있다. 다음 달부터 매달 건우는 8000원씩, 나은이는 5000원씩 예금한다고 할 때, 건우의 예금액이 나은이의 예금액보다 많아지는 것은 몇 개월 후부터인지 구하시오.

4

기차역에서 기차가 출발하기 전까지 1시간의 여유가 있어서 이 시간 동안 상점에 가서 물건을 사 오려고 한다. 물건을 사는 데 15분이 걸리고 시속 4 km로 걷는다고 할 때, 기차역에서 최대 몇 km 떨어진 상점까지 다녀올 수 있는지 구하시오.

풀이 기차역에서 상점까지의 거리를 x km라 하면

(갈 때 걸린 시간)+(물건을 사는 데 걸린 시간)+(올 때 걸린 시간)$\le$1(시간)이므로

$\frac{x}{4}+\frac{1}{4}+\frac{x}{4}\le 1$

이 식의 양변에 4를 곱하면 $x+1+x\le 4$, $2x\le 3$ $\therefore x\le\frac{3}{2}$

따라서 기차역에서 최대 $\frac{3}{2}$ km 떨어진 상점까지 다녀올 수 있다.

답 $\frac{3}{2}$ km

4-1 은영이는 집에서 12 km 떨어진 할머니 댁까지 가는데 처음에는 자전거를 타고 시속 10 km로 달리다가 도중에 자전거가 고장 나서 시속 2 km로 걸었더니 2시간 이내에 도착하였다. 시속 10 km로 자전거를 탄 거리는 최소 몇 km인지 구하시오.

4-2 영화관에 갔다가 상영 시각까지 1시간 30분의 여유가 있어서 이 시간 동안 식당에 가서 식사를 하려고 한다. 식사를 하는 데 50분이 걸리고 시속 3 km로 걷는다고 할 때, 영화관에서 몇 km 이내에 있는 식당을 이용할 수 있는지 구하시오.

개념을 정리해 보자

일차부등식

부등식

부등호를 사용하여 수 또는 식의 대소 관계를 나타낸 것

$4x+1 \le 9$ → x의 값이 1, 2, 3일 때, 부등식의 해는 1, 2

(좌변: $4x+1$, 우변: 9, 양변)

부등식의 성질

$a<b$이면

① $a+c<b+c$, $a-c<b-c$

② $c>0$이면 $ac<bc$, $\frac{a}{c}<\frac{b}{c}$

③ $c<0$이면 $ac>bc$, $\frac{a}{c}>\frac{b}{c}$ → 부등호의 방향이 반대로!

일차부등식

(일차식)<0, (일차식)>0,
(일차식)≤ 0, (일차식)≥ 0

일차부등식의 풀이

풀이

$2x-3>4x+5$

$2x-4x>5+3$

$-2x>8$

$\therefore x<-4$

→ 부등식을 $x<$(수), $x>$(수), $x\le$(수), $x\ge$(수) 중 어느 하나의 꼴로 나타내기

복잡한 일차부등식의 풀이

① 괄호가 있으면 → 괄호를 정리하여 풀기 (분배법칙을 이용)

② 계수가 소수이면 → 양변에 ×(10의 거듭제곱) (10, 100, 1000, ⋯)

③ 계수가 분수이면 → 양변에 ×(분모의 최소공배수)

활용

❶ 미지수 정하기

❷ 부등식 세우기

❸ 부등식 풀기

❹ 확인하기

Go, Go! 문제를 풀어 보자

1 다음 보기 중 부등식인 것의 개수를 구하시오.

보기

ㄱ. $x+5\leq 1$　ㄴ. $3x-1=5$　ㄷ. $8x+4>5x-3$

ㄹ. $-x^2+3=x^2-2x$　ㅁ. $2x+3$

2 다음 중 문장을 부등식으로 나타낸 것으로 옳지 않은 것은?

① x는 10 미만이다. ⇨ $x<10$

② x에서 6을 뺀 수는 8보다 작거나 같다. ⇨ $x-6\leq 8$

③ x의 2배는 9와 x의 합보다 작지 않다. ⇨ $2x\geq 9+x$

④ 한 자루에 300원인 연필 a자루의 가격은 2000원 이하이다. ⇨ $300a\leq 2000$

⑤ 시속 4 km로 x시간 동안 걸은 거리는 3 km 초과이다. ⇨ $4x\geq 3$

3 다음 중 [ ] 안의 수가 주어진 부등식의 해인 것은?

① $x-1>-3$ [-2]　② $3x+1\leq -4$ [2]　③ $5<2-7x$ [1]

④ $-4x\geq 1-x$ [-1]　⑤ $4-3x>7-x$ [0]

4 $a<b$일 때, 다음 중 옳지 않은 것은?

① $\frac{a}{5}<\frac{b}{5}$　② $-3a>-3b$　③ $2a-8<2b-8$

④ $-2+\frac{a}{11}>-2+\frac{b}{11}$　⑤ $-7-\frac{a}{2}>-7-\frac{b}{2}$

▶ 정답 및 풀이 15쪽

5 $5-7a<5-7b$일 때, 다음 중 옳은 것은?

① $a<b$　② $-\frac{a}{3}>-\frac{b}{3}$　③ $a+13>b+13$
④ $5-a>5-b$　⑤ $\frac{2}{3}a-5<\frac{2}{3}b-5$

6 $-1\le x<2$일 때, 다음 중 $8-3x$의 값이 될 수 없는 것을 모두 고르면? (정답 2개)

① -1　② 2　③ 5
④ 8　⑤ 11

7 다음 중 일차부등식인 것은?

① $6<1+7$　② $4-x>-9-x$　③ $10x+1<8-x^2$
④ $x(x-1)\ge x^2+3$　⑤ $\frac{2}{x}-4\ge 9$

8 다음 중 부등식 $-2x+2>7x-7$의 해를 수직선 위에 바르게 나타낸 것은?

①
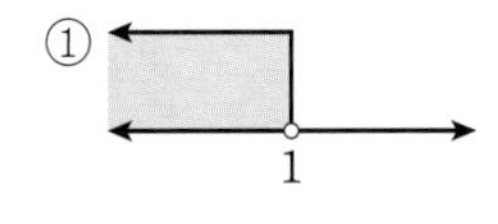

②
1

③
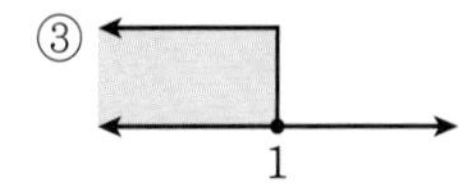

④
−1

⑤
−1

9 부등식 $4x+6>a-x$의 해가 $x>-2$일 때, 수 a의 값을 구하시오.

10 부등식 $3(3x-5)+2<9-5(x-4)$를 만족하는 자연수 x의 개수를 구하시오.

11 다음 중 부등식의 해를 바르게 구한 것은?

① $0.7x-1.6\geq0.4x+1.1$ ⇨ $x\geq-9$
② $6x+1<7x+8$ ⇨ $x<-7$
③ $-0.2x+2\leq0.1x+3.5$ ⇨ $x\geq-5$
④ $\frac{1}{3}x-1<\frac{1}{2}x-\frac{4}{3}$ ⇨ $x<2$
⑤ $5x-16>-2x-9$ ⇨ $x<1$

12 다음 중 부등식 $1.3+\frac{8}{5}x<1.1x-0.7$의 해를 수직선 위에 바르게 나타낸 것은?

① 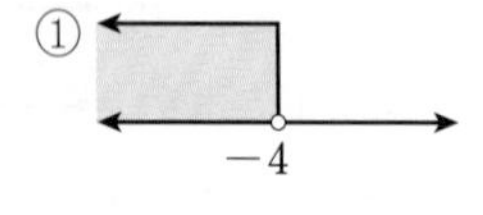

② 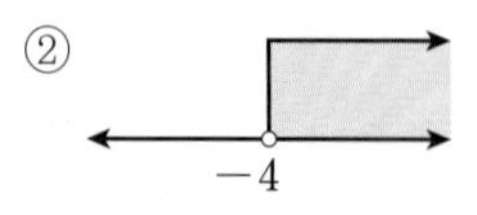

③ 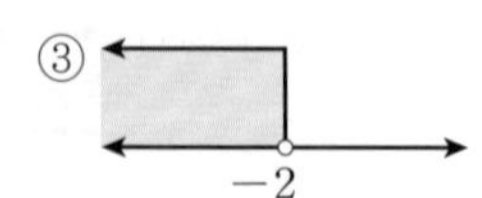

④ 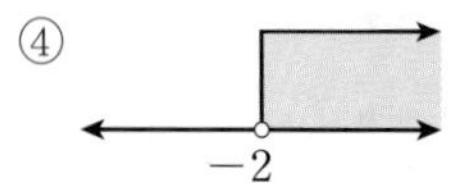

⑤ 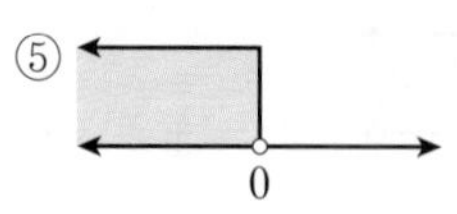

13 두 부등식 $2x+7<x+k-4$, $3(x-2)-1<x-5$의 해가 서로 같을 때, 수 k의 값은?

① -15　② -8　③ 0　④ 5　⑤ 12

14 1개의 무게가 70 g인 귤과 150 g인 감을 합하여 16개를 사는 데 총무게가 1.52 kg 이하가 되게 하려고 한다. 감은 최대 몇 개까지 살 수 있는지 구하시오.

15 5회에 걸쳐 치르는 수학 시험에서 채연이의 4회까지의 평균 점수는 89점이었다. 5회까지의 수학 시험의 평균이 90점 이상이 되려면 채연이는 5회째 수학 시험에서 몇 점 이상을 받아야 하는지 구하시오.

16 지민이는 기차 출발 시각까지 1시간 20분의 여유가 있어 상점에서 기념품을 사 오려고 한다. 기념품을 사는 데 40분이 걸리고 시속 5 km로 걸을 때, 역에서 몇 km 이내에 있는 상점을 이용해야 하는가?

① $\frac{5}{3}$ km　② 2 km　③ $\frac{7}{3}$ km　④ $\frac{8}{3}$ km　⑤ 3 km

V

연립일차방정식

9
연립일차방정식

#미지수가 2개인

#일차방정식 #참이 되게 하는

#x, y의 값 #해 #연립방정식

#두 개 이상의 방정식 한 쌍

#공통인 해

준비 해 보자

▶ 정답 및 풀이 16쪽

● 속담 '고래 싸움에 새우 등 터진다.'와 같은 뜻으로, 강자들의 싸움에 휘말려 아무 상관도 없는 약자가 오히려 해를 입게 되는 경우를 비유하는 이 사자성어는 무엇일까?

$x=2$일 때, 다음 식의 값을 구하여 이 사자성어를 알아보자.

(1) $2x+6$　(2) $5x-1$　(3) $10-2x$　(4) x^2+3

5	위
6	하
7	사
8	복
9	전
10	경
11	지
12	화

(1)　(2)　(3)　(4)

18

* QR코드를 스캔하여 개념 영상을 확인하세요.

미지수가 2개인 일차방정식

●● 미지수가 2개인 일차방정식이란 무엇일까?

등식

$$x+2y-10=0$$

은 x와 y의 값에 따라 참이 되기도 하고 거짓이 되기도 하므로 x와 y에 대한 방정식이다. 이때 이 방정식은 미지수가 x와 y의 2개이고 그 차수가 모두 1임을 알 수 있다.

이와 같이 미지수가 2개이고 그 차수가 모두 1인 방정식을 미지수가 2개인 일차방정식이라 한다.

▶ 미지수가 1개 또는 2개인 일차방정식을 간단히 일차방정식이라 한다.

일반적으로 미지수가 2개인 일차방정식은 다음과 같이 나타낸다.

차수 1

$$ax+by+c=0 \quad (\text{단, } a, b, c\text{는 수, } a\neq0, b\neq0)$$

미지수 2개

한편, $3x-y=5-y$는 미지수가 x와 y의 2개인 일차방정식으로 보이지만 식을 정리해 보면 미지수가 x의 1개인 일차방정식임을 알 수 있다.

$$3x-y=5-y \rightarrow 3x-5=0$$

이와 같이 미지수가 2개인 일차방정식인지 판단할 때는 주어진 식의 우변의 모든 항을 좌변으로 이항하여 간단히 정리한 후 다음을 모두 확인하자.

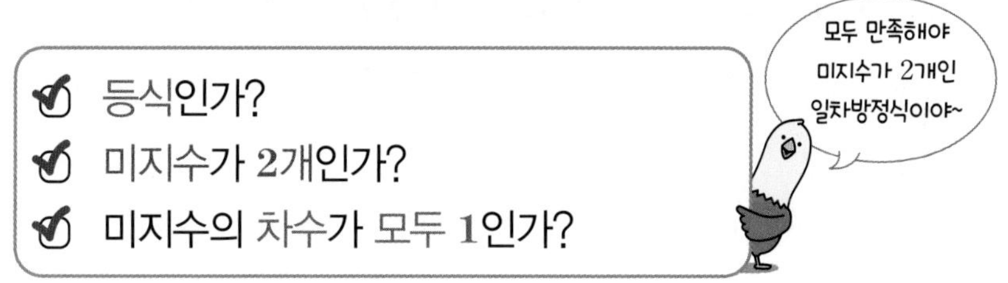

다음 □ 안에 알맞은 것을 써넣고, 미지수가 2개인 일차방정식인 것은 ○표, 아닌 것은 ×표를 해 보자.

(1) $2x+3y=x+2y$ ⇨ □ $=0$ (　　)

(2) $x^2+2y=x(1-x)$ ⇨ □ $=0$ (　　)

(3) $5(x+y)=5y+2$ ⇨ □ $=0$ (　　)

답 (1) $x+y$, ○ (2) $2x^2-x+2y$, × (3) $5x-2$, ×

●● 미지수가 2개인 일차방정식의 해란 무엇일까?

미지수가 2개인 일차방정식이 참이 되게 하는 x, y의 값 또는 순서쌍 (x, y)를 그 방정식의 해 또는 근이라 하고, 일차방정식의 해를 모두 구하는 것을 '일차방정식을 푼다'고 한다.

이제 x, y가 자연수일 때, 일차방정식 $2x+y=9$를 풀어 보자.
방정식 $2x+y=9$의 x에 1, 2, 3, …을 차례대로 대입하여 y의 값을 구하면 다음 표와 같다.

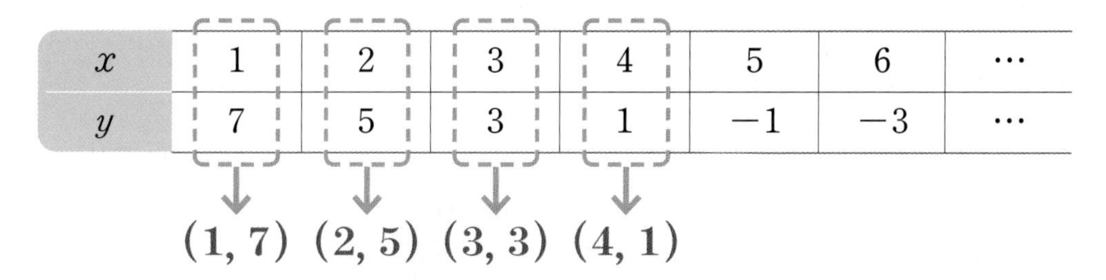

x	1	2	3	4	5	6	…
y	7	5	3	1	-1	-3	…

즉, 방정식 $2x+y=9$가 참이 되게 하는 자연수 x, y의 값을 순서쌍 (x, y)로 나타내면 $(1, 7)$, $(2, 5)$, $(3, 3)$, $(4, 1)$이다.

▶ 미지수가 1개인 일차방정식의 해는 한 개뿐이지만, 미지수가 2개인 일차방정식의 해는 무수히 많은 경우가 있다.

따라서 x, y가 자연수일 때, 일차방정식 $2x+y=9$의 해는

$$(1, 7), (2, 5), (3, 3), (4, 1)$$

해 $(1, 7)$을 $x=1$, $y=7$로 나타내기도 한다.

이다.

참고 x, y의 순서쌍 (p, q)가 $ax+by+c=0$의 해이면 $ap+bq+c=0$이 성립한다.

다음 일차방정식에 대하여 표를 완성하고, x, y가 자연수일 때 일차방정식을 풀어 보자.

(1) $4x+y=16$

x	1	2	3	4	…
y					…

⇨ 해: ____________

(2) $x+3y=10$

x					…
y	1	2	3	4	…

⇨ 해: ____________

답 (1) 12, 8, 4, 0 / (1, 12), (2, 8), (3, 4) (2) 7, 4, 1, −2 / (7, 1), (4, 2), (1, 3)

회색 글씨를 따라 쓰면서 개념을 정리해 보자!

꽉 잡아, 개념!

(1) **미지수가 2개인 일차방정식:** 미지수가 2개 이고, 그 차수가 모두 1 인 방정식

➡ $ax+by+c=0$ (단, a, b, c는 수, $a\neq0$, $b\neq0$)

(2) **미지수가 2개인 일차방정식의 해 또는 근:** 미지수가 2개인 일차방정식이 참이 되게 하는 x, y의 값 또는 순서쌍 (x, y)

(3) **일차방정식을 푼다:** 일차방정식의 해를 모두 구하는 것

차수 1

$6x-y-5=0$

미지수 2개

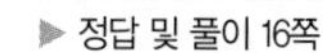
▶ 정답 및 풀이 16쪽

1 다음 중 미지수가 2개인 일차방정식인 것은 ○표, 아닌 것은 ×표를 하시오.

먼저 우변의 모든 항을 좌변으로 이항하여 정리해.

(1) $3x-y=6$ ( ) (2) $\frac{1}{x}+\frac{1}{y}=1$ ( )

(3) $2y-x^2=5+x^2$ ( ) (4) $x(y+1)=xy-3$ ( )

풀이 (1) $3x-y=6$에서 $3x-y-6=0$ ⇨ 미지수가 2개인 일차방정식이다.

(2) $\frac{1}{x}+\frac{1}{y}=1$ ⇨ x, y가 분모에 있으므로 일차방정식이 아니다.

(3) $2y-x^2=5+x^2$에서 $2y-2x^2-5=0$ ⇨ 미지수 x의 차수가 2이므로 일차방정식이 아니다.

(4) $x(y+1)=xy-3$에서 $xy+x=xy-3$이므로 $x+3=0$ ⇨ 미지수가 1개인 일차방정식이다.

답 (1) ○ (2) × (3) × (4) ×

1-1 다음 보기 중 미지수가 2개인 일차방정식인 것을 모두 고르시오.

보기

ㄱ. $x-y+8$ ㄴ. $6x+2y=x+2y$

ㄷ. $x^2+4y=x(x-5)$ ㄹ. $3x+\frac{y}{2}=7$

1-2 다음 문장을 미지수가 2개인 일차방정식으로 나타내시오.

(1) 농구 경기에서 2점 슛을 x개, 3점 슛을 y개 넣어 14점을 득점하였다.

(2) 700원짜리 과자 x개와 1000원짜리 음료수 y개의 전체 가격은 7800원이다.

2

다음 일차방정식 중 x, y의 순서쌍 $(2, 3)$을 해로 갖는 것을 모두 고르면? (정답 2개)

① $x+2y=8$　　② $6x+y=18$　　③ $x-\frac{1}{3}y=0$

④ $x-4y=10$　　⑤ $2x+5y=19$

풀이　$x=2$, $y=3$을 주어진 일차방정식에 각각 대입하면 다음과 같다.

① $2+2\times3=8$　　② $6\times2+3=15\neq18$　　③ $2-\frac{1}{3}\times3=1\neq0$

④ $2-4\times3=-10\neq10$　　⑤ $2\times2+5\times3=19$

따라서 x, y의 순서쌍 $(2, 3)$을 해로 갖는 것은 ①, ⑤이다.

답 ①, ⑤

2-1　다음 중 일차방정식 $4x-y=5$의 해가 아닌 것은?

① $(-1, -9)$　　② $\left(-\frac{1}{2}, -7\right)$　　③ $(0, -5)$

④ $(2, 1)$　　⑤ $(3, 7)$

x, y가 자연수일 때, 일차방정식 $5x+y=24$를 푸시오.

풀이　$5x+y=24$의 x에 1, 2, 3, …을 차례대로 대입하여 y의 값을 구하면 다음 표와 같다.

x	1	2	3	4	5	…
y	19	14	9	4	-1	…

이때 x, y는 자연수이므로 $5x+y=24$의 해는 $(1, 19)$, $(2, 14)$, $(3, 9)$, $(4, 4)$이다.

답 $(1, 19)$, $(2, 14)$, $(3, 9)$, $(4, 4)$

3-1　x, y가 자연수일 때, 일차방정식 $3x+2y=16$을 푸시오.

19 미지수가 2개인 연립일차방정식

* QR코드를 스캔하여 개념 영상을 확인하세요.

●● 미지수가 2개인 연립일차방정식이란 무엇일까?

▶ 이 문제는 황윤석(1729~1791)이 펴낸 수학책 『이수신편 제21권 산학입문』에 실려 있다.

위의 문제에서 알고 싶은 것은 닭과 토끼의 수이므로 닭과 토끼의 수를 각각 x, y라 하자.

닭과 토끼가 모두 100마리이므로 $\boldsymbol{x+y=100}$

닭과 토끼의 다리의 총수는 272개이므로 $\boldsymbol{2x+4y=272}$

이때 두 식 $x+y=100$, $2x+4y=272$는 각각 일차방정식이다.
두 일차방정식의 공통인 해 (x, y)를 구하려고 할 때,
이들을 한 쌍으로 묶어서 다음과 같이 나타낸다.

$$\begin{cases} x+y=100 \\ 2x+4y=272 \end{cases}$$

이와 같이 두 개 이상의 방정식을 한 쌍으로 묶어 나타낸 것을 **연립방정식**이라 한다.
특히, 미지수가 2개인 두 일차방정식을 한 쌍으로 묶어 놓은 것을 미지수가 2개인 연립일차방정식이라 한다.

이때 연립방정식에서 각각의 방정식의 공통인 해를 그 연립방정식의 해라 하고, 연립방정식의 해를 구하는 것을 '연립방정식을 푼다'고 한다.

예를 들어 x, y가 자연수일 때, 연립방정식 $\begin{cases} x+y=5 & \cdots\cdots \text{㉠} \\ 2x+y=8 & \cdots\cdots \text{㉡} \end{cases}$을 풀어 보자.

두 일차방정식 ㉠, ㉡의 해를 각각 구하면 다음 표와 같다.

[㉠의 해]

x	1	2	3	4
y	4	3	2	1

[㉡의 해]

x	1	2	3
y	6	4	2

따라서 두 일차방정식 ㉠, ㉡의 공통인 해가 (3, 2), 즉 $x=3$, $y=2$이므로 연립방정식 $\begin{cases} x+y=5 \\ 2x+y=8 \end{cases}$의 해는 $x=3$, $y=2$이다.

x, y가 자연수일 때, 연립방정식 $\begin{cases} x-y=2 & \cdots\cdots \text{㉠} \\ 4x+y=13 & \cdots\cdots \text{㉡} \end{cases}$을 풀면 $x=\square$, $y=\square$이다.

[㉠의 해]

x	3	4	5	$\cdots$
y	1	2	3	$\cdots$

[㉡의 해]

x	1	2	3
y	9	5	1

답 3, 1

꽉 잡아, 개념!

(1) **연립방정식:** 두 개 이상의 방정식을 한 쌍으로 묶어 나타낸 것

(2) **미지수가 2개인 연립일차방정식:** 미지수가 2개인 두 일차방정식을 한 쌍으로 묶어 놓은 것

(3) **연립방정식의 해:** 연립방정식에서 각각의 방정식의 공통인 해

(4) **연립방정식을 푼다:** 연립방정식의 해를 구하는 것

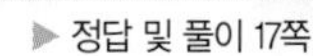
▶ 정답 및 풀이 17쪽

1 x, y가 자연수일 때, 연립방정식 $\begin{cases} 3x+y=15 & \cdots\cdots ㉠ \\ x-y=1 & \cdots\cdots ㉡ \end{cases}$을 푸시오.

풀이 [㉠의 해]

x	1	2	3	4
y	12	9	6	3

[㉡의 해]

x	2	3	4	…
y	1	2	3	…

따라서 주어진 연립방정식의 해는 $x=4$, $y=3$이다.

답 $x=4$, $y=3$

1-1 다음 연립방정식 중 $x=5$, $y=2$를 해로 갖는 것은 ○표, 해로 갖지 않는 것은 ×표를 하시오.

(1) $\begin{cases} x-4y=1 \\ x+y=9 \end{cases}$ (　　)

(2) $\begin{cases} x-y=3 \\ -x+2y=-1 \end{cases}$ (　　)

(3) $\begin{cases} 4x+3y=26 \\ 2x-y=8 \end{cases}$ (　　)

(4) $\begin{cases} 3x-2y=11 \\ 2x-3y=5 \end{cases}$ (　　)

1-2 x, y가 자연수일 때, 연립방정식 $\begin{cases} x+2y=13 \\ 4x-y=7 \end{cases}$을 푸시오.

10
연립일차방정식의 풀이와 그 활용

#대입법 #가강법

#복잡한 연립방정식

#$A=B=C$ #해가 무수히 많은

#없는 #연립방정식의 활용

▶ 정답 및 풀이 17쪽

- 이 동물은 뒷다리가 앞다리보다 발달하였으며 꼬리는 짧은 특징을 가지고 있다. 오리온자리 바로 밑에 있는 작은 별자리의 모습이 이 동물과 비슷하여 이 동물의 이름을 붙여 부르고 있다.

다음 □ 안에 알맞은 수를 써넣고, 아래 그림에서 답을 모두 찾아 색칠하여 어떤 동물인지 알아보자.

(1) 어떤 수를 2배 한 수는 어떤 수의 5배보다 18만큼 작다고 할 때, 어떤 수는 □이다.
(2) 어떤 수에 10을 더한 수는 어떤 수의 3배보다 2만큼 크다고 할 때, 어떤 수는 □이다.

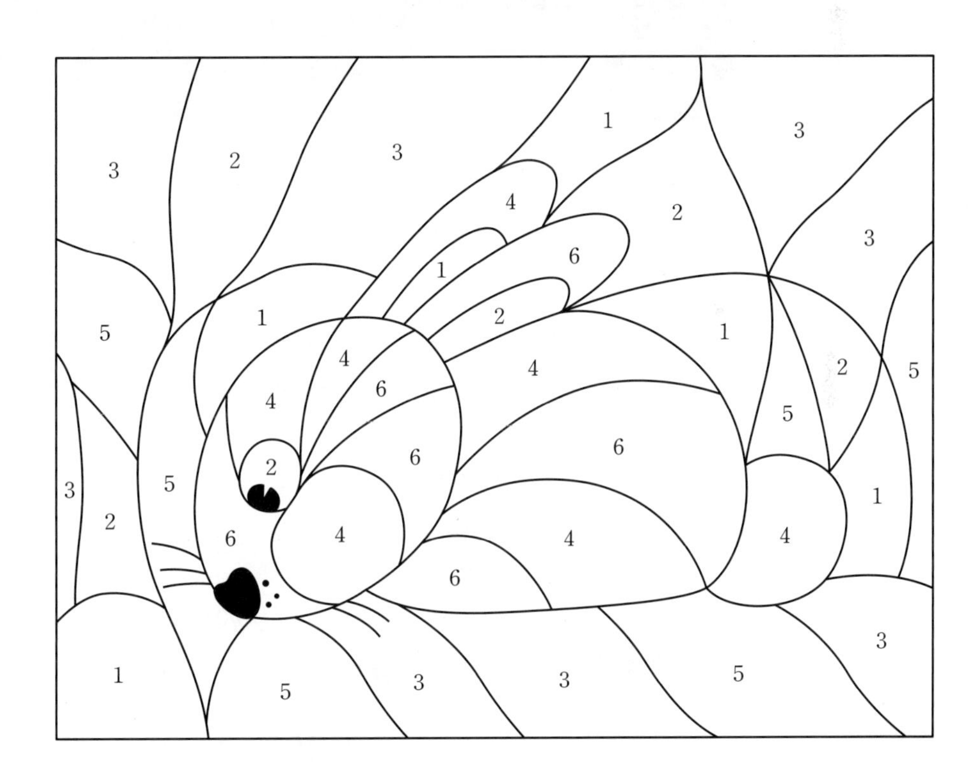

정답

20 연립방정식의 풀이

* QR코드를 스캔하여 개념 영상을 확인하세요.

●● 식의 대입을 이용하여 연립방정식을 풀어 볼까?

미지수가 2개인 연립방정식은 한 미지수를 없앤 다음 미지수가 1개인 일차방정식으로 만들어 풀 수 있다.

이때 한 미지수를 없애기 위하여 한 방정식을 어떤 미지수에 대하여 정리한 식을 다른 방정식의 그 미지수에 대입하여 연립방정식을 푸는 방법을 대입법이라 한다.

대입법을 이용하여 연립방정식 $\begin{cases} 2x+y=1 & \cdots\cdots ㉠ \\ x+3y=-2 & \cdots\cdots ㉡ \end{cases}$를 풀어 보자.

㉠을 y에 대하여 푼다.

$2x+y=1$을 y에 대하여 풀면

$$y=1-2x \quad \cdots\cdots ㉢$$

▼

㉢을 ㉡에 대입하여 x의 값을 구한다.

$$x+3(1-2x)=-2$$

$x+3-6x=-2$, $-5x=-5$

$$\therefore x=1$$

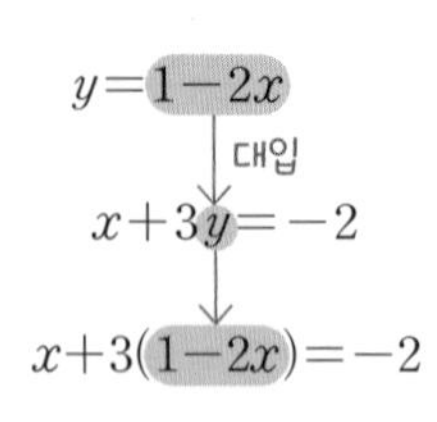

미지수 y를 없애려는 거야.

▼

$x=1$을 ㉢에 대입하여 y의 값을 구한다.

$$y=1-2=-1$$

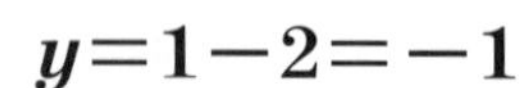

따라서 주어진 연립방정식의 해는 $x=1$, $y=-1$이다.

연립방정식의 두 일차방정식 중 어느 하나가

$x=$(y에 대한 식) 또는 $y=$(x에 대한 식)

꼴이거나 그 꼴로 정리하기 편할 때 대입법을 이용하면 편리하다.

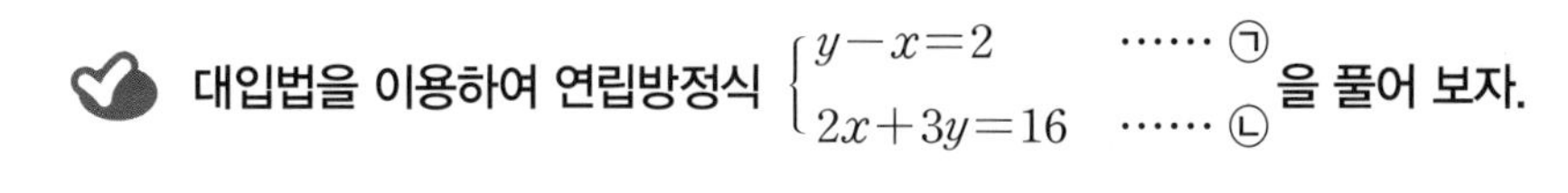

대입법을 이용하여 연립방정식 $\begin{cases} y-x=2 & \cdots\cdots ㉠ \\ 2x+3y=16 & \cdots\cdots ㉡ \end{cases}$ **을 풀어 보자.**

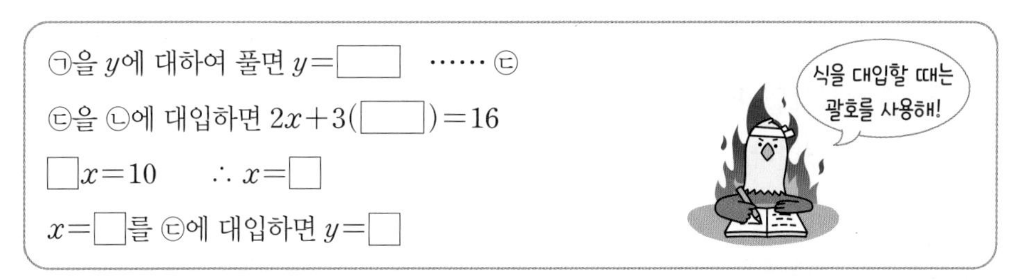

㉠을 y에 대하여 풀면 $y=\square$ ⋯⋯ ㉢

㉢을 ㉡에 대입하면 $2x+3(\square)=16$

$\square x=10$ $\quad \therefore x=\square$

$x=\square$를 ㉢에 대입하면 $y=\square$

▶ ㉠을 x에 대하여 정리한 식 $x=y-2$를 ㉡에 대입하여 미지수 x를 없앨 수도 있다.

답 $x+2$, $x+2$, 5, 2, 2, 4

●● 두 식의 합 또는 차를 이용하여 연립방정식을 풀어 볼까?

미지수가 2개인 연립방정식을 풀 때, 한 방정식을 다른 방정식에 대입하지 않고도 두 방정식을 더하거나 빼서 한 미지수를 없앨 수도 있다.

이와 같이 한 미지수를 없애기 위하여 두 방정식을 변끼리 더하거나 빼서 연립방정식을 푸는 방법을 가감법이라 한다.

가감법을 이용하여 연립방정식 $\begin{cases} x+y=6 & \cdots\cdots ㉠ \\ x-y=4 & \cdots\cdots ㉡ \end{cases}$를 풀어 보자.

㉠과 ㉡을 변끼리 더해서 x의 값을 구한다.

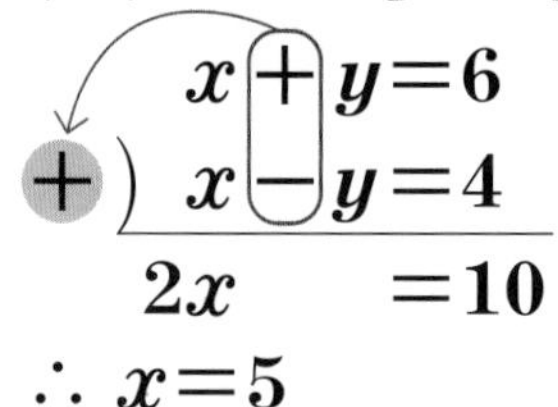

$$\begin{array}{rl} & x+y=6 \\ +) & x-y=4 \\ \hline & 2x \quad =10 \end{array}$$

$\therefore\ x=5$

$x=5$를 ㉠에 대입하여 y의 값을 구한다.

$5+y=6 \qquad \therefore\ y=1$

따라서 주어진 연립방정식의 해는 $x=5$, $y=1$이다.

▶ $x=5$를 ㉡에 대입해도 y의 값을 구할 수 있다.

참고 가감법을 이용하여 연립방정식 $\begin{cases} x+y=6 & \cdots\cdots ㉠ \\ x-y=4 & \cdots\cdots ㉡ \end{cases}$를 풀 때, 오른쪽과 같이 ㉠에서 ㉡을 변끼리 빼서 미지수 x를 없앨 수도 있다. 이와 같은 방법으로 연립방정식을 풀어도 그 해는 $x=5$, $y=1$이다.

$$\begin{array}{rr} & x+y=6 \\ -) & x-y=4 \\ \hline & 2y=2 \end{array}$$

한편, 연립방정식에서 두 일차방정식을 더하거나 빼도 한 미지수가 없어지지 않는 경우에는 두 일차방정식의 양변에 적당한 수를 곱한 후 변끼리 더하거나 빼서 한 미지수를 없앨 수 있다.

이 방법을 이용하여 연립방정식 $\begin{cases} 5x+2y=8 & \cdots\cdots ㉠ \\ 3x+4y=2 & \cdots\cdots ㉡ \end{cases}$를 풀어 보자.

㉠의 양변에 2를 곱한다.

계수의 절댓값을 같게 한다.

$$\begin{cases} 10x+4y=16 & \cdots\cdots ㉢ \\ 3x+4y=\ 2 & \cdots\cdots ㉡ \end{cases}$$

▶ ㉠의 양변에 3을 곱하고, ㉡의 양변에 5를 곱해서 x의 계수의 절댓값을 같게 할 수도 있다.

㉢에서 ㉡을 변끼리 빼서 x의 값을 구한다.

계수의 부호가 같으므로 변끼리 뺀다.

$$\begin{array}{rl} & 10x+4y=16 \\ -) & 3x+4y=\ 2 \\ \hline & 7x \quad =14 \end{array}$$

$\therefore\ x=2$

$x=2$를 ㉡에 대입하여 y의 값을 구한다.

$6+4y=2$, $4y=-4$

$\therefore\ y=-1$

따라서 주어진 연립방정식의 해는 $x=2$, $y=-1$이다.

▶ $x=2$를 ㉠에 대입해도 y의 값을 구할 수 있다.

대입법이나 가감법 중 어느 것을 이용하여 풀어도 연립방정식의 해는 같으므로 주어진 연립방정식을 보고 편리한 방법을 선택한다.

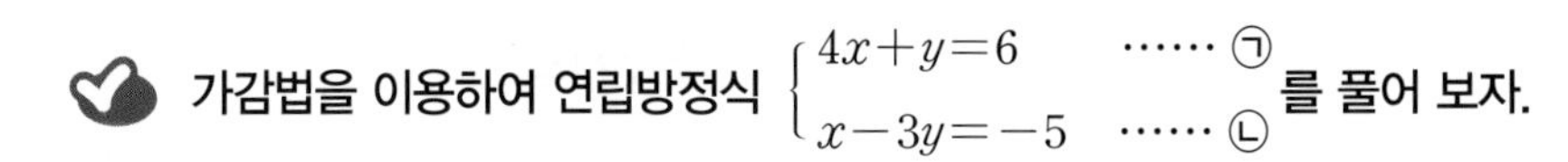

가감법을 이용하여 연립방정식 $\begin{cases} 4x+y=6 & \cdots\cdots ㉠ \\ x-3y=-5 & \cdots\cdots ㉡ \end{cases}$를 풀어 보자.

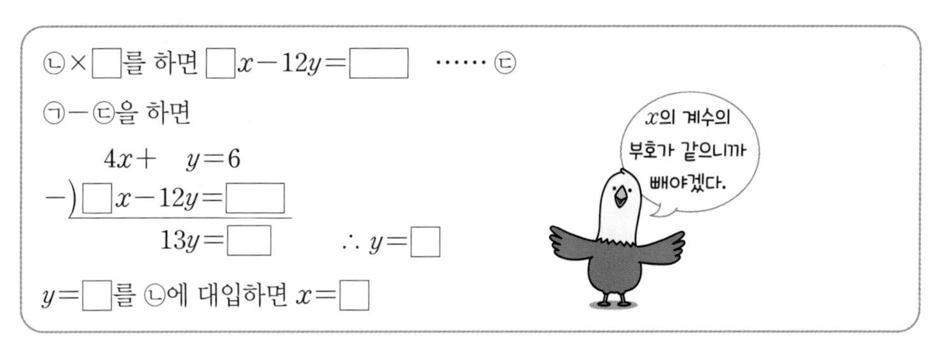

㉡×□를 하면 □$x-12y=$□ ⋯⋯ ㉢

㉠−㉢을 하면

$$\begin{array}{r} 4x+\quad y=6 \\ -\big)\ \square x-12y=\square \\ \hline 13y=\square \end{array} \qquad \therefore y=\square$$

$y=$□를 ㉡에 대입하면 $x=$□

▶ ㉠×3과 ㉡을 변끼리 더해서 미지수 y를 없앨 수도 있다.

답 4, 4, −20, 4, −20, 26, 2, 2, 1

꽉 잡아, 개념!

(1) **대입법**: 한 미지수를 없애기 위하여 한 방정식을 어떤 미지수에 대하여 정리한 식을 다른 방정식의 그 미지수에 대입 하여 연립방정식을 푸는 방법

[대입법을 이용한 연립방정식의 풀이]

❶ 한 방정식을 한 미지수에 대하여 푼다.

❷ ❶의 식을 다른 방정식의 그 미지수에 대입하여 한 미지수를 없앤 후 방정식을 푼다.

❸ ❷에서 구한 해를 ❶의 식에 대입하여 다른 미지수의 값을 구한다.

(2) **가감법**: 한 미지수를 없애기 위하여 두 방정식을 변끼리 더하거나 빼서 연립방정식을 푸는 방법

[가감법을 이용한 연립방정식의 풀이]

❶ 적당한 수를 곱하여 없애려는 미지수의 계수의 절댓값이 같게 만든다.

❷ 없애려는 미지수의 계수의 부호가 같으면 변끼리 빼고, 다르면 변끼리 더해서 한 미지수를 없앤 후 방정식을 푼다.

❸ ❷에서 구한 해를 두 방정식 중 간단한 식에 대입하여 다른 미지수의 값을 구한다.

▶ 정답 및 풀이 17쪽

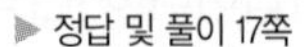

1 대입법을 이용하여 연립방정식 $\begin{cases} x-5y=-1 & \cdots\cdots \text{㉠} \\ 3x-4y=8 & \cdots\cdots \text{㉡} \end{cases}$을 푸시오.

풀이 ㉠을 x에 대하여 풀면 $x=5y-1$ ⋯⋯ ㉢

㉢을 ㉡에 대입하면 $3(5y-1)-4y=8$

$15y-3-4y=8$, $11y=11$ $\therefore y=1$

$y=1$을 ㉢에 대입하면 $x=5-1=4$

답 $x=4$, $y=1$

1-1 대입법을 이용하여 다음 연립방정식을 푸시오.

(1) $\begin{cases} x=2y+3 \\ 8x-3y=11 \end{cases}$

(2) $\begin{cases} y-3x=6 \\ 2x+5y=13 \end{cases}$

2 가감법을 이용하여 연립방정식 $\begin{cases} 2x-y=4 & \cdots\cdots \text{㉠} \\ x+4y=-7 & \cdots\cdots \text{㉡} \end{cases}$을 푸시오.

풀이 ㉡×2를 하면 $2x+8y=-14$ ⋯⋯ ㉢

㉠−㉢을 하면

$$\begin{array}{r} 2x-\ y=\quad 4 \\ -\big)\ 2x+8y=-14 \\ \hline -9y=\quad 18 \end{array} \qquad \therefore y=-2$$

$y=-2$를 ㉠에 대입하면 $2x+2=4$, $2x=2$ $\therefore x=1$

답 $x=1$, $y=-2$

2-1 가감법을 이용하여 다음 연립방정식을 푸시오.

(1) $\begin{cases} x+2y=5 \\ 7x-2y=19 \end{cases}$

(2) $\begin{cases} 3x-8y=2 \\ 4x-5y=14 \end{cases}$

21 복잡한 연립방정식의 풀이

* QR코드를 스캔하여 개념 영상을 확인하세요.

●● 괄호가 있는 연립방정식은 어떻게 풀까?

괄호가 있는 연립방정식은 먼저 분배법칙을 이용하여 괄호를 풀고, 동류항끼리 모아서 정리한 후 푼다.

괄호가 있으면 → 괄호를 풀어 정리한다.

연립방정식 $\begin{cases} 4(x+y)-3y=4 \\ 3x-(y+2)=8 \end{cases}$ 을 간단히 해 보자.

$$\begin{cases} 4(x+y)-3y=4 \\ 3x-(y+2)=8 \end{cases} \xrightarrow{\text{괄호 풀기}} \begin{cases} 4x+4y-3y=4 \\ 3x-y-2=8 \end{cases}$$

$$\xrightarrow[\text{정리하기}]{\text{동류항끼리}} \begin{cases} 4x+y=4 \\ 3x-y=10 \end{cases}$$

▶ $\begin{cases} 4x+y=4 & \cdots ㉠ \\ 3x-y=10 & \cdots ㉡ \end{cases}$
에서 ㉠+㉡을 하면
$7x=14$ $\therefore x=2$
$x=2$를 ㉠에 대입하면
$y=-4$

연립방정식 $\begin{cases} 5(x-1)+7y=6 & \cdots\cdots ㉠ \\ 2(y-x)+3x=1 & \cdots\cdots ㉡ \end{cases}$을 풀어 보자.

㉠, ㉡의 괄호를 풀어 정리하면 $\begin{cases} 5x+7y=11 & \cdots\cdots ㉢ \\ \square=1 & \cdots\cdots ㉣ \end{cases}$

㉢$-$㉣$\times 5$를 하면 $-3y=\square$ $\quad \therefore y=\square$

$y=\square$를 ㉣에 대입하면 $x=\square$

답 $x+2y$, 6, -2, -2, 5

●● 계수가 소수 또는 분수인 연립방정식은 어떻게 풀까?

계수가 소수 또는 분수인 연립방정식은 양변에 적당한 수를 곱하여 계수를 모두 정수로 고쳐서 푼다.

계수가 소수이면 → 10의 거듭제곱을 곱한다.

계수가 분수이면 → 분모의 최소공배수를 곱한다.

❶ 계수가 소수인 연립방정식

연립방정식 $\begin{cases} 0.3x-0.2y=0.4 \\ 0.05x+0.06y=0.16 \end{cases}$을 간단히 해 보자.

$$\begin{cases} 0.3x-0.2y=0.4 \\ 0.05x+0.06y=0.16 \end{cases} \xrightarrow[\text{양변에 } \times 100]{\text{양변에 } \times 10} \begin{cases} 3x-2y=4 \\ 5x+6y=16 \end{cases}$$

▶ $\begin{cases} 3x-2y=4 & \cdots ㉠ \\ 5x+6y=16 & \cdots ㉡ \end{cases}$
에서 ㉠$\times 3+$㉡을 하면
$14x=28$ $\quad \therefore x=2$
$x=2$를 ㉠에 대입하면
$y=1$

❷ 계수가 분수인 연립방정식

연립방정식 $\begin{cases} \frac{x}{6}+\frac{y}{4}=\frac{2}{3} \\ \frac{x}{5}+\frac{y}{4}=\frac{1}{2} \end{cases}$ 을 간단히 해 보자.

$$\begin{cases} \frac{x}{6}+\frac{y}{4}=\frac{2}{3} \xrightarrow{\text{양변에 } \times 12} \\ \frac{x}{5}+\frac{y}{4}=\frac{1}{2} \xrightarrow{\text{양변에 } \times 20} \end{cases} \quad \begin{cases} 2x+3y=8 \\ 4x+5y=10 \end{cases}$$

최소공배수는 12

최소공배수는 20

▶ $\begin{cases} 2x+3y=8 & \cdots ㉠ \\ 4x+5y=10 & \cdots ㉡ \end{cases}$

에서 ㉠×2−㉡을 하면

$y=6$

$y=6$을 ㉠에 대입하면

$x=-5$

다음 연립방정식을 풀어 보자.

(1) $\begin{cases} 0.6x+0.5y=-0.9 & \cdots\cdots ㉠ \\ 0.02x+0.03y=0.01 & \cdots\cdots ㉡ \end{cases}$

(2) $\begin{cases} \frac{x}{3}+\frac{y}{15}=\frac{1}{5} & \cdots\cdots ㉠ \\ \frac{x}{8}+\frac{y}{4}=-\frac{3}{8} & \cdots\cdots ㉡ \end{cases}$

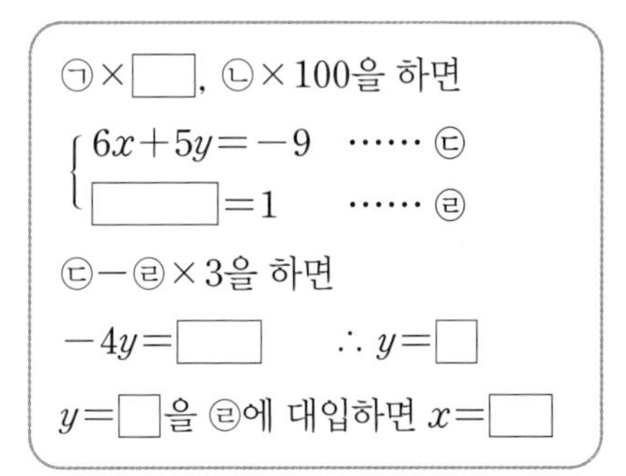

㉠×□, ㉡×100을 하면

$\begin{cases} 6x+5y=-9 & \cdots\cdots ㉢ \\ \square=1 & \cdots\cdots ㉣ \end{cases}$

㉢−㉣×3을 하면

$-4y=\square \quad \therefore y=\square$

$y=\square$을 ㉣에 대입하면 $x=\square$

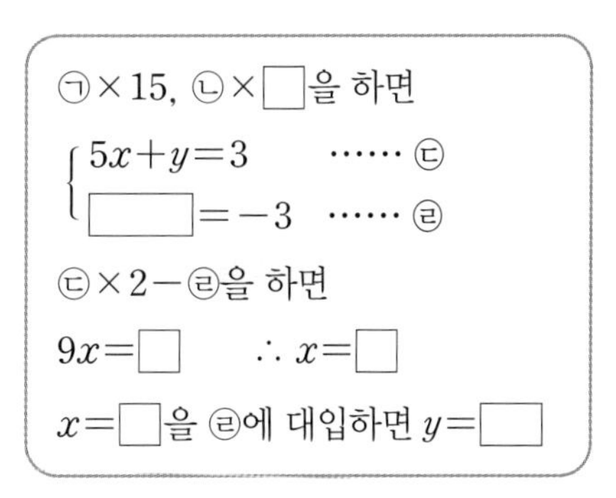

㉠×15, ㉡×□을 하면

$\begin{cases} 5x+y=3 & \cdots\cdots ㉢ \\ \square=-3 & \cdots\cdots ㉣ \end{cases}$

㉢×2−㉣을 하면

$9x=\square \quad \therefore x=\square$

$x=\square$을 ㉣에 대입하면 $y=\square$

답 (1) 10, $2x+3y$, -12, 3, 3, -4 (2) 8, $x+2y$, 9, 1, 1, -2

회색 글씨를 따라 쓰면서 개념을 정리해 보자!

꽉 잡아, 개념!

(1) **괄호가 있는 연립방정식의 풀이**

[분배법칙]을 이용하여 괄호를 풀고, 동류항끼리 모아서 정리한 후 푼다.

(2) **계수가 소수 또는 분수인 연립방정식의 풀이**

양변에 적당한 수를 곱하여 계수를 모두 정수로 고쳐서 푼다.

① 계수가 소수인 경우 ➡ 양변에 [10의 거듭제곱]을 곱한다.

② 계수가 분수인 경우 ➡ 양변에 [분모의 최소공배수]를 곱한다.

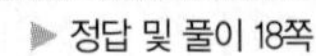

▶ 정답 및 풀이 18쪽

1 다음 연립방정식을 푸시오.

(1) $\begin{cases} 3(x+2y)+4x=11 & \cdots\cdots ㉠ \\ x+2(y-5)=-5 & \cdots\cdots ㉡ \end{cases}$

(2) $\begin{cases} 0.1x+0.8y=1.9 & \cdots\cdots ㉠ \\ \dfrac{1}{3}x-\dfrac{1}{4}y=\dfrac{1}{2} & \cdots\cdots ㉡ \end{cases}$

괄호가 있으면 괄호를 풀어 정리하고, 계수가 소수 또는 분수이면 계수를 정수로 고쳐 봐.

풀이 (1) ㉠, ㉡의 괄호를 풀어 정리하면 $\begin{cases} 7x+6y=11 & \cdots\cdots ㉢ \\ x+2y=5 & \cdots\cdots ㉣ \end{cases}$

㉢$-$㉣$\times 3$을 하면 $4x=-4$　　$\therefore x=-1$

$x=-1$을 ㉣에 대입하면 $-1+2y=5$, $2y=6$　　$\therefore y=3$

(2) ㉠$\times 10$, ㉡$\times 12$를 하면 $\begin{cases} x+8y=19 & \cdots\cdots ㉢ \\ 4x-3y=6 & \cdots\cdots ㉣ \end{cases}$

㉢$\times 4-$㉣을 하면 $35y=70$　　$\therefore y=2$

$y=2$를 ㉢에 대입하면 $x+16=19$　　$\therefore x=3$

답 (1) $x=-1$, $y=3$　(2) $x=3$, $y=2$

1-1 다음 연립방정식을 푸시오.

(1) $\begin{cases} 3(x+5)-y=20 \\ 7x-2(y-1)=14 \end{cases}$

(2) $\begin{cases} 0.4x+y=0.2 \\ 0.07x+0.05y=0.16 \end{cases}$

(3) $\begin{cases} \dfrac{x}{4}+\dfrac{y}{3}=1 \\ \dfrac{x}{2}-\dfrac{y}{3}=5 \end{cases}$

(4) $\begin{cases} 0.6x-0.1y=0.8 \\ \dfrac{3}{4}x-\dfrac{2}{5}y=-\dfrac{1}{10} \end{cases}$

(5) $\begin{cases} \dfrac{1}{5}x-\dfrac{2}{3}y=-1 \\ 0.2x+0.5y=2.5 \end{cases}$

(6) $\begin{cases} 0.2(x+y)-0.7y=-2.6 \\ \dfrac{1}{8}x+\dfrac{5}{4}y=\dfrac{3}{2} \end{cases}$

22 여러 가지 연립방정식의 풀이

* QR코드를 스캔하여 개념 영상을 확인하세요.

●● $A=B=C$ 꼴의 방정식은 어떻게 풀까?

$A=B=C$ 꼴의 방정식은 세 연립방정식 $\begin{cases} A=B \\ A=C \end{cases}$ 또는 $\begin{cases} A=B \\ B=C \end{cases}$ 또는 $\begin{cases} A=C \\ B=C \end{cases}$ 중 하나의 꼴로 바꾸어 풀 수 있다. 이때 어느 형태로 풀어도 세 연립방정식의 해는 모두 같으므로 가장 간단한 것을 선택하여 푼다.

$$A=B=C$$

2개의 방정식을 선택!

$$\begin{cases} A=B \\ A=C \end{cases} \text{ 또는 } \begin{cases} A=B \\ B=C \end{cases} \text{ 또는 } \begin{cases} A=C \\ B=C \end{cases}$$

예를 들어 방정식 $2x+y=3x-y=5$는

$$\begin{cases} 2x+y=3x-y \\ 2x+y=5 \end{cases} \text{ 또는 } \begin{cases} 2x+y=3x-y \\ 3x-y=5 \end{cases} \text{ 또는 } \begin{cases} 2x+y=5 \\ 3x-y=5 \end{cases}$$

이 식이 가장 간단해 보여!

꼴로 나타낼 수 있고, 가장 간단한 $\begin{cases} 2x+y=5 \\ 3x-y=5 \end{cases}$를 선택하여 푸는 것이 편리하다.

방정식 $4x-y=x+y=10$을 풀어 보자.

$4x-y=x+y=10$에서 $\begin{cases} 4x-y=10 & \cdots\cdots ㉠ \\ \square=10 & \cdots\cdots ㉡ \end{cases}$

㉠+㉡을 하면 $\square x=20$ $\quad \therefore x=\square$

$x=\square$를 ㉡에 대입하면 $y=\square$

답 $x+y$, 5, 4, 4, 6

●● 연립방정식의 해는 항상 하나일까?

지금까지는 연립방정식의 해가 하나인 경우에 대해서만 배웠다. 그러나 연립방정식 중에는 그 해가 무수히 많은 경우와 해가 없는 경우도 있다. 이 두 가지 경우에 대하여 알아보자.

❶ 연립방정식의 해가 무수히 많은 경우

연립방정식 $\begin{cases} x+3y=6 \\ 2x+6y=12 \end{cases}$를 풀어 보자.

$$\begin{cases} \mathbf{x+3y=6} & \cdots\cdots ㉠ \\ \mathbf{2x+6y=12} & \cdots\cdots ㉡ \end{cases} \xrightarrow[\text{그대로}]{\text{양변에 } \times 2} \begin{cases} \mathbf{2x+6y=12} & \cdots\cdots ㉢ \\ \mathbf{2x+6y=12} & \cdots\cdots ㉡ \end{cases}$$

같다 같다 같다

▶ 연립방정식의 해는 $x+3y=6$을 만족하는 모든 x, y의 값이다.

㉢은 ㉡과 같으므로 ㉠과 ㉡의 해는 같다.
그런데 ㉠의 해는 무수히 많으므로 주어진 연립방정식의 해는 무수히 많다.
즉, 연립방정식에서 어느 한 일차방정식의 양변에 적당한 수를 곱하였을 때, 두 일차방정식의 x, y의 계수와 상수항이 각각 같으면 연립방정식의 해는 무수히 많다.

❷ 연립방정식의 해가 없는 경우

연립방정식 $\begin{cases} 2x+3y=1 \\ 4x+6y=3 \end{cases}$ 을 풀어 보자.

$$\begin{cases} \mathbf{2x+3y=1} & \cdots\cdots ㉠ \\ \mathbf{4x+6y=3} & \cdots\cdots ㉡ \end{cases} \xrightarrow[\text{그대로}]{\text{양변에 } \times 2} \begin{cases} \mathbf{4x+6y=2} & \cdots\cdots ㉢ \\ \mathbf{4x+6y=3} & \cdots\cdots ㉡ \end{cases}$$

같다 같다 다르다

㉢－㉡을 하면 $0\times x+0\times y=-1$ …… ㉣

이때 ㉣을 만족하는 x, y의 값은 없으므로 연립방정식의 해는 없다.

즉, 연립방정식에서 어느 한 일차방정식의 양변에 적당한 수를 곱하였을 때, 두 일차방정식의 x, y의 계수는 각각 같고 상수항이 다르면 연립방정식의 해는 없다.

다음 연립방정식을 풀어 보자.

(1) $\begin{cases} x-2y=4 \\ 4x-8y=16 \end{cases}$

⇨ $\begin{cases} 4x-\square y=\square \\ 4x-8y=16 \end{cases}$

⇨ 해가 (무수히 많다, 없다).

(2) $\begin{cases} 9x+3y=21 \\ -3x-y=7 \end{cases}$

⇨ $\begin{cases} 9x+3y=21 \\ \square x+3y=\square \end{cases}$

⇨ 해가 (무수히 많다, 없다).

답 (1) 8, 16, 무수히 많다 (2) 9, －21, 없다

회색 글씨를 따라 쓰면서 개념을 정리해 보자!

꽉 잡아, 개념!

(1) $A=B=C$ 꼴의 방정식의 풀이

$\begin{cases} A=B \\ A=C \end{cases}$ 또는 $\begin{cases} A=B \\ B=C \end{cases}$ 또는 $\begin{cases} A=C \\ B=C \end{cases}$ 중 가장 간단한 것을 선택하여 푼다.

+참고 방정식 $A=B=C$에서 C가 상수이면 $\begin{cases} A=C \\ B=C \end{cases}$로 놓고 푸는 것이 가장 간단하다.

(2) 해가 특수한 연립방정식

① 해가 무수히 많은 연립방정식: 연립방정식에서 어느 한 일차방정식의 양변에 적당한 수를 곱하였을 때, 두 일차방정식의 x, y의 계수와 상수항이 각각 같다.

② 해가 없는 연립방정식: 연립방정식에서 어느 한 일차방정식의 양변에 적당한 수를 곱하였을 때, 두 일차방정식의 x, y의 계수는 각각 같고 상수항은 다르다.

다음 방정식을 푸시오.

(1) $x-7y=2x-8y=-18$

(2) $6x+2y-9=2x-3y+10=3$

(3) $2x+5y=4x+y-2=8x-3y+2$

가장 간단한 식이 되도록 연립방정식을 만들어!

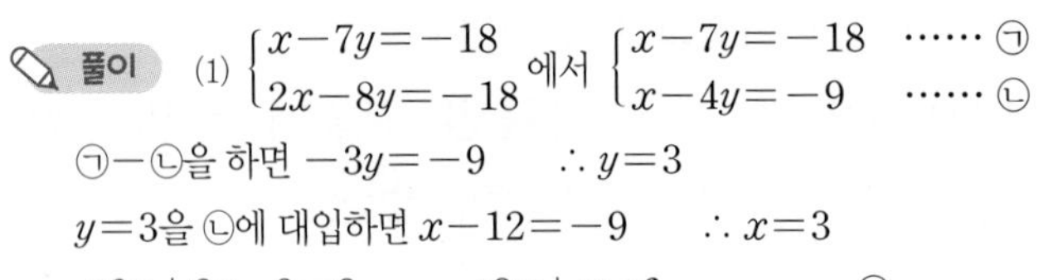

풀이 (1) $\begin{cases} x-7y=-18 \\ 2x-8y=-18 \end{cases}$ 에서 $\begin{cases} x-7y=-18 & \cdots\cdots ㉠ \\ x-4y=-9 & \cdots\cdots ㉡ \end{cases}$

㉠-㉡을 하면 $-3y=-9$ $\quad \therefore y=3$

$y=3$을 ㉡에 대입하면 $x-12=-9$ $\quad \therefore x=3$

(2) $\begin{cases} 6x+2y-9=3 \\ 2x-3y+10=3 \end{cases}$ 에서 $\begin{cases} 3x+y=6 & \cdots\cdots ㉠ \\ 2x-3y=-7 & \cdots\cdots ㉡ \end{cases}$

㉠×3+㉡을 하면 $11x=11$ $\quad \therefore x=1$

$x=1$을 ㉠에 대입하면 $3+y=6$ $\quad \therefore y=3$

(3) $\begin{cases} 2x+5y=4x+y-2 \\ 2x+5y=8x-3y+2 \end{cases}$ 에서 $\begin{cases} x-2y=1 & \cdots\cdots ㉠ \\ 3x-4y=-1 & \cdots\cdots ㉡ \end{cases}$

㉠×2-㉡을 하면 $-x=3$ $\quad \therefore x=-3$

$x=-3$을 ㉠에 대입하면 $-3-2y=1$, $-2y=4$ $\quad \therefore y=-2$

답 (1) $x=3$, $y=3$ (2) $x=1$, $y=3$ (3) $x=-3$, $y=-2$

1-1 다음 방정식을 푸시오.

(1) $2x+y=3x-y-5=15$

(2) $6x+5y=x-2y+4=3x-2y-6$

(3) $x+4y=3x-4y+12=5x+y-2$

▶ 정답 및 풀이 19쪽

2 다음 연립방정식을 푸시오.

(1) $\begin{cases} 3x+2y=1 & \cdots\cdots ㉠ \\ 12x+8y=4 & \cdots\cdots ㉡ \end{cases}$ (2) $\begin{cases} x-5y=2 & \cdots\cdots ㉠ \\ -x+5y=2 & \cdots\cdots ㉡ \end{cases}$

x, y의 계수가 같아지도록 적당한 수를 곱해 봐.

풀이 (1) ㉠×4를 하면 $\begin{cases} 12x+8y=4 \\ 12x+8y=4 \end{cases}$

따라서 x, y의 계수와 상수항이 각각 같으므로 해가 무수히 많다.

(2) ㉡×(-1)을 하면 $\begin{cases} x-5y=2 \\ x-5y=-2 \end{cases}$

따라서 x, y의 계수는 각각 같고, 상수항은 다르므로 해가 없다.

답 (1) 해가 무수히 많다. (2) 해가 없다.

2-1 다음 연립방정식을 푸시오.

(1) $\begin{cases} 2x-y=3 \\ 10x-5y=12 \end{cases}$ (2) $\begin{cases} -8x-6y=-14 \\ 4x+3y=7 \end{cases}$

3 연립방정식 $\begin{cases} 6x+2y=a & \cdots\cdots ㉠ \\ -3x-y=2 & \cdots\cdots ㉡ \end{cases}$ 에 대하여 다음 □ 안에 알맞은 것을 써넣으시오.

(1) $a=$□이면 해가 무수히 많다. (2) $a\neq-4$이면 해가 □.

풀이 ㉡×(-2)를 하면 $6x+2y=-4$ ······ ㉢

(1) 해가 무수히 많으려면 ㉠과 ㉢이 같아야 하므로 $a=-4$

(2) ㉠−㉢을 하면 $0=a+4$ ······ ㉣

이때 $a\neq-4$이면 ㉣은 참이 될 수 없으므로 주어진 연립방정식의 해는 없다.

답 (1) -4 (2) 없다

3-1 연립방정식 $\begin{cases} 4x-2y=a \\ 12x-6y=15 \end{cases}$ 의 해가 무수히 많을 때, 수 a의 값을 구하시오.

개념 영상

* QR코드를 스캔하여 개념 영상을 확인하세요.

23 연립방정식의 활용

•• 수에 대한 문제는 어떻게 해결할까?

각 자리의 숫자의 합이 8인 두 자리 자연수에서 십의 자리의 숫자와 일의 자리의 숫자를 바꾼 수는 처음 수보다 36만큼 작다.
처음 수와 바꾼 수를 차례대로 적은 수가 비밀번호!

❶ 미지수 정하기

처음 수의 십의 자리의 숫자를 x, 일의 자리의 숫자를 y라 하자.

❷ 연립방정식 세우기

각 자리의 숫자의 합은 8이므로 $\boldsymbol{x+y=8}$

처음 수는 $10x+y$, 각 자리의 숫자를 바꾼 수는 $10y+x$이므로 $\boldsymbol{10y+x=(10x+y)-36}$

즉, $\begin{cases} x+y=8 \\ 10y+x=(10x+y)-36 \end{cases}$

x, y의 값을 구해서 $10x+y$에 대입해야 해.

❸ 연립방정식 풀기

이 연립방정식을 정리하면 $\begin{cases} x+y=8 & \cdots\cdots ㉠ \\ x-y=4 & \cdots\cdots ㉡ \end{cases}$

㉠+㉡을 하면 $2x=12$ $\quad\therefore x=6$

$x=6$을 ㉠에 대입하면 $6+y=8$ $\quad\therefore y=2$

따라서 처음 수는 $10\times6+2=62$이다.

❹ 확인하기

62의 각 자리의 숫자의 합은 $6+2=8$이고, 십의 자리의 숫자와 일의 자리의 숫자를 바꾼 수는 26이므로 $26=62-36$이다. 따라서 문제의 뜻에 맞는다.

●● 거리, 속력, 시간에 대한 문제는 어떻게 해결할까?

집에서 5 km 떨어진 도서관까지 가는데 처음에는 시속 4 km로 걷다가 도중에 시속 8 km로 뛰어서 1시간 만에 도착하였다. 뛰어간 거리를 구해 보자.

❶ 미지수 정하기

걸어간 거리를 x km, 뛰어간 거리를 y km라 하자.

❷ 연립방정식 세우기

집에서 도서관까지의 거리는 5 km이므로 $\boldsymbol{x+y=5}$

걸어갈 때 걸린 시간은 $\frac{x}{4}$시간이고, 뛰어갈 때 걸린 시간은 $\frac{y}{8}$시간이므로 $\boldsymbol{\frac{x}{4}+\frac{y}{8}=1}$

즉, $\begin{cases} x+y=5 \\ \frac{x}{4}+\frac{y}{8}=1 \end{cases}$

❸ 연립방정식 풀기

이 연립방정식을 정리하면 $\begin{cases} x+y=5 & \cdots\cdots ㉠ \\ 2x+y=8 & \cdots\cdots ㉡ \end{cases}$

㉠－㉡을 하면 $-x=-3$ $\quad\therefore x=3$

$x=3$을 ㉠에 대입하면 $3+y=5$ $\quad\therefore y=2$

따라서 뛰어간 거리는 2 km이다.

❹ 확인하기

전체 거리는 $3+2=5$(km), 전체 걸린 시간은 $\frac{3}{4}+\frac{2}{8}=1$(시간)이므로 문제의 뜻에 맞는다.

꽉 잡아, 개념!

연립방정식을 활용하여 문제를 해결하는 단계

❶ 미지수 정하기: 문제의 뜻을 이해하고, 구하려는 것을 미지수 x, y 로 놓는다.

❷ 연립방정식 세우기: 문제의 뜻에 맞게 x, y에 대한 연립방정식을 세운다 .

❸ 연립방정식 풀기: 연립방정식을 푼다.

❹ 확인하기: 구한 해가 문제의 뜻에 맞는지 확인한다.

한 개에 800원인 키위와 한 개에 1000원인 사과를 합하여 9개를 사고 7800원을 지불하였다. 키위와 사과를 각각 몇 개 샀는지 구하시오.

키위를 x개, 사과를 y개 샀다고 할 때, 연립방정식을 세워 봐.

풀이 키위를 x개, 사과를 y개 샀다고 하면 키위와 사과를 합하여 9개를 샀으므로 $x+y=9$

키위와 사과의 전체 가격이 7800원이므로 $800x+1000y=7800$

즉, $\begin{cases} x+y=9 \\ 800x+1000y=7800 \end{cases}$ 에서 $\begin{cases} x+y=9 & \cdots\cdots ㉠ \\ 4x+5y=39 & \cdots\cdots ㉡ \end{cases}$

㉠$\times 4-$㉡을 하면 $-y=-3 \qquad \therefore y=3$

$y=3$을 ㉠에 대입하면 $x+3=9 \qquad \therefore x=6$

따라서 키위는 6개, 사과는 3개를 샀다.

[참고] 산 키위와 사과의 개수는 $6+3=9$(개), 가격은 $800\times 6+1000\times 3=7800$(원)이므로 문제의 뜻에 맞는다. 이와 같이 연립방정식의 활용 문제를 해결할 때는 구한 해가 문제의 뜻에 맞는지 확인하도록 한다.

답 키위: 6개, 사과: 3개

1-1 **어느 식물원의 1인당 입장료가 어른은 5000원, 어린이는 3500원이다. 7명이 32000원을 내고 이 식물원에 입장하였을 때, 입장한 어른과 어린이는 각각 몇 명인지 구하시오.**

2 **현재 언니와 동생의 나이의 차는 8살이고, 6년 후에는 언니의 나이가 동생의 나이의 2배보다 4살이 적다고 한다. 현재 언니와 동생의 나이를 각각 구하시오.**

풀이 현재 언니의 나이를 x살, 동생의 나이를 y살이라 하면

언니와 동생의 나이의 차가 8살이므로 $x-y=8$

6년 후의 언니의 나이는 $(x+6)$살, 동생의 나이는 $(y+6)$살이므로 $x+6=2(y+6)-4$

즉, $\begin{cases} x-y=8 \\ x+6=2(y+6)-4 \end{cases}$ 에서 $\begin{cases} x-y=8 & \cdots\cdots ㉠ \\ x-2y=2 & \cdots\cdots ㉡ \end{cases}$

㉠$-$㉡을 하면 $y=6$

$y=6$을 ㉠에 대입하면 $x-6=8 \qquad \therefore x=14$

따라서 현재 언니의 나이는 14살, 동생의 나이는 6살이다.

답 언니: 14살, 동생: 6살

2-1 **현재 이모의 나이는 재호의 나이의 3배이고, 5년 전에는 이모의 나이가 재호의 나이의 4배였다고 한다. 현재 이모와 재호의 나이를 각각 구하시오.**

▶ 정답 및 풀이 19쪽

3

석우와 수혁이가 함께 작업하면 4일 만에 끝낼 수 있는 일을 석우가 8일 동안 작업한 후 나머지를 수혁이가 3일 동안 작업하여 끝냈다고 한다. 다음 물음에 답하시오.

(1) 전체 일의 양을 1로 놓고, 석우와 수혁이가 하루에 할 수 있는 일의 양을 각각 x, y라 할 때, 연립방정식을 세우시오.

(2) (1)에서 세운 연립방정식을 푸시오.

(3) 이 일을 석우가 혼자서 작업하면 끝내는 데 며칠이 걸리는지 구하시오.

풀이 (1) 석우와 수혁이가 함께 작업하면 4일 만에 끝낼 수 있으므로 $4x+4y=1$

석우가 8일 동안 작업한 후 나머지를 수혁이가 3일 동안 작업하면 끝낼 수 있으므로 $8x+3y=1$

즉, $\begin{cases} 4x+4y=1 \\ 8x+3y=1 \end{cases}$

(2) $\begin{cases} 4x+4y=1 & \cdots\cdots ㉠ \\ 8x+3y=1 & \cdots\cdots ㉡ \end{cases}$

㉠$\times 2-$㉡을 하면 $5y=1$ $\quad\therefore y=\frac{1}{5}$

$y=\frac{1}{5}$을 ㉠에 대입하면 $4x+\frac{4}{5}=1$, $4x=\frac{1}{5}$ $\qquad\therefore x=\frac{1}{20}$

(3) 석우가 하루에 작업할 수 있는 일의 양이 $\frac{1}{20}$이므로 이 일을 석우가 혼자서 작업하면 끝내는 데 20일이 걸린다.

답 (1) $\begin{cases} 4x+4y=1 \\ 8x+3y=1 \end{cases}$ (2) $x=\frac{1}{20}$, $y=\frac{1}{5}$ (3) 20일

3-1

두 기계 A, B를 함께 가동하면 5시간 만에 끝낼 수 있는 작업을 A기계를 4시간 가동한 후 나머지는 B기계를 10시간 가동하여 끝냈다. 다음 물음에 답하시오.

(1) 전체 작업의 양을 1로 놓고, 두 기계 A, B가 1시간 동안 할 수 있는 작업의 양을 각각 x, y라 할 때, 연립방정식을 세우시오.

(2) (1)에서 세운 연립방정식을 푸시오.

(3) B기계만 가동하여 이 작업을 끝내려면 몇 시간이 걸리는지 구하시오.

4 동생이 집에서 출발한 지 15분 후에 형이 집에서 출발하여 같은 길을 따라갔다. 동생은 분속 60 m로 걷고, 형은 분속 240 m로 달렸다고 할 때, 형이 집에서 출발한 지 몇 분 후에 동생과 만나는지 구하시오.

풀이 형과 동생이 만날 때까지 동생이 걸은 시간을 x분, 형이 달린 시간을 y분이라 하면
동생이 형보다 15분 먼저 출발했으므로 $x=y+15$
(동생이 걸은 거리)=(형이 달린 거리)이므로 $60x=240y$
즉, $\begin{cases} x=y+15 \\ 60x=240y \end{cases}$ 에서 $\begin{cases} x=y+15 & \cdots\cdots ㉠ \\ x=4y & \cdots\cdots ㉡ \end{cases}$
㉡을 ㉠에 대입하면 $4y=y+15$, $3y=15$ $\therefore y=5$
$y=5$를 ㉡에 대입하면 $x=20$
따라서 형이 집에서 출발한 지 5분 후에 동생과 만난다.

답 5분

4-1 연희가 산책을 나간지 8분 후에 지수가 같은 지점에서 연희를 뒤따라갔다. 연희는 분속 50 m로, 지수는 분속 70 m로 걸을 때, 지수가 출발한 지 몇 분 후에 연희와 만나는지 구하시오.

4-2 준호가 등산을 하는데 올라갈 때는 시속 2 km로 걷고, 내려올 때는 올라갈 때보다 4 km 더 먼 길을 시속 3 km로 걸었더니 총 3시간이 걸렸다. 내려온 거리는 몇 km인지 구하시오.

개념을 정리해 보자

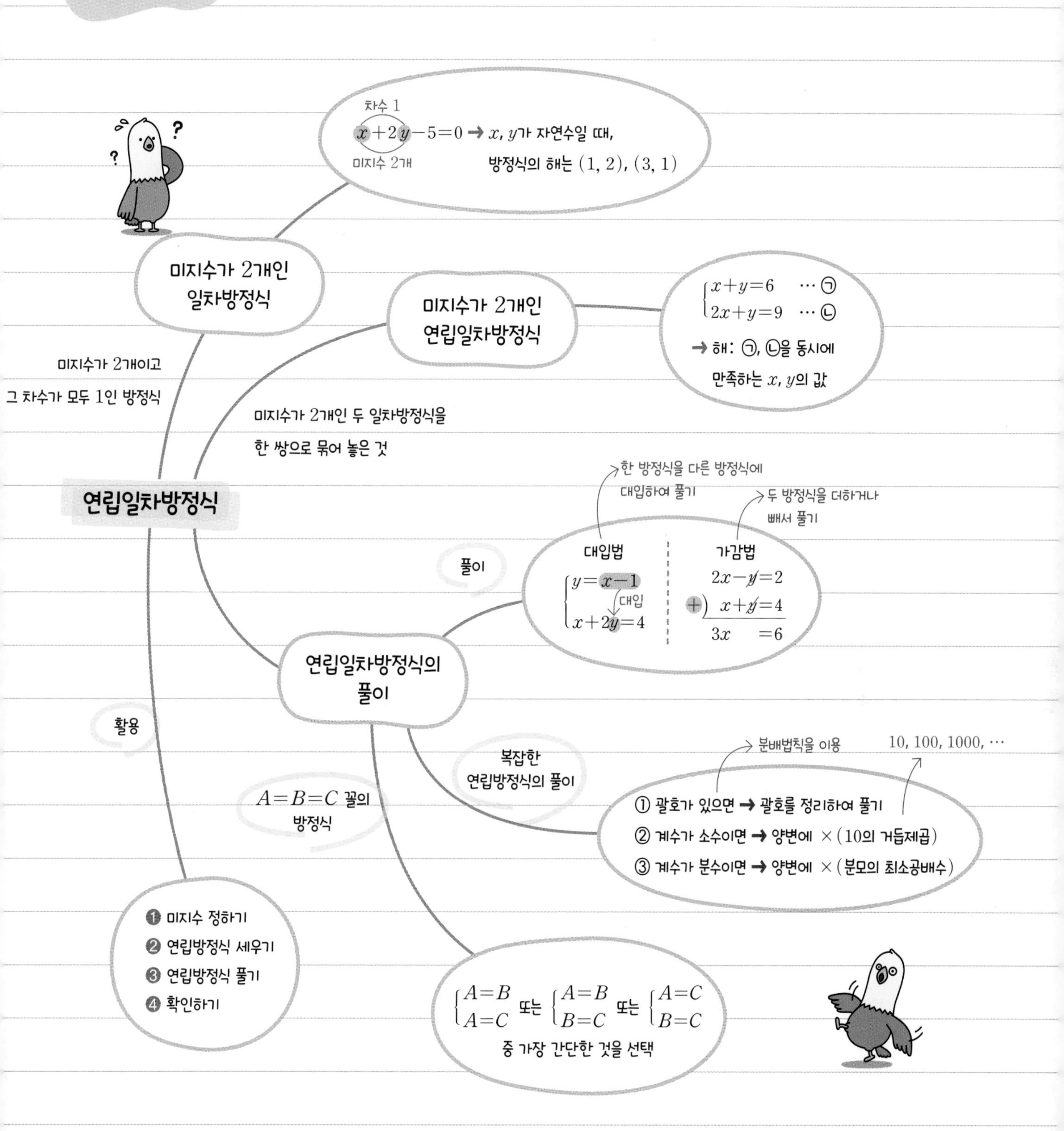

연립일차방정식
미지수가 2개인 일차방정식
미지수가 2개이고
그 차수가 모두 1인 방정식
차수 1
$x+2y-5=0$ → x, y가 자연수일 때,
미지수 2개
방정식의 해는 $(1, 2)$, $(3, 1)$
미지수가 2개인 연립일차방정식
미지수가 2개인 두 일차방정식을
한 쌍으로 묶어 놓은 것
$\begin{cases} x+y=6 & \cdots ㉠ \\ 2x+y=9 & \cdots ㉡ \end{cases}$
→ 해 : ㉠, ㉡을 동시에
만족하는 x, y의 값
연립일차방정식의 풀이
풀이
한 방정식을 다른 방정식에
대입하여 풀기
두 방정식을 더하거나
빼서 풀기
대입법
$\begin{cases} y=x-1 \\ x+2y=4 \end{cases}$
대입
가감법
$2x-y=2$
$+)\ x+y=4$
$3x \quad =6$
복잡한
연립방정식의 풀이
분배법칙을 이용
10, 100, 1000, ⋯
① 괄호가 있으면 → 괄호를 정리하여 풀기
② 계수가 소수이면 → 양변에 ×(10의 거듭제곱)
③ 계수가 분수이면 → 양변에 ×(분모의 최소공배수)
$A=B=C$ 꼴의
방정식
$\begin{cases} A=B \\ A=C \end{cases}$ 또는 $\begin{cases} A=B \\ B=C \end{cases}$ 또는 $\begin{cases} A=C \\ B=C \end{cases}$
중 가장 간단한 것을 선택
활용
❶ 미지수 정하기
❷ 연립방정식 세우기
❸ 연립방정식 풀기
❹ 확인하기

GoGo! 문제를 풀어 보자

1 다음 중 미지수가 2개인 일차방정식을 모두 고르면? (정답 2개)

① $\frac{1}{y}+x+1=2x$
② $x-xy+y=0$
③ $x^2+y-3=-5x+x^2$
④ $x(x+1)=3y-2$
⑤ $xy-2x+3y=x(y+1)$

2 다음 중 일차방정식 $x+3y=17$의 해가 아닌 것은?

① $(2, 5)$
② $(5, 4)$
③ $(8, 3)$
④ $(11, 2)$
⑤ $(13, 1)$

3 x, y의 순서쌍 $(k, 2)$가 일차방정식 $6x-5y=-28$의 해일 때, k의 값은?

① -3
② -1
③ 0
④ 1
⑤ 3

4 다음 연립방정식 중 x, y의 순서쌍 $(2, 1)$을 해로 갖는 것은?

① $\begin{cases} x-y=1 \\ x+y=8 \end{cases}$
② $\begin{cases} x+y=-3 \\ 3x-2y=4 \end{cases}$
③ $\begin{cases} x-2y=0 \\ 2x=8-y \end{cases}$
④ $\begin{cases} x+2y=4 \\ 2x+y=5 \end{cases}$
⑤ $\begin{cases} 2x-y=6 \\ x=2y \end{cases}$

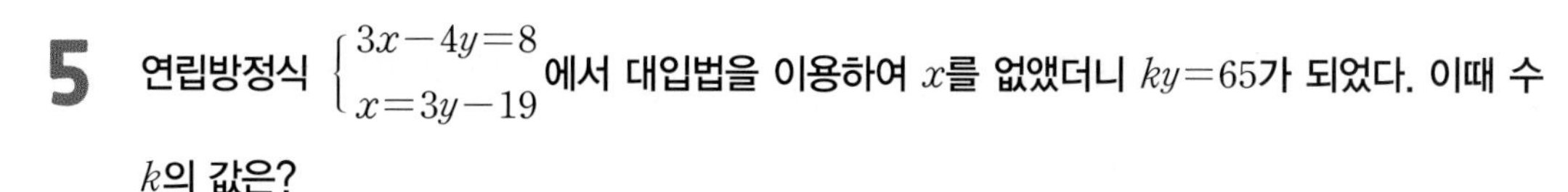

5 연립방정식 $\begin{cases} 3x-4y=8 \\ x=3y-19 \end{cases}$에서 대입법을 이용하여 x를 없앴더니 $ky=65$가 되었다. 이때 수 k의 값은?

① 2　　② 3　　③ 4
④ 5　　⑤ 6

6 가감법을 이용하여 연립방정식 $\begin{cases} 2x-3y=5 & \cdots\cdots ㉠ \\ 3x+2y=1 & \cdots\cdots ㉡ \end{cases}$을 풀 때, 다음 보기 중 x 또는 y를 없애기 위하여 필요한 식을 모두 고른 것은?

보기	
ㄱ. ㉠$\times 3-$㉡$\times 2$	ㄴ. ㉠$\times 3+$㉡$\times 2$
ㄷ. ㉠$\times 2-$㉡$\times 3$	ㄹ. ㉠$\times 2+$㉡$\times 3$

① ㄱ, ㄴ　　② ㄱ, ㄹ　　③ ㄴ, ㄷ
④ ㄴ, ㄹ　　⑤ ㄷ, ㄹ

7 연립방정식 $\begin{cases} 2x+7y=3 \\ 5x+3y=-7 \end{cases}$을 만족하는 x, y에 대하여 $x+y$의 값을 구하시오.

8 연립방정식 $\begin{cases} ax+by=20 \\ 3ax-by=28 \end{cases}$의 해가 $x=-4$, $y=2$일 때, 수 a, b의 값을 각각 구하면?

① $a=-3$, $b=3$　　② $a=-3$, $b=4$　　③ $a=-3$, $b=5$
④ $a=-2$, $b=4$　　⑤ $a=-2$, $b=5$

9 연립방정식 $\begin{cases} 0.7x-1.1y=9 \\ 0.13x+0.05y=-8 \end{cases}$ 에서 각각의 방정식의 계수를 모두 정수로 고치려고 한다. 다음 중 바르게 고친 것은?

① $\begin{cases} 7x-11y=9 \\ 13x+5y=-800 \end{cases}$　② $\begin{cases} 7x-11y=9 \\ 13x+5y=-80 \end{cases}$　③ $\begin{cases} 7x-11y=90 \\ 13x+5y=-800 \end{cases}$

④ $\begin{cases} 7x-11y=90 \\ 13x+5y=-80 \end{cases}$　⑤ $\begin{cases} 7x-11y=90 \\ 13x+5y=-8 \end{cases}$

10 연립방정식 $\begin{cases} 0.5x+\frac{2}{5}y=1.3 \\ 5x+7=4(x+y) \end{cases}$ 를 풀면?

① $x=-1$, $y=-2$　② $x=-1$, $y=2$　③ $x=1$, $y=-2$

④ $x=1$, $y=0$　⑤ $x=1$, $y=2$

11 방정식 $6x-5y-10=4x+y-16=2(x-1)+27y$를 풀면?

① $x=-7$, $y=-1$　② $x=-6$, $y=-1$　③ $x=-1$, $y=-6$

④ $x=-1$, $y=6$　⑤ $x=1$, $y=6$

12 다음 연립방정식 중 해가 무수히 많은 것은?

① $\begin{cases} x+2y=1 \\ 3x-6y=5 \end{cases}$　② $\begin{cases} x-y=4 \\ x-2y=3 \end{cases}$　③ $\begin{cases} 2x+y=13 \\ y=3x+8 \end{cases}$

④ $\begin{cases} 2x-8y=4 \\ x+4y=-2 \end{cases}$　⑤ $\begin{cases} x-2y=1 \\ 2x-4y=2 \end{cases}$

13 두 연립방정식 $\begin{cases} ax-y=13 \\ 5x+4y=-1 \end{cases}$, $\begin{cases} 0.2x-0.1y=1 \\ x+by=11 \end{cases}$의 해가 서로 같을 때, 수 a, b에 대하여 ab의 값은?

① -12　　② -6　　③ 0
④ 6　　⑤ 12

14 두 자리 자연수가 있다. 이 수의 십의 자리의 숫자의 3배는 일의 자리의 숫자보다 4만큼 크고, 십의 자리의 숫자와 일의 자리의 숫자를 바꾼 수는 처음 수의 2배보다 17만큼 작을 때, 처음 수를 구하시오.

15 희성이와 수연이는 한 달간 24권의 책을 읽었고, 수연이가 읽은 책의 권수는 희성이가 읽은 책의 권수의 3배보다 4권이 많을 때, 희성이와 수연이가 읽은 책의 권수의 차를 구하시오.

16 우진이가 도서관에 갔다 오는데 갈 때는 시속 2 km로 걷고, 올 때는 다른 길을 택하여 시속 4 km로 걸었다. 총 7 km를 걷는 데 2시간 45분이 걸렸다고 할 때, 우진이가 도서관에서 올 때 걸은 거리는 몇 km인지 구하시오.

Ⅵ

일차함수와 그 그래프

차례~차례~
가 보자~!!

11 일차함수

개념 24 함수

개념 25 일차함수

개념 26 일차함수 $y=ax+b$의 그래프

12 일차함수의 그래프와 그 활용

개념 27 일차함수의 그래프의 절편과 기울기

개념 28 일차함수의 그래프의 성질

개념 29 일차함수의 그래프의 평행과 일치

개념 30 일차함수의 그래프 그리기

개념 31 일차함수의 식 구하기

개념 32 일차함수의 활용

11 일차함수

#함수 #함숫값 #$f(x)$

#y가 x에 대한 일차식

#$y=ax+b$ #일차함수

#평행이동 #위 #아래

준비 해 보자

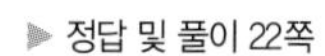
▶ 정답 및 풀이 22쪽

● 남유럽에 위치한 도시 국가이자 이탈리아 로마시에 둘러싸인 내륙국인 이 나라의 이름은 무엇일까? 이 나라의 국가 원수는 교황이고, 1984년 도시 전체가 유네스코 세계 문화유산으로 지정되었다.

다음 □ 안에 들어갈 알맞은 수를 출발점으로 하고 사다리 타기를 하여 이 나라의 이름을 알아보자.

(1) 점 P의 좌표가 $(1,\ 3)$일 때, 점 P의 x좌표는 □이다.
(2) 점 Q의 좌표가 $(-6,\ 5)$일 때, 점 Q의 y좌표는 □이다.
(3) 점 $(-3,\ 5)$는 제□사분면 위에 있다.
(4) 점 $(4,\ -2)$는 제□사분면 위에 있다.
(5) 점 $(-5,\ -7)$은 제□사분면 위에 있다.

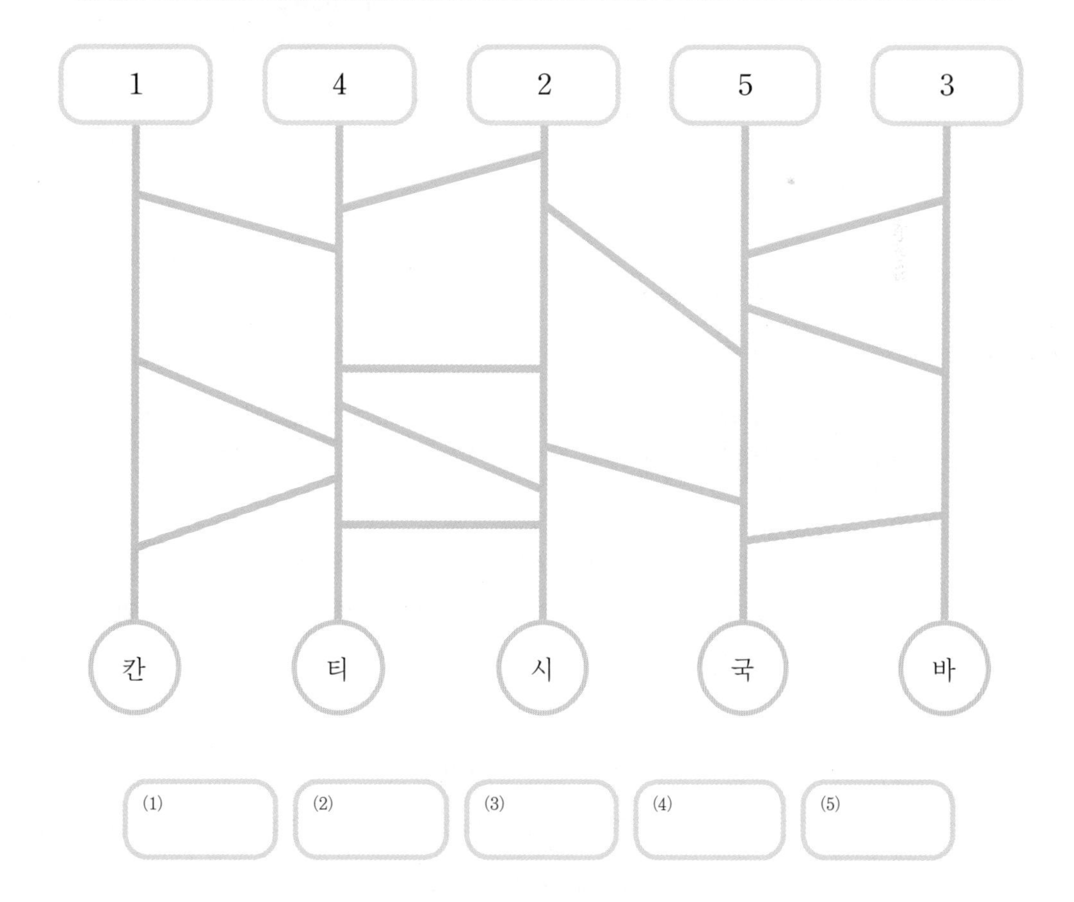

24 함수

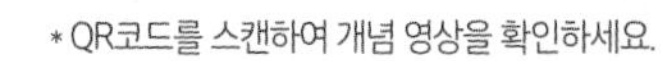

●● 함수란 무엇일까?

한 개에 10 kcal인 과자 x개의 열량을 y kcal라 할 때, x와 y 사이의 관계를 표로 나타내면 다음과 같다.

x	1	2	3	4	$\cdots$
y	10	20	30	40	$\cdots$

위의 표에서 x의 값이 1, 2, 3, $\cdots$으로 정해짐에 따라 y의 값은 10, 20, 30, $\cdots$으로 오직 하나씩 정해진다.

이와 같이 두 변수 x와 y에 대하여 x의 값이 정해짐에 따라 y의 값이 오직 하나씩 정해지는 관계가 있을 때, y를 x의 **함수**라 한다.

여러 가지로 변하는 값을 나타내는 문자를 변수라고 해.

한편, 위의 표에서 x와 y 사이의 관계식은 $y=10x$이므로 y는 x에 정비례한다. 일반적으로 정비례 관계 $y=ax\ (a\neq 0)$와 반비례 관계 $y=\frac{a}{x}\ (a\neq 0)$는 x의 값이 정해짐에 따라 y의 값이 오직 하나씩 정해지므로 y는 x의 함수이다.

그렇다면 y가 x의 함수가 아닌 경우는 어떤 경우일까?

예를 들어 자연수 x보다 작은 자연수를 y라 할 때, x와 y 사이의 관계를 표로 나타내면 다음과 같다.

x	1	2	3	4	⋯
y	없다.	1	1, 2	1, 2, 3	⋯

y의 값이 정해지지 않음　　y의 값이 2개 이상 정해짐

헐!

y의 값이 왜 이래!

위의 표에서 x의 값이 정해짐에 따라 y의 값이 오직 하나씩 정해지지 않는다.

이와 같이 x의 값이 정해짐에 따라 y의 값이 정해지지 않거나 2개 이상 정해지는 경우에 y는 x의 함수가 아니다.

다음 표를 완성하고, y가 x의 함수인 것은 ○표, 함수가 아닌 것은 ×표를 해 보자.

(1) 한 개에 40 g인 구슬 x개의 무게 y g　　(　　)

x	1	2	3	4	⋯
y	40				⋯

(2) 자연수 x의 약수 y　　(　　)

x	1	2	3	4	⋯
y	1				⋯

답 (1) 80 / 120 / 160 / ○　(2) 1, 2 / 1, 3 / 1, 2, 4 / ×

●● 함숫값이란 무엇일까?

정비례 관계 $y=2x$에서 y는 x의 함수이다. 이와 같이 y가 x의 함수일 때, 이것을 기호로

$$y=f(x)$$

와 같이 나타낸다.

예를 들어 함수 $y=2x$는 $f(x)=2x$와 같이 나타내기도 한다.

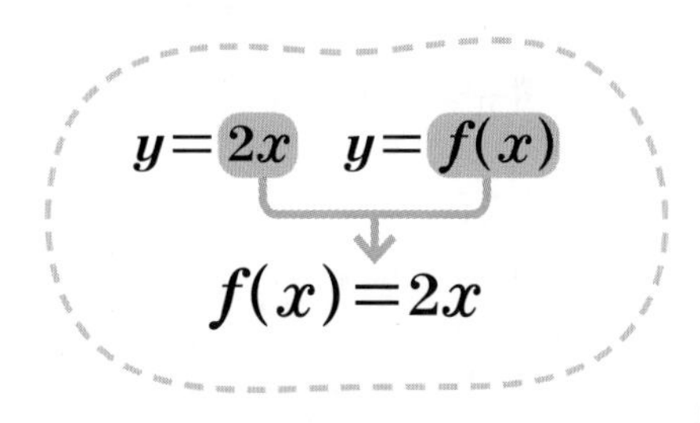

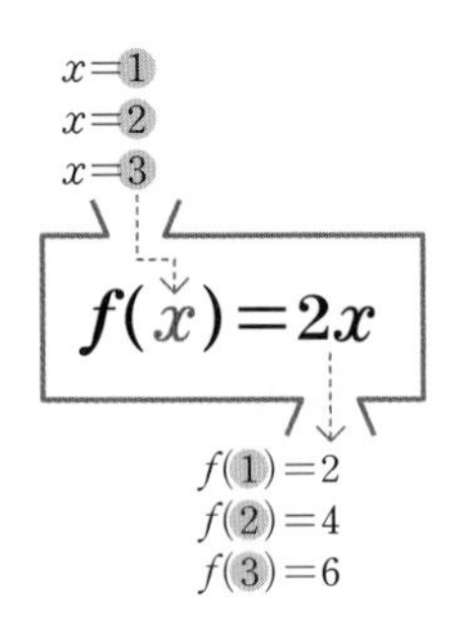

함수 $y=2x$에서 $x=1$일 때의 y의 값은 $y=2\times1=2$이다.
이때 이 값을 $f(1)=2$와 같이 나타낸다.

$$x=1\text{일 때} \rightarrow f(1)=2\times1=2$$

이 값 $f(1)$을 $x=1$일 때의 **함숫값**이라 한다.
같은 방법으로 x의 값이 2, 3일 때의 함숫값 $f(2)$, $f(3)$은 다음과 같다.

$$x=2\text{일 때} \rightarrow f(2)=2\times2=4$$
$$x=3\text{일 때} \rightarrow f(3)=2\times3=6$$

일반적으로 함수 $y=f(x)$에서 x의 값에 따라 하나씩 정해지는 함숫값을 기호로 $f(x)$와 같이 나타낸다.

한편, 함수 $y=f(x)$에서 x와 그 함숫값 $f(x)$로 이루어진 순서쌍 $(x, f(x))$를 좌표로 하는 점 전체를 그 함수의 그래프라 한다.
예를 들어 오른쪽 그림은 정비례 관계인 함수 $y=2x$의 그래프이다.

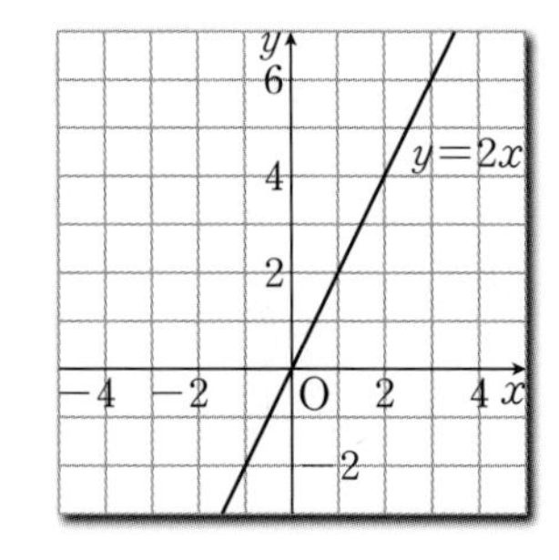

함수 $f(x)=5x$에 대하여 다음 함숫값을 구해 보자.

(1) $f(3)$ (2) $f\left(\frac{1}{5}\right)$

답 (1) **15** (2) **1**

(1) **함수**: 두 변수 x와 y에 대하여 x의 값이 정해짐에 따라 y의 값이 오직 하나씩 정해지는 관계가 있을 때, y를 x의 함수라 한다.

(2) **함수의 표현**: y가 x의 함수일 때, 기호로 $y=f(x)$와 같이 나타낸다.

(3) **함숫값**: 함수 $y=f(x)$에서 x의 값에 따라 하나씩 정해지는 y의 값을 x의 함숫값이라 하고, 기호로 $f(x)$와 같이 나타낸다.

(4) **함수의 그래프**: 함수 $y=f(x)$에서 x와 그 함숫값 $f(x)$로 이루어진 순서쌍 $(x, f(x))$를 좌표로 하는 점 전체를 그 함수의 그래프라 한다.

▶ 정답 및 풀이 22쪽

다음 중 y가 x의 함수인 것은 ○표, 함수가 아닌 것은 ×표를 하시오.

(1) 절댓값이 x인 수 y ( )

(2) 한 개에 400원인 지우개 x개의 가격 y원 ( )

(3) 한 변의 길이가 x cm인 정사각형의 넓이 $y\text{ cm}^2$ ( )

풀이 (1) $x=1$일 때, $y=-1$, 1로 x의 값이 정해짐에 따라 y의 값이 오직 하나씩 정해지지 않으므로 y는 x의 함수가 아니다.

(2) $y=400x$이고 x의 값이 정해짐에 따라 y의 값이 오직 하나씩 정해지므로 y는 x의 함수이다.

(3) $y=x^2$이고 x의 값이 정해짐에 따라 y의 값이 오직 하나씩 정해지므로 y는 x의 함수이다.

답 (1) × (2) ○ (3) ○

1-1 다음 보기 중 y가 x의 함수가 아닌 것을 모두 고르시오.

보기

ㄱ. 120쪽인 책을 x쪽 읽었을 때 남은 쪽수 y쪽

ㄴ. 자연수 x보다 작은 소수 y

ㄷ. 우유 3 L를 x명이 똑같이 나누어 마실 때, 한 사람이 마신 우유의 양 y L

함수 $f(x)=3x$에 대하여 $f(-1)+f(4)$의 값을 구하시오.

풀이 $f(-1)=3\times(-1)=-3$

$f(4)=3\times4=12$

$\therefore f(-1)+f(4)=-3+12=9$

답 9

2-1 함수 $f(x)=-\dfrac{10}{x}$에 대하여 $f(-5)+f(2)$의 값을 구하시오.

25 일차함수

* QR코드를 스캔하여 개념 영상을 확인하세요.

●● 일차함수란 무엇일까?

현재 팔로워 수가 8명인 어느 SNS 계정의 팔로워 수가 하루에 2명씩 늘어날 때, 1일 후, 2일 후, 3일 후, 4일 후, …의 팔로워 수는 다음과 같다.

1일 후 → $(2\times1+8)$명
2일 후 → $(2\times2+8)$명
3일 후 → $(2\times3+8)$명
4일 후 → $(2\times4+8)$명
⋮ ⋮

이때 x일 후의 팔로워 수를 y명이라 하고, x와 y 사이의 관계를 식으로 나타내면

$$y=2x+8$$

과 같이 y가 x에 대한 일차식으로 나타내어진다.
위의 식에서 x의 값이 정해짐에 따라 y의 값이 오직 하나씩 정해지므로 y는 x의 함수이다.

일반적으로 함수 $y=f(x)$에서 다음과 같이 y가 x에 대한 일차식으로 나타내어질 때, 이 함수 $y=f(x)$를 x에 대한 **일차함수**라 한다.

▶ 일차함수 $y=ax+b$에서 $a=0$이면 $ax+b$가 일차식이 아니므로 반드시 $a\neq0$이어야 한다.

일차함수

$$y=\underbrace{ax+b}_{x\text{에 대한 일차식}} \quad (\text{단, } a, b\text{는 수, } a\neq0)$$

이제 일차함수와 일차함수가 아닌 예를 통하여 일차함수의 의미를 분명히 이해하자.

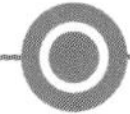

$y=x$, $y=-4x+1$, $y=\frac{2}{3}x$

→ y가 x에 대한 일차식이므로 일차함수이다.

$y=5$, $y=x^2-2$, $y=-\frac{1}{x}$

→ y가 x에 대한 일차식이 아니므로 일차함수가 아니다.

 다음 중 y가 x에 대한 일차함수인 것은 ○표, 일차함수가 아닌 것은 ×표를 해 보자.

(1) $y=3x-5$ ( ) (2) $y=4-2x^2$ ( )

(3) $y=-\frac{x}{2}$ ( ) (4) $y=\frac{5}{x}+3$ ( )

답 (1) ○ (2) × (3) ○ (4) ×

꽉 잡아, 개념!

일차함수

함수 $y=f(x)$에서

$y=ax+b$ (a, b는 수, $a\neq0$)

와 같이 y가 x에 대한 일차식 으로 나타내어질 때, 이 함수 $y=f(x)$를 x에 대한 일차함수라 한다.

$$y=\underbrace{5x+2}_{x\text{에 대한 일차식}}$$

▶ 정답 및 풀이 22쪽

다음 문장에서 y를 x에 대한 식으로 나타내고, y가 x에 대한 일차함수인지 말하시오.

(1) 올해 x살인 은우의 6년 후의 나이 y살

(2) 시속 x km로 y시간 동안 걸은 거리 8 km

(3) 사탕 50개를 2개씩 x명이 먹고 남은 사탕의 개수 y개

풀이 (1) $y=x+6$이므로 y는 x에 대한 일차함수이다.

(2) $y=\frac{8}{x}$이고 분모에 x가 있으므로 일차함수가 아니다.

(3) $y=50-2x$이므로 y는 x에 대한 일차함수이다.

답 (1) $y=x+6$, 일차함수이다. (2) $y=\frac{8}{x}$, 일차함수가 아니다. (3) $y=50-2x$, 일차함수이다.

1-1 다음 중 y가 x에 대한 일차함수인 것을 모두 고르면? (정답 2개)

① $y-x=3-x$　② $xy=2$　③ $y=x^2-5$

④ $\frac{x}{2}+\frac{y}{5}=-1$　⑤ $y=x(x+6)-x^2$

일차함수 $f(x)=5x-1$에 대하여 다음을 구하시오.

(1) $f(0)+f(-1)$의 값　(2) $f(a)=9$일 때, 수 a의 값

풀이 (1) $f(0)=5\times0-1=-1$, $f(-1)=5\times(-1)-1=-6$

$\therefore f(0)+f(-1)=-1+(-6)=-7$

(2) $f(a)=5a-1$이므로 $5a-1=9$

$5a=10$　$\therefore a=2$

답 (1) -7 (2) 2

2-1 일차함수 $f(x)=-3x+2$에 대하여 다음을 구하시오.

(1) $f(-2)-f\left(\frac{4}{3}\right)$의 값　(2) $f(a)=-7$일 때, 수 a의 값

26 일차함수 $y=ax+b$의 그래프

* QR코드를 스캔하여 개념 영상을 확인하세요.

●● 두 일차함수 $y=ax$와 $y=ax+b$의 그래프 사이에는 어떤 관계가 있을까?

두 일차함수 $y=2x$와 $y=2x+4$의 그래프 사이의 관계를 알아보고, 이를 이용하여 일차함수 $y=2x+4$의 그래프를 그려 보자.

먼저 같은 x의 값에 대하여 두 일차함수 $y=2x$와 $y=2x+4$의 함숫값을 비교해 보면 다음 표와 같다.

x	$\cdots$	-2	-1	0	1	2	$\cdots$
$2x$	$\cdots$	-4	-2	0	2	4	$\cdots$
$2x+4$	$\cdots$	0	2	4	6	8	$\cdots$

(각 값에 $+4$)

위의 표에서 같은 x의 값에 대하여 일차함수 $y=2x+4$의 함숫값은 일차함수 $y=2x$의 함숫값보다 항상 4만큼 크다.

즉, 같은 x의 값에 대하여 일차함수 $y=2x+4$의 그래프 위의 점은 일차함수 $y=2x$의 그래프 위의 점보다 항상 4만큼 위에 있다.

따라서 일차함수 $y=2x+4$의 그래프는 일차함수 $y=2x$의 그래프보다 항상 4만큼 위에 있어야 하므로 다음 그림과 같이 y축의 방향으로 4만큼 평행하게 이동한 직선이 된다.

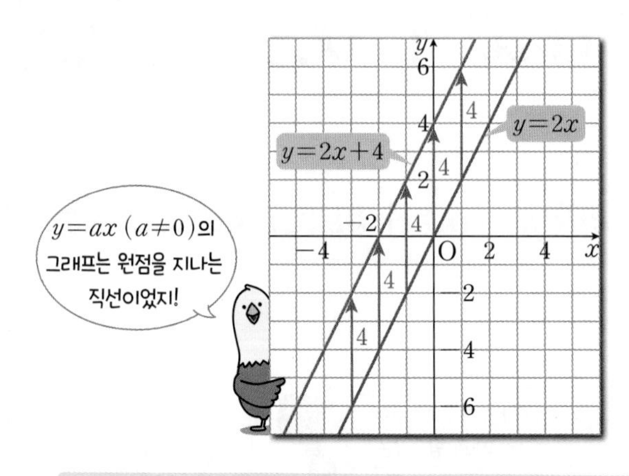

▶ 평행이동은 도형을 옮기기만 하는 것이므로 모양이나 크기는 변하지 않는다.

이와 같이 한 도형을 일정한 방향으로 일정한 거리만큼 이동하는 것을 **평행이동**이라 한다.

일반적으로 일차함수 $y=ax+b$의 그래프는 일차함수 $y=ax$의 그래프를 y축의 방향으로 b만큼 평행이동한 직선이다.

$$\boldsymbol{y=ax}\ \text{의 그래프} \xrightarrow[b\text{만큼 평행이동}]{y\text{축의 방향으로}} \boldsymbol{y=ax+b}\ \text{의 그래프}$$

예를 들어 두 일차함수 $y=4x+2$, $y=4x-2$의 그래프는 일차함수 $y=4x$의 그래프를 y축의 방향으로 각각 2, -2만큼 평행이동한 직선이다.

$$\boldsymbol{y=4x} \xrightarrow[2\text{만큼 평행이동}]{y\text{축의 방향으로}} \boldsymbol{y=4x+2}$$

$$\boldsymbol{y=4x} \xrightarrow[-2\text{만큼 평행이동}]{y\text{축의 방향으로}} \boldsymbol{y=4x-2}$$

이제 일차함수 $y=ax$의 그래프를 y축의 방향으로 b만큼 평행이동한 $y=ax+b$의 그래프를 $b>0$일 때와 $b<0$일 때로 나누어 비교해 보자.

아래로 내려!

$b>0$	$b<0$
위로 올려!	
$y=ax+b$의 그래프는 $y=ax$의 그래프를 y축의 양의 방향으로 평행이동한 직선	$y=ax+b$의 그래프는 $y=ax$의 그래프를 y축의 음의 방향으로 평행이동한 직선

다음 □ 안에 알맞은 수를 써넣어 보자.

(1) $y=3x \xrightarrow[\square\text{만큼 평행이동}]{y\text{축의 방향으로}} y=3x+2$

(2) $y=-\frac{4}{5}x \xrightarrow[\square\text{만큼 평행이동}]{y\text{축의 방향으로}} y=-\frac{4}{5}x-3$

답 (1) 2 (2) -3

회색 글씨를 따라 쓰면서 개념을 정리해 보자!

꽉 잡아, 개념!

(1) **평행이동**: 한 도형을 일정한 방향으로 일정한 거리만큼 이동하는 것

(2) **일차함수 $y=ax+b$의 그래프**

일차함수 $y=ax+b$ $(b\neq0)$의 그래프는 일차함수 $y=ax$의 그래프를 y축의 방향으로 b만큼 평행이동한 직선이다.

① $b>0$: y축의 양의 방향으로 이동

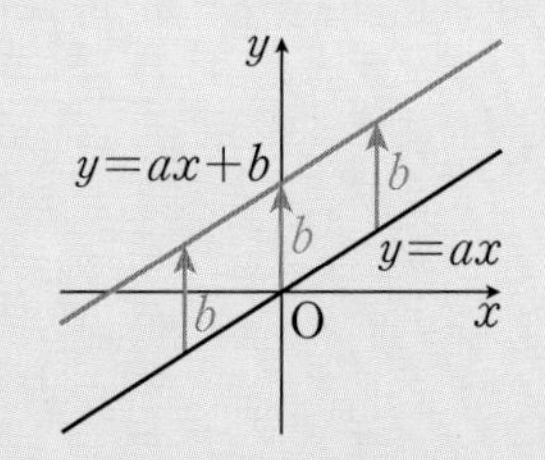

② $b<0$: y축의 음의 방향으로 이동

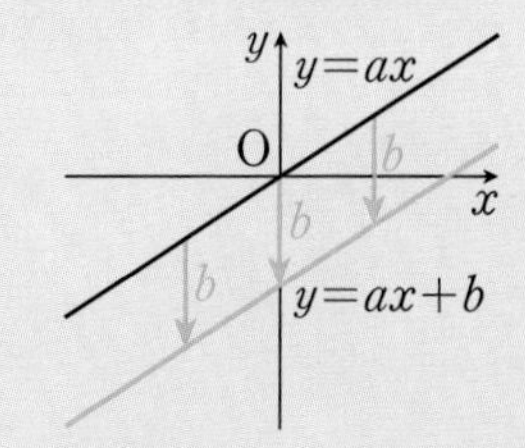

오른쪽 그림은 일차함수 $y=-2x$의 그래프이다. 이 그래프를 이용하여 좌표평면 위에 다음 일차함수의 그래프를 그리시오.

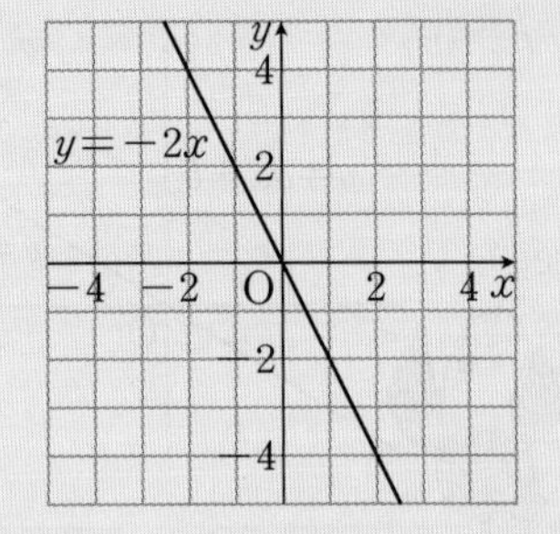

(1) $y=-2x+2$

(2) $y=-2x-4$

풀이 (1) $y=-2x+2$의 그래프는 $y=-2x$의 그래프를 y축의 방향으로 2만큼 평행이동한 그래프이다.

(2) $y=-2x-4$의 그래프는 $y=-2x$의 그래프를 y축의 방향으로 -4만큼 평행이동한 그래프이다.

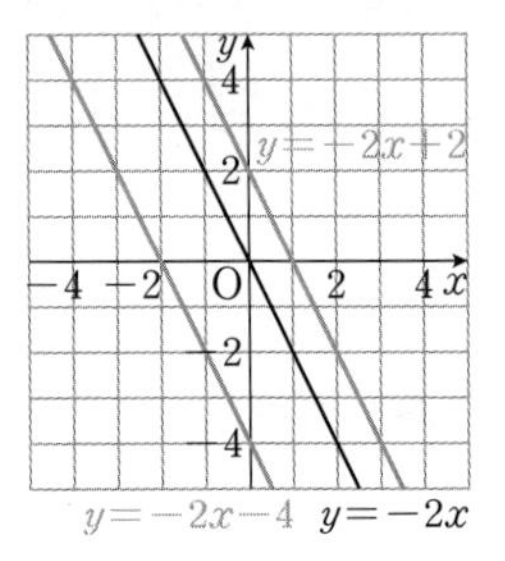

답 풀이 참조

1-1 아래 그림은 각각 일차함수 $y=\frac{1}{2}x$와 $y=-3x$의 그래프이다. 이 그래프를 이용하여 좌표평면 위에 다음 일차함수의 그래프를 그리시오.

(1) $y=\frac{1}{2}x-3$

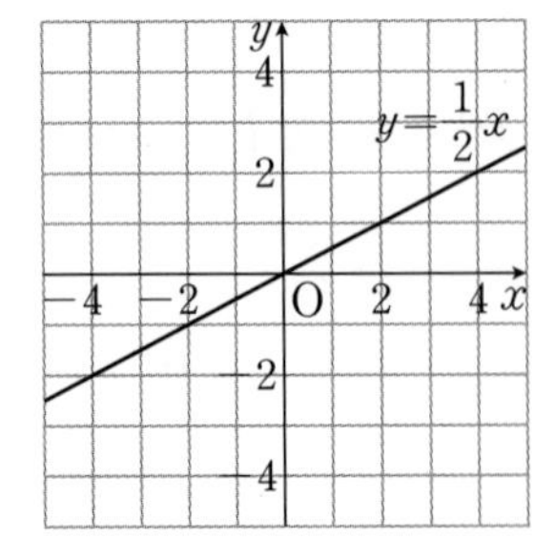

(2) $y=-3x+4$

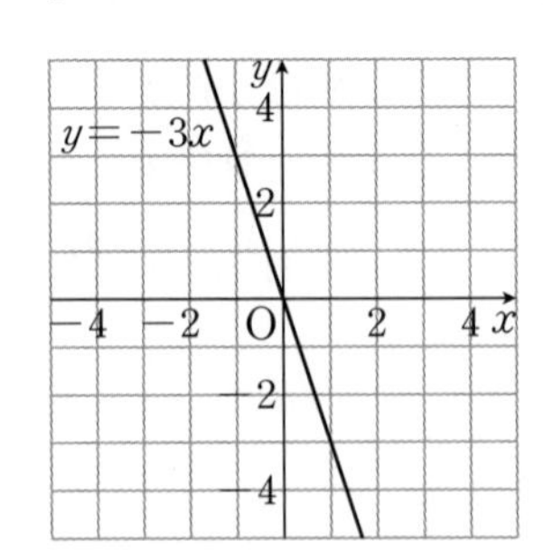

▶ 정답 및 풀이 22쪽

2 다음 일차함수의 그래프를 y축의 방향으로 [ ] 안의 수만큼 평행이동한 그래프의 식을 구하시오.

(1) $y=2x$ $\left[\frac{1}{6}\right]$

(2) $y=-x+5$ $[-3]$

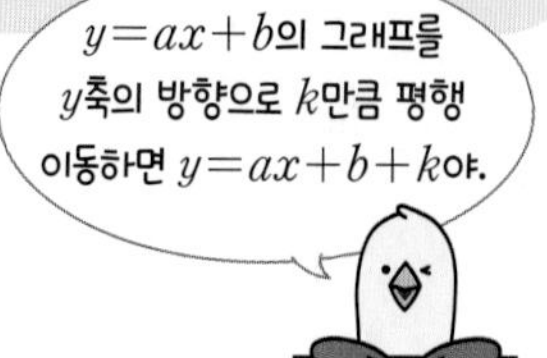

풀이 (1) $y=2x$의 그래프를 y축의 방향으로 $\frac{1}{6}$만큼 평행이동한 그래프의 식은 $y=2x+\frac{1}{6}$이다.

(2) $y=-x+5$의 그래프를 y축의 방향으로 -3만큼 평행이동한 그래프의 식은 $y=-x+5-3$, 즉 $y=-x+2$이다.

답 (1) $y=2x+\frac{1}{6}$ (2) $y=-x+2$

2-1 다음 일차함수의 그래프를 y축의 방향으로 [ ] 안의 수만큼 평행이동한 그래프의 식을 구하시오.

(1) $y=-5x$ $\left[\frac{3}{2}\right]$

(2) $y=\frac{1}{3}x-1$ $[-4]$

2-2 다음 보기의 일차함수 중 그 그래프가 일차함수 $y=-4x$의 그래프를 y축의 방향으로 평행이동한 그래프인 것을 모두 고르시오.

보기

ㄱ. $y=-\frac{1}{4}x+2$

ㄴ. $y=\frac{1}{4}x-3$

ㄷ. $y=-4x-\frac{1}{5}$

ㄹ. $y=4(1-x)$

12
일차함수의 그래프와 그 활용

#절편 #기울기

#직선이 #오른쪽 위로

#오른쪽 아래로 #평행

#일치 #일차함수의 그래프

#일차함수의 활용

▶ 정답 및 풀이 23쪽

● 이 관광지는 페루 중남부 안데스산맥에 있는 옛 잉카 제국의 도시 유적이다. 1911년에 발견되기 전까지 수풀에 갇힌 채 그 존재를 아무도 몰랐다고 하여 '잃어버린 도시'라 불린다.

다음 정비례 관계의 그래프에 대한 설명이 옳으면 ○, 옳지 않으면 ×에 있는 글자를 골라 이 관광지의 이름을 알아보자.

	설명		
(1)	정비례 관계의 그래프는 원점을 지나는 직선이다.	○	마
		×	아
(2)	정비례 관계 $y=2x$의 그래프는 오른쪽 아래로 향하는 직선이다.	○	하
		×	추
(3)	정비례 관계 $y=-x$의 그래프는 제1사분면과 제3사분면을 지난다.	○	스
		×	픽
(4)	정비례 관계 $y=-5x$의 그래프는 x의 값이 증가하면 y의 값은 감소한다.	○	추
		×	탄

(1)	(2)	(3)	(4)

* QR코드를 스캔하여 개념 영상을 확인하세요.

27 일차함수의 그래프의 절편과 기울기

●● 일차함수의 그래프가 좌표축과 만나는 점을 알아볼까?

함수의 그래프가 x축과 만나는 점의 x좌표를 그 그래프의 **x절편**, y축과 만나는 점의 y좌표를 그 그래프의 **y절편**이라 한다.

일차함수 $y=x+2$의 그래프의 x절편과 y절편을 알아보자.

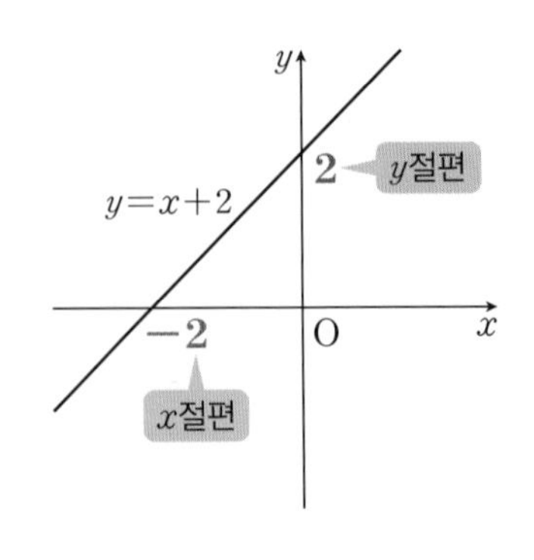

오른쪽 그림에서 일차함수 $y=x+2$의 그래프가

x축과 만나는 점의 x좌표는 -2,

y축과 만나는 점의 y좌표는 2

이다.

따라서 일차함수 $y=x+2$의 그래프의

x절편은 -2,

y절편은 2

이다.

이제 일차함수 $y=ax+b$의 그래프의 x절편과 y절편을 구하는 방법을 알아보자.

일차함수 $y=ax+b$의 그래프가 x축과 만나는 점의 y좌표는 0이므로 x절편은 $y=ax+b$에 $y=0$을 대입하면 구할 수 있다.
또, 일차함수 $y=ax+b$의 그래프가 y축과 만나는 점의 x좌표는 0이므로 y절편은 $y=ax+b$에 $x=0$을 대입하면 구할 수 있다.

$y=ax+b$에 ┬ $y=0$을 대입하면 → x절편: $-\frac{b}{a}$
　　　　　　└ $x=0$을 대입하면 → y절편: b

다음 일차함수의 그래프의 x절편과 y절편을 각각 구해 보자.

(1)
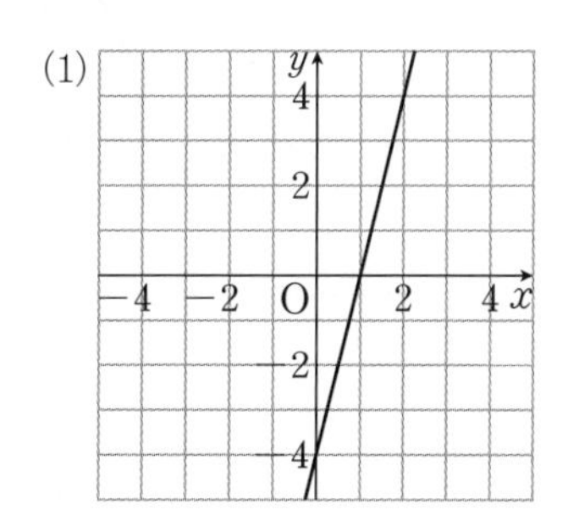

⇨ x절편: ______, y절편: ______

(2)
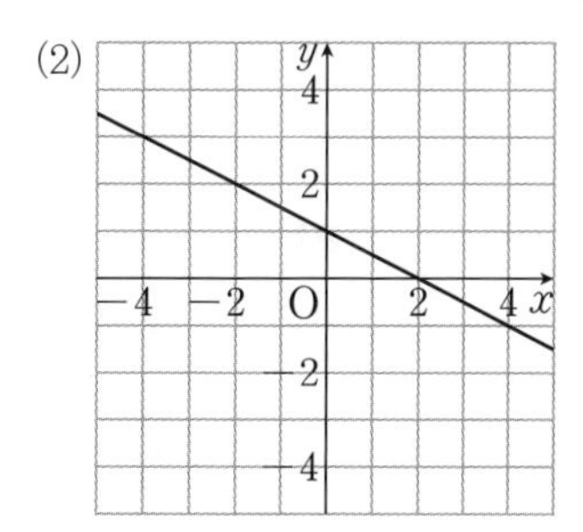

⇨ x절편: ______, y절편: ______

답 (1) 1, -4　(2) 2, 1

•• 직선의 기울어진 정도는 어떻게 알 수 있을까?

스키장의 슬로프가 기울어진 정도는 $\frac{(\text{수직 거리})}{(\text{수평 거리})}$로 구할 수 있다.

이제 일차함수의 그래프의 기울어진 정도에 대하여 알아보자.

예를 들어 일차함수 $y=2x-1$에서 x의 값에 따라 정해지는 y의 값을 표로 나타내면 다음과 같다.

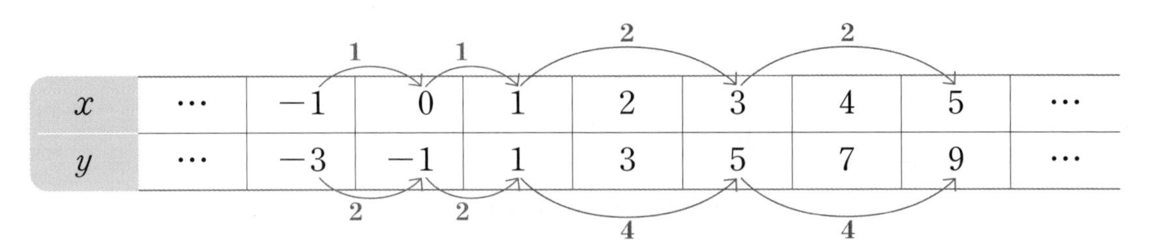

x	$\cdots$	-1	0	1	2	3	4	5	$\cdots$
y	$\cdots$	-3	-1	1	3	5	7	9	$\cdots$

위의 표에서 x의 값이 1만큼 증가하면 y의 값은 2만큼 증가하고, x의 값이 2만큼 증가하면 y의 값은 4만큼 증가한다.

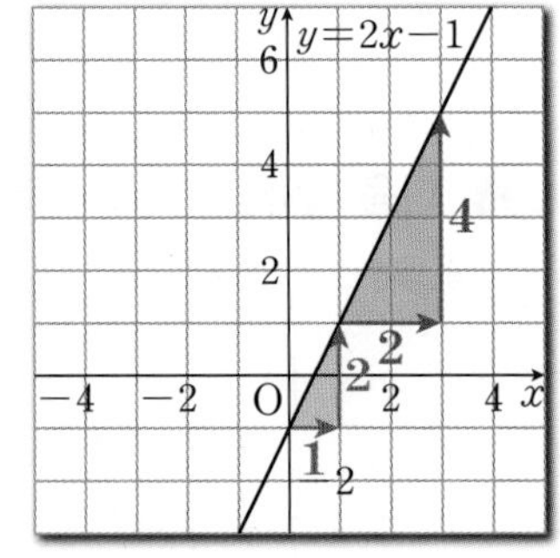

따라서 x의 값의 증가량에 대한 y의 값의 증가량의 비율은

$$\frac{(\boldsymbol{y}\text{의 값의 증가량})}{(\boldsymbol{x}\text{의 값의 증가량})}=\frac{2}{1}=\frac{4}{2}=2$$

로 일정하고, 이 값은 일차함수 $y=2x-1$에서 x의 계수 2와 같음을 알 수 있다.

일반적으로 일차함수 $y=ax+b$에서 x의 값의 증가량에 대한 y의 값의 증가량의 비율은 항상 일정하며, 이 비율은 x의 계수 a와 같다.

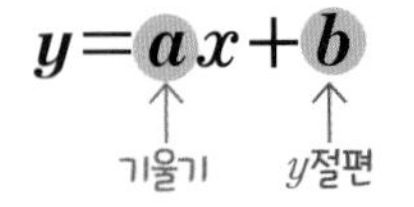

이 증가량의 비율 a를 일차함수 $y=ax+b$의 그래프의 **기울기**라 한다.

일차함수 $y=ax+b$의 그래프에서

$$(\text{기울기})=\frac{(\boldsymbol{y}\text{의 값의 증가량})}{(\boldsymbol{x}\text{의 값의 증가량})}=\boldsymbol{a}$$

x의 계수

한편, 서로 다른 두 점 (x_1, y_1), (x_2, y_2)를 지나는 일차함수의 그래프의 기울기는

$$\frac{y_2-y_1}{x_2-x_1} \text{ 또는 } \frac{y_1-y_2}{x_1-x_2}$$

와 같이 구할 수 있다.

다음 □ 안에 알맞은 수를 써넣고, 일차함수의 그래프의 기울기를 구해 보자.

(1)

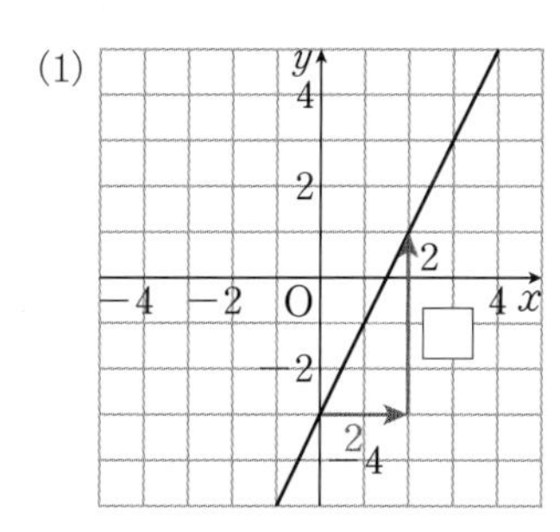

⇨ (기울기)$=\frac{\square}{2}=\square$

(2)

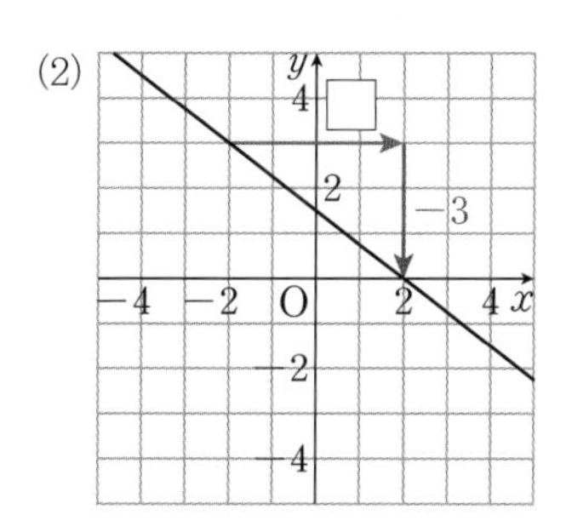

⇨ (기울기)$=\frac{-3}{\square}=\square$

▶ x의 값이 증가할 때, y의 값이 감소하는 경우에 y의 값의 증가량은 음수로 나타낸다.

답 (1) 4, 4, 2 (2) 4, 4, $-\frac{3}{4}$

회색 글씨를 따라 쓰면서 개념을 정리해 보자!

꽉 잡아, 개념!

(1) 일차함수의 그래프의 x절편과 y절편

① x절편: 함수의 그래프가 x축과 만나는 점의 x좌표

➡ $y=0$일 때, x의 값

② y절편: 함수의 그래프가 y축과 만나는 점의 y좌표

➡ $x=0$일 때, y의 값

③ 일차함수 $y=ax+b\,(a\neq 0)$의 그래프에서 x절편은 $-\frac{b}{a}$, y절편은 b이다.

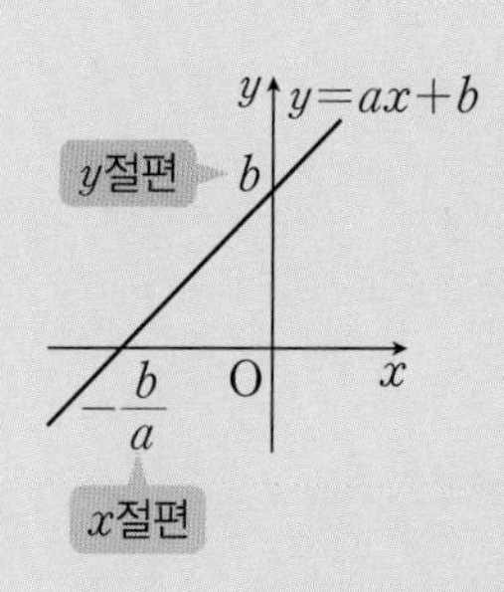

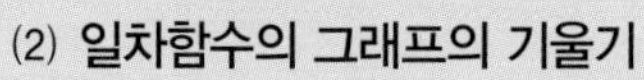

(2) 일차함수의 그래프의 기울기

① 기울기: x의 값의 증가량에 대한 y의 값의 증가량의 비율

② 일차함수 $y=ax+b$의 그래프에서

$$(\text{기울기})=\frac{(y\text{의 값의 증가량})}{(x\text{의 값의 증가량})}=a$$

1 다음 일차함수의 그래프의 x절편과 y절편, 기울기를 각각 구하시오.

(1) $y=\frac{1}{2}x+3$　　(2) $y=-x-5$

x절편은 $y=0$을 대입, y절편은 $x=0$을 대입해서 구해야 해.

풀이 (1) $y=0$일 때 $0=\frac{1}{2}x+3$이므로 $x=-6$, $x=0$일 때 $y=3$
따라서 x절편은 -6, y절편은 3이고, 기울기는 $\frac{1}{2}$이다.
(2) $y=0$일 때 $0=-x-5$이므로 $x=-5$, $x=0$일 때 $y=-5$
따라서 x절편은 -5, y절편은 -5이고, 기울기는 -1이다.

답 (1) x절편: -6, y절편: 3, 기울기: $\frac{1}{2}$ (2) x절편: -5, y절편: -5, 기울기: -1

1-1 다음 일차함수의 그래프의 x절편과 y절편, 기울기를 각각 구하시오.

(1) $y=3x+2$　　(2) $y=-6x-3$

(3) $y=\frac{4}{5}x-1$　　(4) $y=7-\frac{7}{2}x$

1-2 다음 일차함수의 그래프 중 x절편과 y절편이 같은 것은?

① $y=x-1$　② $y=2x-6$　③ $y=5x+5$
④ $y=4-x$　⑤ $y=-9-3x$

▶ 정답 및 풀이 23쪽

2 **일차함수 $y=-2x+5$의 그래프에서 x의 값이 -2에서 2까지 증가할 때, 다음을 구하시오.**

(1) 기울기 (2) x의 값의 증가량 (3) y의 값의 증가량

풀이 (2) (x의 값의 증가량)$=2-(-2)=4$

(3) (기울기)$=\dfrac{(y\text{의 값의 증가량})}{4}=-2$이므로

(y의 값의 증가량)$=-2\times4=-8$

답 (1) -2 (2) 4 (3) -8

2-1 **다음을 구하시오.**

(1) 일차함수 $y=4x-6$의 그래프에서 x의 값의 증가량이 3일 때, y의 값의 증가량

(2) 일차함수 $y=-\dfrac{2}{3}x+1$의 그래프에서 x의 값이 1에서 4까지 증가할 때, y의 값의 증가량

3 **다음 두 점을 지나는 일차함수의 그래프의 기울기를 구하시오.**

(1) $(-1,\ 3)$, $(1,\ 9)$ (2) $(4,\ -6)$, $(0,\ -2)$

풀이 (1) (기울기)$=\dfrac{9-3}{1-(-1)}=\dfrac{6}{2}=3$

(2) (기울기)$=\dfrac{-2-(-6)}{0-4}=\dfrac{4}{-4}=-1$

답 (1) 3 (2) -1

3-1 **다음 두 점을 지나는 일차함수의 그래프의 기울기를 구하시오.**

(1) $(1,\ 0)$, $(-3,\ 8)$ (2) $(-2,\ -7)$, $(2,\ 3)$

* QR코드를 스캔하여 개념 영상을 확인하세요.

28 일차함수의 그래프의 성질

•• 일차함수의 그래프의 모양을 기울기의 부호로 알 수 있을까?

일차함수 $y=2x+1$의 그래프의 기울기는 2이므로 x의 값이 1만큼 증가할 때 y의 값은 2만큼 증가하고, 오른쪽 위로 향하는 직선이다.
또, 일차함수 $y=-x-2$의 그래프의 기울기는 -1이므로 x의 값이 1만큼 증가할 때 y의 값은 1만큼 감소하고, 오른쪽 아래로 향하는 직선이다.

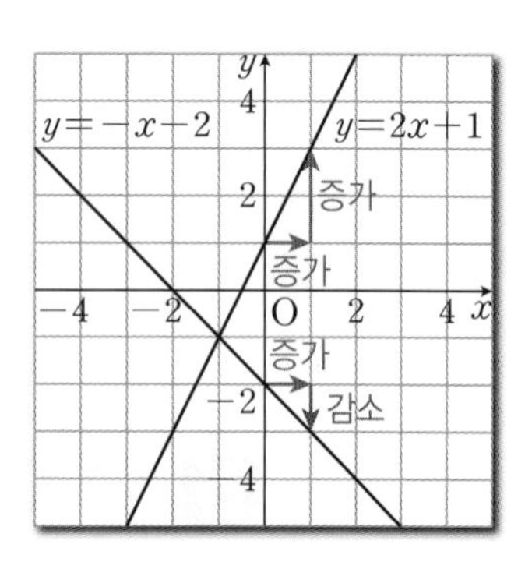

일반적으로 $y=ax+b$의 그래프는 기울기 a가 양수이면 오른쪽 위로 향하는 직선이고, 기울기 a가 음수이면 오른쪽 아래로 향하는 직선이다.

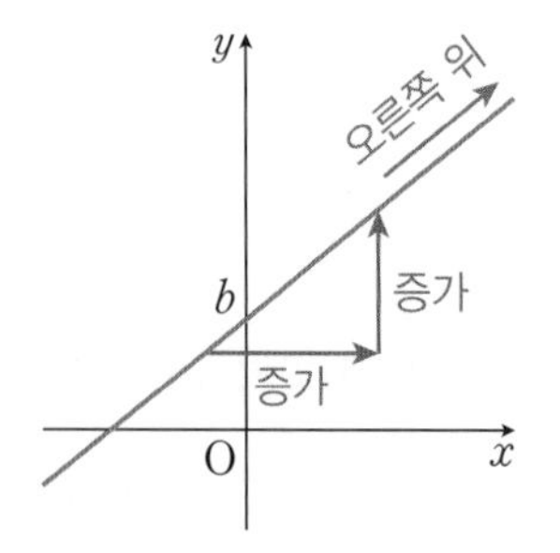

$a>0$일 때 $y=ax+b$의 그래프는!

- 오른쪽 위로 향하는 직선이다.
- x의 값이 증가하면 y의 값도 증가한다.

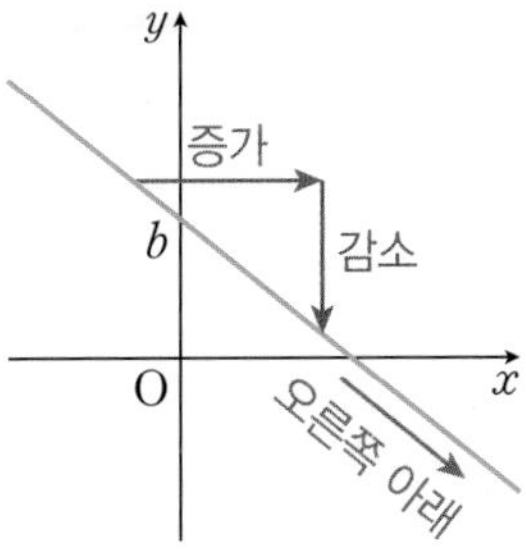

$a<0$일 때 $y=ax+b$의 그래프는!

- 오른쪽 아래로 향하는 직선이다.
- x의 값이 증가하면 y의 값은 감소한다.

참고 일차함수 $y=ax+b$의 그래프에서 $b>0$이면 y축과 양의 부분에서 만난다. / $b<0$이면 y축과 음의 부분에서 만난다.

다음 중 옳은 것에 ○표를 해 보자.

(1) 일차함수 $y=4x-5$의 그래프는 기울기가 (양수, 음수)이므로 오른쪽 (위, 아래)로 향하는 직선이다.

(2) 일차함수 $y=-\frac{1}{2}x+3$의 그래프는 기울기가 (양수, 음수)이므로 오른쪽 (위, 아래)로 향하는 직선이다.

답 (1) 양수, 위 (2) 음수, 아래

꽉 잡아, 개념!

일차함수 $y=ax+b$의 그래프에서

	$a>0$일 때	$a<0$일 때
그래프	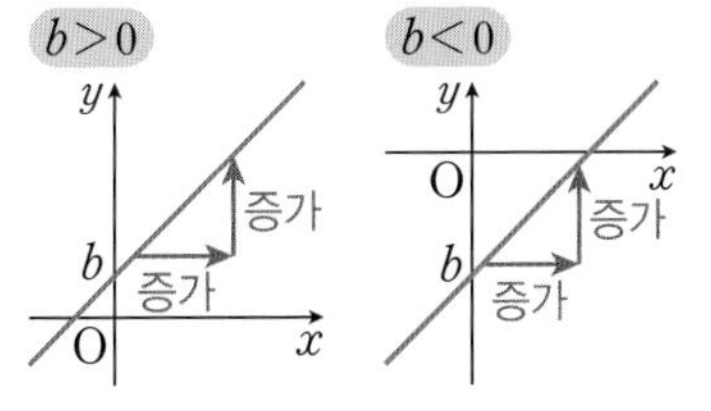	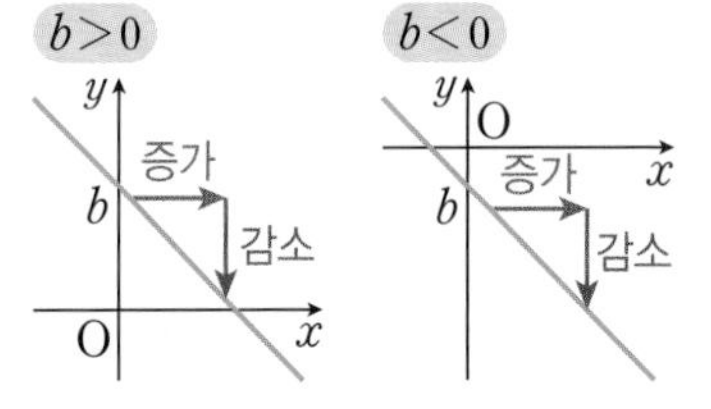
그래프의 모양	오른쪽 위로 향하는 직선	오른쪽 아래로 향하는 직선
증가 · 감소	x의 값이 증가하면 y의 값도 증가	x의 값이 증가하면 y의 값은 감소
그래프가 y축과 만나는 부분	① $b>0$일 때: y축과 양의 부분에서 만난다. ➡ y절편이 양수 ② $b<0$일 때: y축과 음의 부분에서 만난다. ➡ y절편이 음수	

▶ 정답 및 풀이 24쪽

1

다음 조건을 만족하는 일차함수의 그래프를 보기에서 모두 고르시오.

보기

ㄱ. $y=3x-4$　　ㄴ. $y=-x+5$　　ㄷ. $y=\frac{1}{6}x+2$

ㄹ. $y=-4x+\frac{1}{2}$　　ㅁ. $y=\frac{5}{3}x$　　ㅂ. $y=-7x-1$

$y=ax+b$에서 그래프의 모양은 a의 부호로! y축과 만나는 부분은 b의 부호로!

(1) 오른쪽 위로 향하는 직선

(2) x의 값이 증가할 때, y의 값은 감소하는 직선

(3) y축과 양의 부분에서 만나는 직선

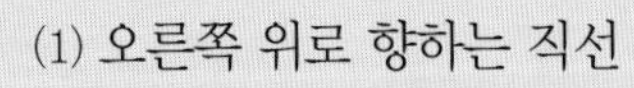

풀이 (1) 오른쪽 위로 향하는 직선은 기울기가 양수이므로 ㄱ, ㄷ, ㅁ이다.

(2) x의 값이 증가할 때, y의 값은 감소하는 직선은 기울기가 음수이므로 ㄴ, ㄹ, ㅂ이다.

(3) y축과 양의 부분에서 만나는 직선은 y절편이 양수이므로 ㄴ, ㄷ, ㄹ이다.

답 (1) ㄱ, ㄷ, ㅁ　(2) ㄴ, ㄹ, ㅂ　(3) ㄴ, ㄷ, ㄹ

1-1

다음 중 일차함수 $y=-\frac{3}{4}x+1$의 그래프에 대한 설명으로 옳은 것은 ○표, 옳지 않은 것은 ×표를 하시오.

(1) 오른쪽 아래로 향하는 직선이다. (　　)

(2) x의 값이 4만큼 증가할 때, y의 값은 3만큼 증가한다. (　　)

(3) y축과 음의 부분에서 만난다. (　　)

1-2

일차함수 $y=ax+b$의 그래프가 오른쪽 그림과 같을 때, 수 a, b의 부호를 각각 정하시오.

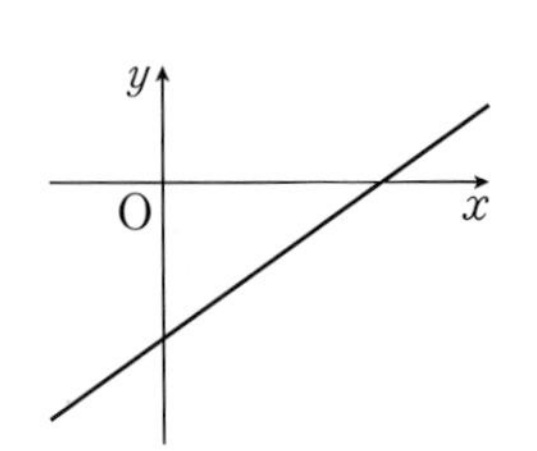

29

* QR코드를 스캔하여 개념 영상을 확인하세요.

일차함수의 그래프의 평행과 일치

●● 기울기가 같은 두 일차함수의 그래프 사이에는 어떤 관계가 있을까?

기울기가 같은 두 일차함수 $y=3x+3$, $y=3x-2$의 그래프를 살펴보자.

오른쪽 그림과 같이 두 일차함수 $y=3x+3$, $y=3x-2$의 그래프는 일차함수 $y=3x$의 그래프를 y축의 방향으로 각각 3, -2만큼 평행이동한 것이므로 서로 평행하다.

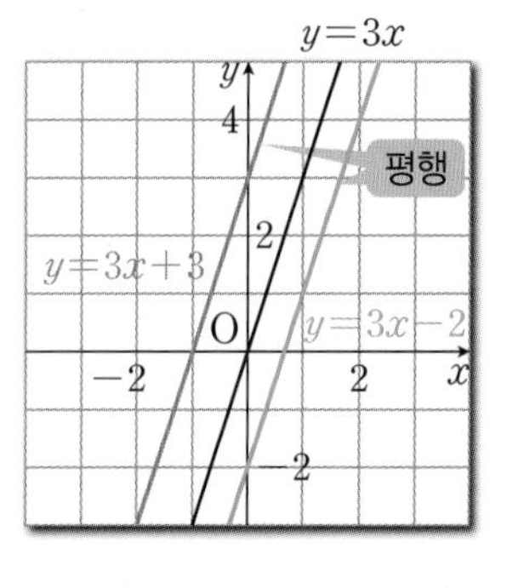

일반적으로 기울기가 같고 y절편이 다른 두 일차함수의 그래프는 서로 평행하다.

▶ 서로 평행한 두 일차함수의 그래프의 기울기는 같다.

두 일차함수 $y=ax+b$, $y=cx+d$의 그래프에서

$a=c$, $b\neq d$이면 → 평행

기울기는 같다 / y절편은 다르다

$y=3x+3$
$y=3x-2$
같다 다르다

이번에는 두 일차함수 $y=3x+3$, $y=3(x+1)$의 그래프를 살펴보자.

$y=3(x+1)$에서 $y=3x+3$이므로 두 일차함수의 그래프의 기울기는 모두 3으로 같고, y절편도 3으로 같다.
따라서 오른쪽 그림과 같이 두 일차함수 $y=3x+3$, $y=3(x+1)$의 그래프는 일치한다.

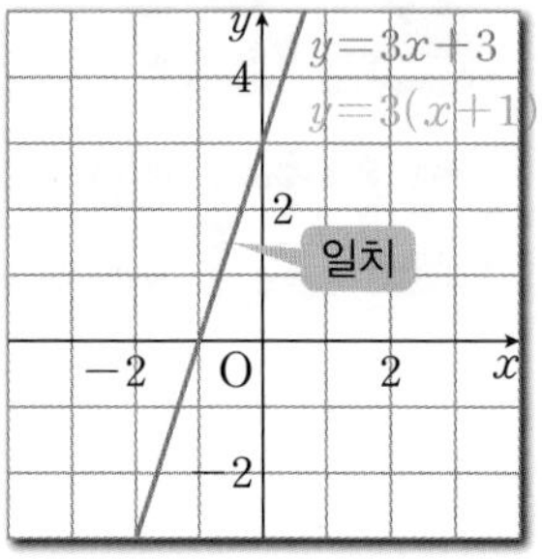

일반적으로 기울기가 같고 y절편도 같은 두 일차함수의 그래프는 일치한다.

$y=3x+3$
$y=3x+3$
같다 같다

두 일차함수 $y=ax+b$, $y=cx+d$의 그래프에서

$a=c$, $b=d$이면 → 일치

기울기는 같다 y절편도 같다

다음 두 일차함수의 그래프가 서로 평행하면 '평', 일치하면 '일'을 써 보자.

(1) $y=2x$, $y=2x+2$ ( )

(2) $y=-5x+6$, $y=-5x-6$ ( )

(3) $y=-\frac{1}{4}x+1$, $y=-\frac{1}{4}(x-4)$ ( )

답 (1) 평 (2) 평 (3) 일

꽉 잡아, 개념!

(1) 기울기가 같은 두 일차함수의 그래프는 서로 평행하거나 일치한다.

① 기울기가 같고 y절편이 다르면 ➡ 평행하다.

② 기울기가 같고 y절편도 같으면 ➡ 일치한다.

(2) 서로 평행한 두 일차함수의 그래프의 기울기는 같다.

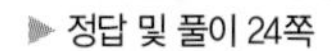 ▶ 정답 및 풀이 24쪽

아래 보기의 일차함수의 그래프에 대하여 다음 물음에 답하시오.

보기

ㄱ. $y=x+5$　　ㄴ. $y=-2x+4$　　ㄷ. $y=\frac{1}{3}x-1$

ㄹ. $y=3x+1$　　ㅁ. $y=\frac{1}{3}(2+3x)$　　ㅂ. $y=-2(x-2)$

(1) 서로 평행한 것끼리 짝 지으시오.　　(2) 일치하는 것끼리 짝 지으시오.

풀이 ㅁ. $y=\frac{1}{3}(2+3x)=x+\frac{2}{3}$　　ㅂ. $y=-2(x-2)=-2x+4$

(1) 서로 평행한 그래프는 기울기가 같고 y절편이 다르므로 ㄱ과 ㅁ이다.

(2) 일치하는 그래프는 기울기가 같고 y절편도 같으므로 ㄴ과 ㅂ이다.

답 (1) ㄱ과 ㅁ　(2) ㄴ과 ㅂ

1-1 다음 일차함수 중 그 그래프가 오른쪽 그림과 같은 그래프와 평행한 것은?

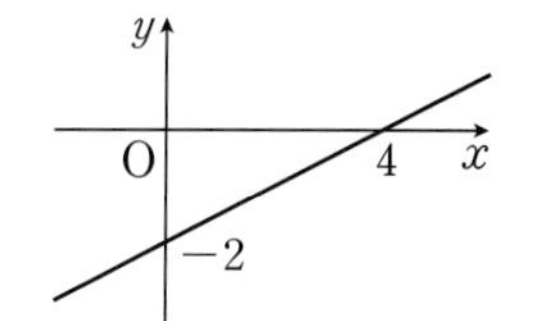

① $y=-2x+1$　　② $y=-\frac{1}{2}x+3$

③ $y=\frac{1}{2}x-2$　　④ $y=\frac{1}{2}x+4$

⑤ $y=2x+5$

두 일차함수 $y=-ax-4$, $y=\frac{1}{5}x+2$의 그래프가 서로 평행할 때, 수 a의 값을 구하시오.

풀이 $-a=\frac{1}{5}$이므로 $a=-\frac{1}{5}$

답 $-\frac{1}{5}$

2-1 두 일차함수 $y=2ax-1$, $y=8x-b$의 그래프가 일치할 때, 수 a, b의 값을 각각 구하시오.

30 일차함수의 그래프 그리기

* QR코드를 스캔하여 개념 영상을 확인하세요.

●● 일차함수의 그래프는 어떻게 그릴까?

서로 다른 두 점을 지나는 직선은 오직 하나뿐이므로 서로 다른 두 점을 알면 직선을 그릴 수 있다.
이때 일차함수의 그래프는 직선이므로 그래프 위의 서로 다른 두 점을 직선으로 연결하여 그 그래프를 그릴 수 있다.

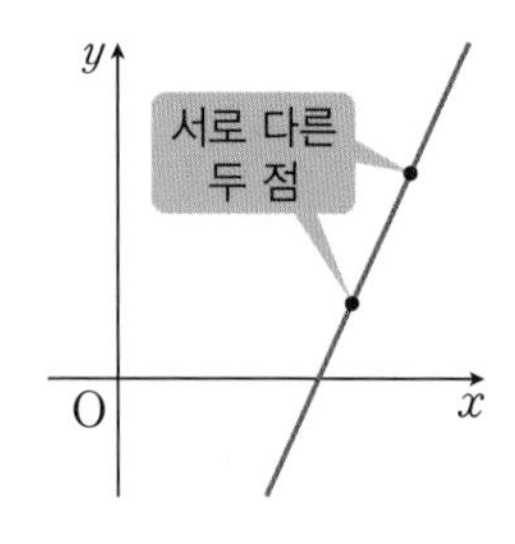

▶ 일차함수의 그래프 위의 서로 다른 두 점을 찾을 때, 정수인 좌표를 찾으면 좌표평면에 쉽게 표시할 수 있다.

일차함수 $y=3x-1$의 그래프 위의 서로 다른 두 점을 연결하여 그래프를 그려 보자.

$y=3x-1$에서 ┌ $x=0$일 때, $y=3\times0-1=-1$
　　　　　　 └ $x=1$일 때, $y=3\times1-1=2$

즉, 일차함수 $y=3x-1$의 그래프는 두 점 $(0, -1)$, $(1, 2)$를 연결한 직선이다.

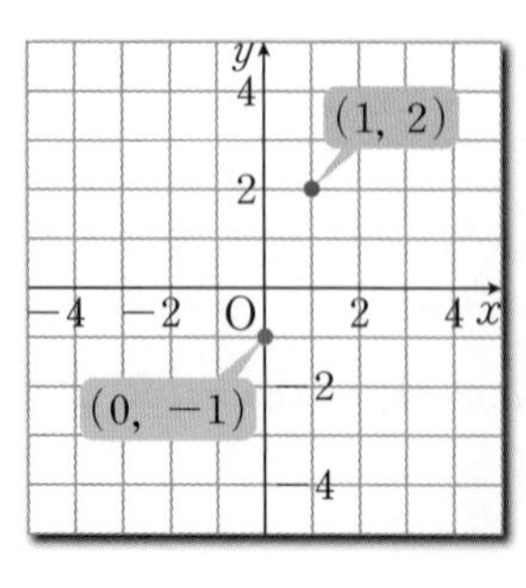

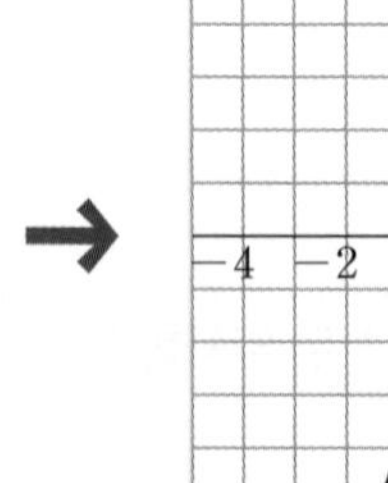

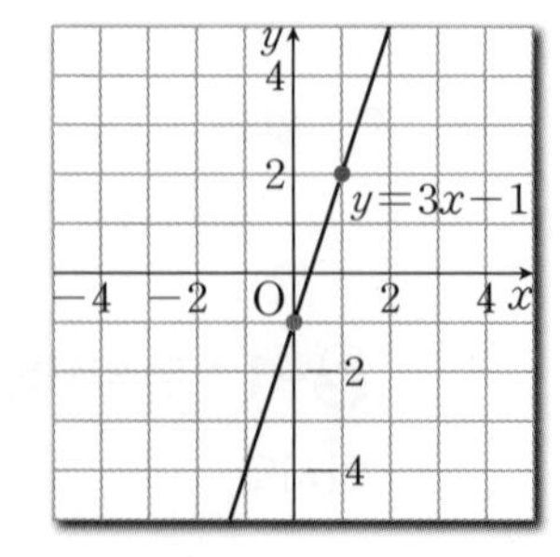

다음 일차함수의 그래프 위에 있는 두 점을 이용하여 좌표평면 위에 그래프를 그려 보자.

(1) $y=-x-3$

⇨ $(0,\ \square)$, $(1,\ \square)$

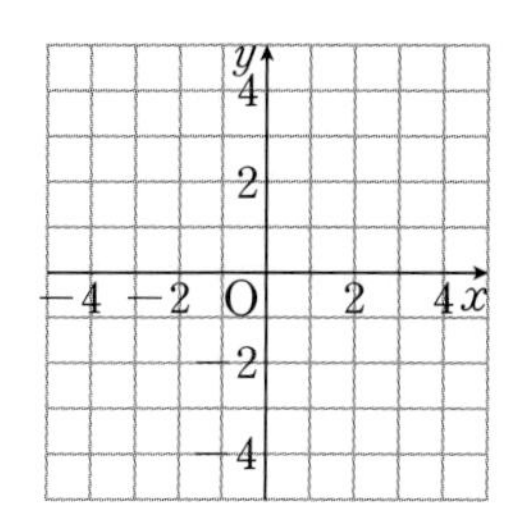

(2) $y=\frac{1}{4}x+2$

⇨ $(0,\ \square)$, $(4,\ \square)$

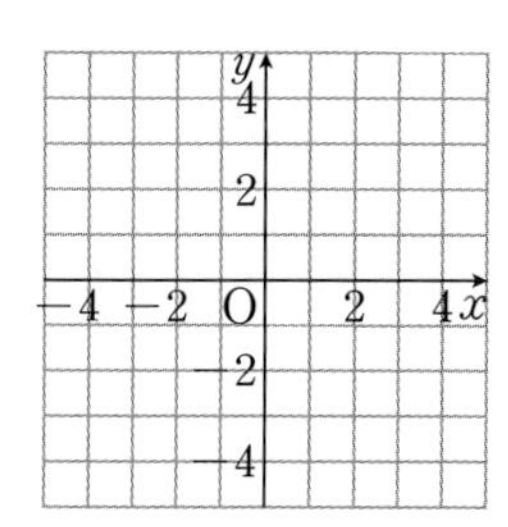

답 (1) -3, -4,

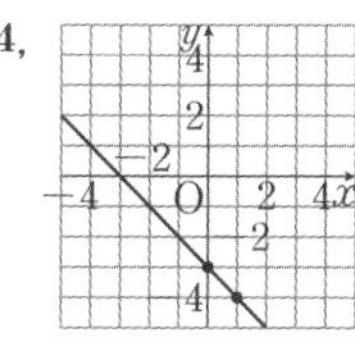

(2) 2, 3,

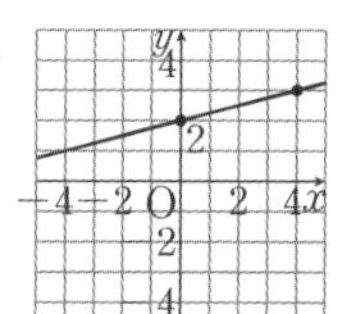

●● x절편과 y절편을 이용하여 일차함수의 그래프를 그려 볼까?

일차함수의 그래프가 원점을 지나지 않을 때, x절편과 y절편을 알면 그래프가 x축, y축과 각각 만나는 점을 알 수 있다.

이를 이용하여 일차함수 $y=-\frac{3}{2}x+3$의 그래프를 그려 보자.

두 점 $(2,\ 0)$, $(0,\ 3)$을 직선으로 연결!

❶ x절편, y절편을 각각 구하기

❷ 두 점 (x절편, 0), (0, y절편)을 좌표평면 위에 나타내기

❸ 두 점을 직선으로 연결하기

$y=-\frac{3}{2}x+3$에서

$y=0$일 때, $x=2$

$x=0$일 때, $y=3$

즉, x절편: 2, y절편: 3

→

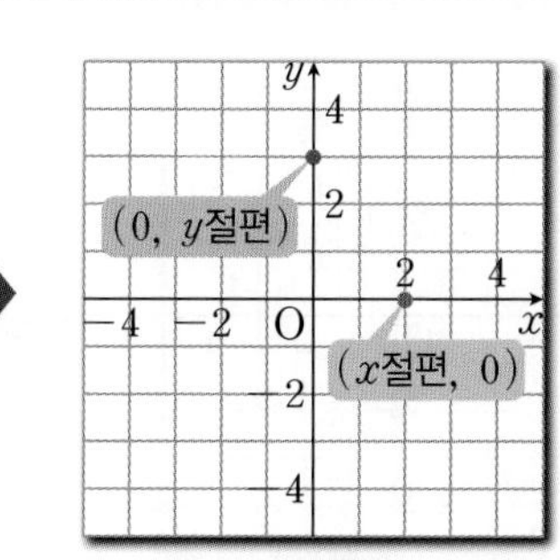

→

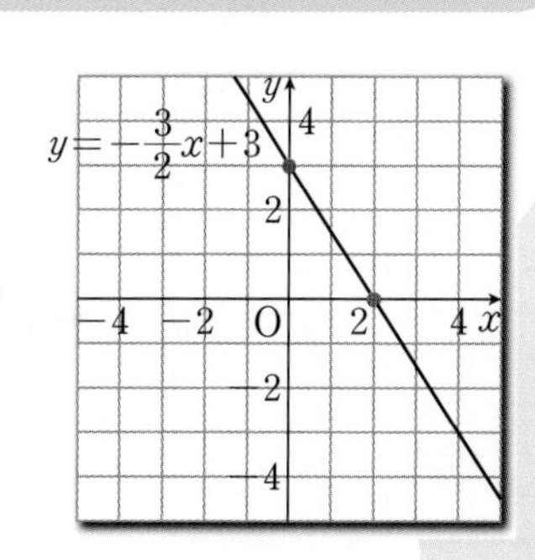

x절편과 y절편을 이용하여 좌표평면 위에 다음 일차함수의 그래프를 그려 보자.

(1) $y=x+1$

⇨ x절편은 $\square$, y절편은 $\square$

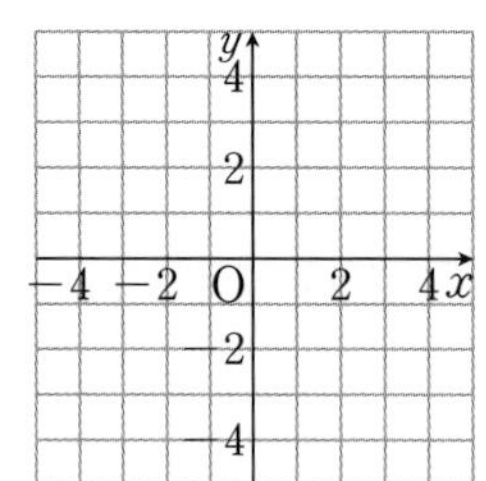

(2) $y=-\frac{1}{2}x-2$

⇨ x절편은 $\square$, y절편은 $\square$

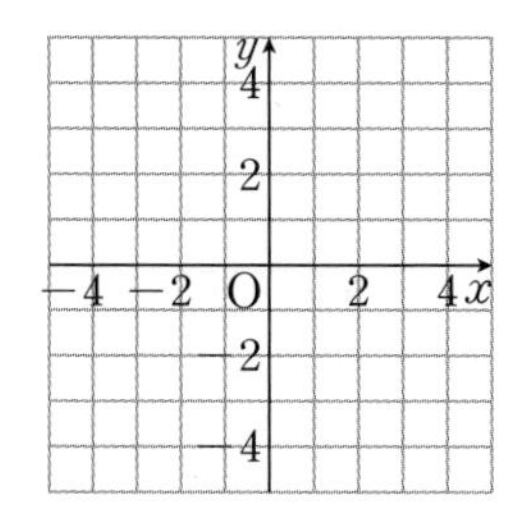

답 (1) -1, 1,

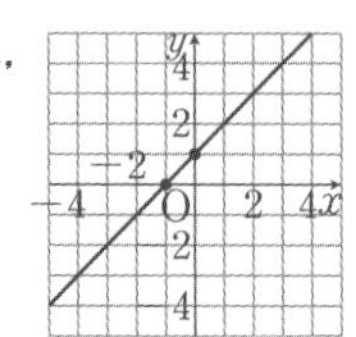

(2) -4, -2,

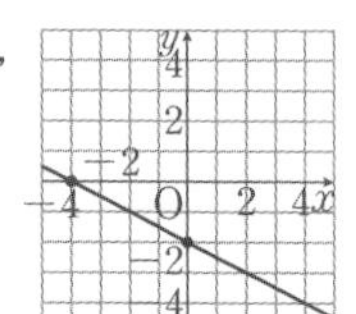

•• 기울기와 y절편을 이용하여 일차함수의 그래프를 그려 볼까?

$y=\frac{4}{3}x-2$의 그래프의 기울기는 $\frac{4}{3}$, y절편은 -2이지!

일차함수의 그래프의 y절편을 알면 그 그래프가 y축과 만나는 점을 알 수 있다. 이때 그래프의 기울기를 알면 x의 값의 증가량에 대한 y의 값의 증가량을 이용하여 그래프가 지나는 다른 한 점을 찾을 수 있다.

이를 이용하여 일차함수 $y=\frac{4}{3}x-2$의 그래프를 그려 보자.

❶ 점 $(0, y$절편$)$을 좌표평면 위에 나타내기

❷ 기울기를 이용하여 그래프가 지나는 다른 한 점을 찾기

❸ 두 점을 직선으로 연결하기

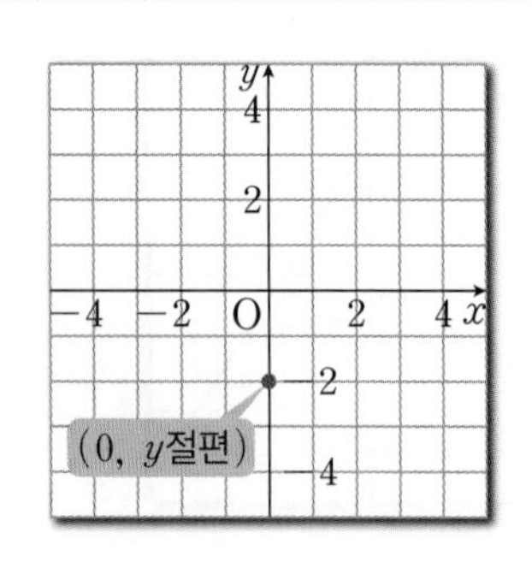

→

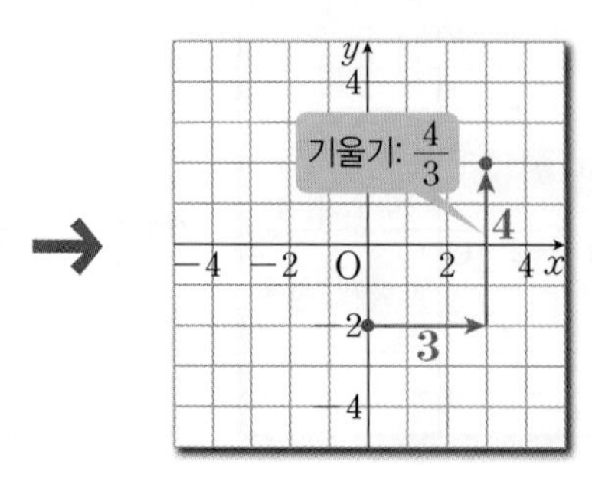

→

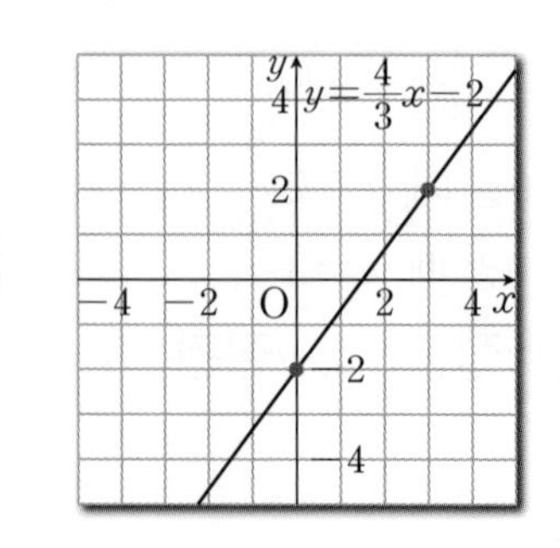

기울기와 y절편을 이용하여 좌표평면 위에 다음 일차함수의 그래프를 그려 보자.

(1) $y=-2x+3$

⇨ y절편이 3이므로 그래프는 점 (0, □)을 지난다.

또, 기울기가 −2이므로

점 (0, □) $\xrightarrow[y\text{의 값이 □만큼 감소}]{x\text{의 값이 1만큼 증가}}$ 점 (1, □)

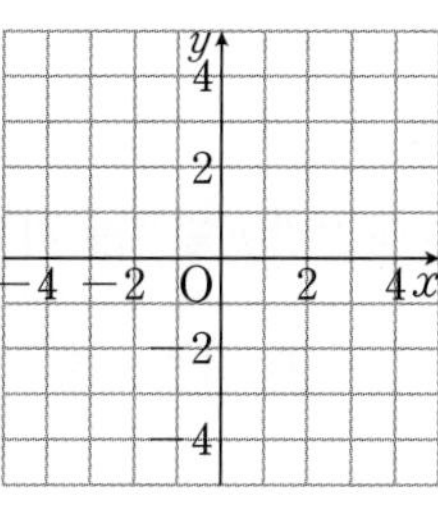

(2) $y=\frac{1}{2}x-1$

⇨ y절편이 −1이므로 그래프는 점 (0, □)을 지난다.

또, 기울기가 $\frac{1}{2}$이므로

점 (0, □) $\xrightarrow[y\text{의 값이 □만큼 증가}]{x\text{의 값이 2만큼 증가}}$ 점 (2, □)

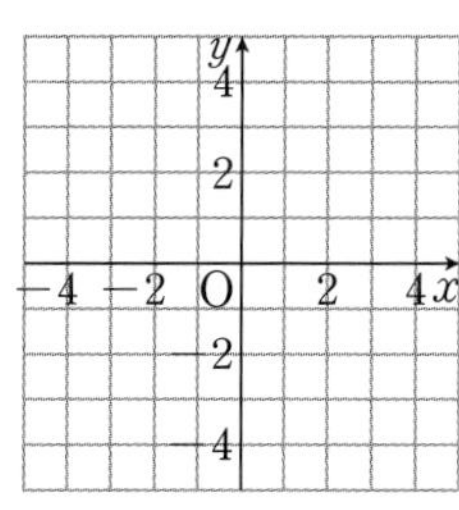

답 (1) 3, 3, 2, 1,

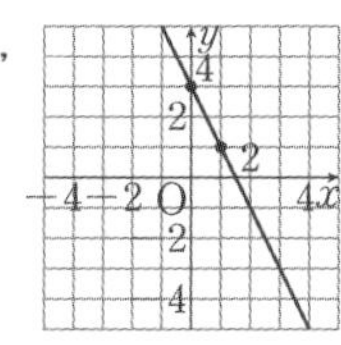

(2) −1, −1, 1, 0,

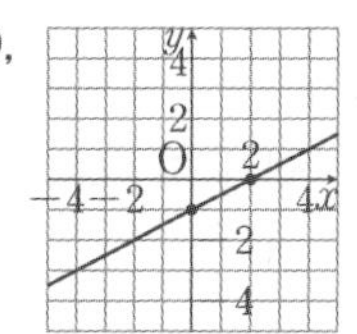

꽉 잡아, 개념!

(1) **일차함수의 그래프 그리기**

일차함수의 그래프 위의 서로 다른 두 점을 직선으로 연결한다.

(2) **x절편과 y절편을 이용하여 일차함수의 그래프 그리기**

❶ x절편과 y절편을 각각 구한다.

❷ 두 점 (x절편, 0), (0, y절편)을 좌표평면 위에 나타낸다.

❸ 두 점을 직선으로 연결한다.

(3) **기울기와 y절편을 이용하여 일차함수의 그래프 그리기**

❶ 점 (0, y절편)을 좌표평면 위에 나타낸다.

❷ 기울기를 이용하여 그래프가 지나는 다른 한 점을 찾는다.

❸ 두 점을 직선으로 연결한다.

x절편과 y절편을 이용하여 좌표평면 위에 일차함수 $y=\frac{1}{4}x-1$의 그래프를 그리시오.

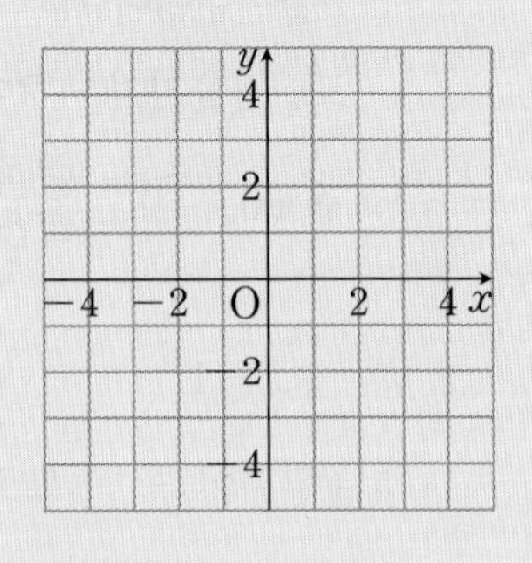

풀이 $y=\frac{1}{4}x-1$에서

$y=0$일 때 $x=4$, $x=0$일 때 $y=-1$

즉, 그래프의 x절편은 4, y절편은 -1이다.

따라서 그래프는 오른쪽 그림과 같이 두 점 $(4, 0)$과 $(0, -1)$을 연결한 직선이다.

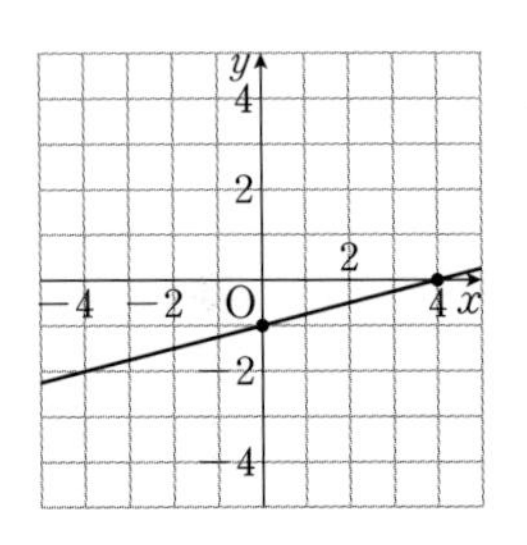

답 풀이 참조

1-1 x절편과 y절편을 이용하여 좌표평면 위에 다음 일차함수의 그래프를 그리시오.

(1) $y=2x+4$

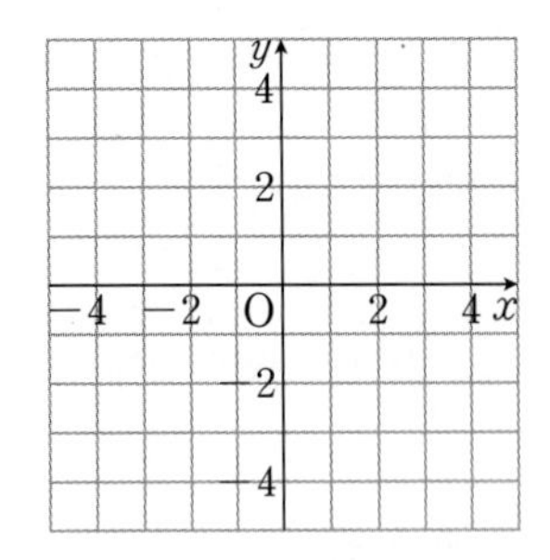

(2) $y=-\frac{1}{3}x+1$

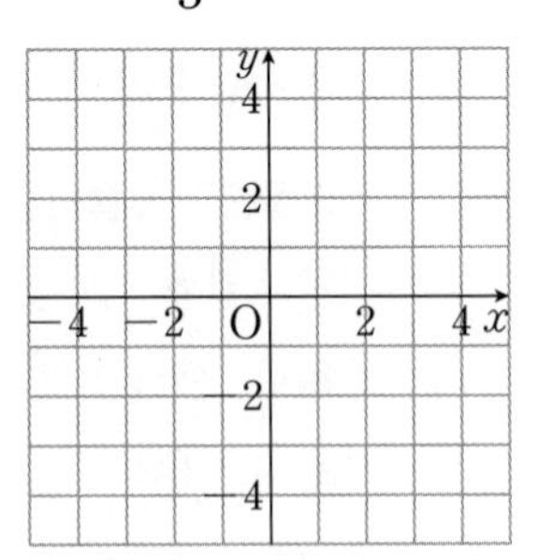

▶ 정답 및 풀이 24쪽

2 기울기와 y절편을 이용하여 좌표평면 위에 일차함수 $y=-3x+4$의 그래프를 그리시오.

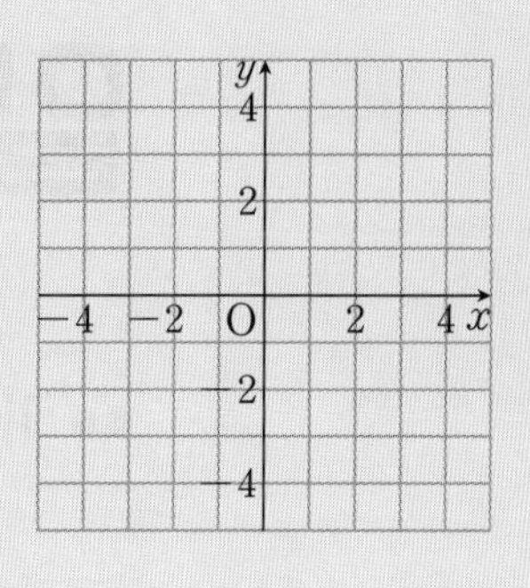

풀이 y절편이 4이므로 그래프는 점 $(0, 4)$를 지난다.
또, 기울기가 -3이므로 점 $(0, 4)$에서 x의 값이 1만큼 증가할 때 y의 값은 3만큼 감소한 점 $(1, 1)$을 지난다.
따라서 그래프는 오른쪽 그림과 같이 두 점 $(0, 4)$와 $(1, 1)$을 연결한 직선이다.

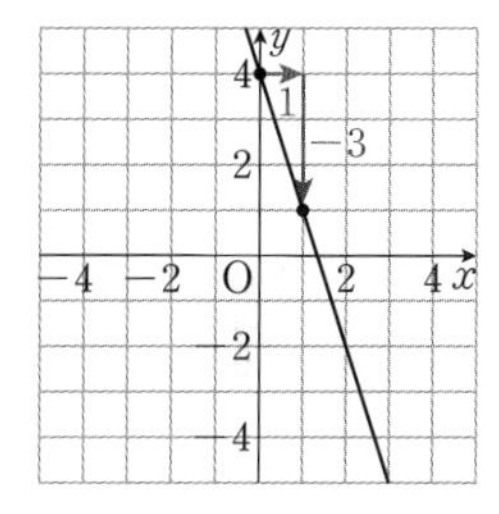

답 풀이 참조

2-1 기울기와 y절편을 이용하여 좌표평면 위에 다음 일차함수의 그래프를 그리시오.

(1) $y=\frac{3}{4}x-1$

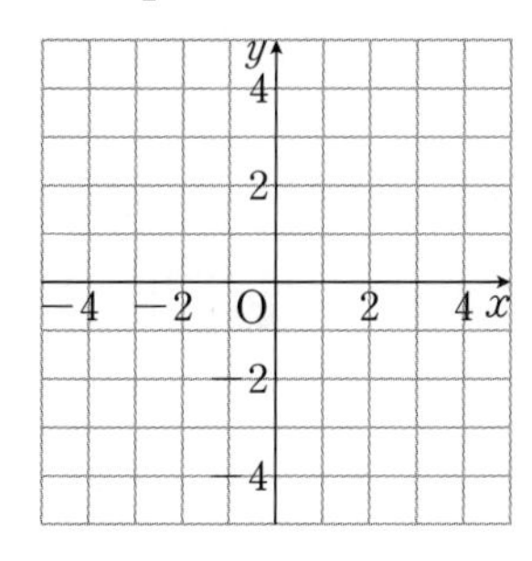

(2) $y=-\frac{5}{2}x+2$

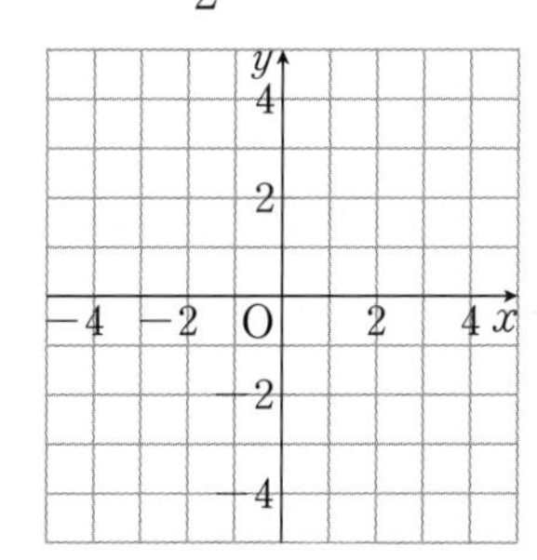

* QR코드를 스캔하여 개념 영상을 확인하세요.

31 일차함수의 식 구하기

•• 기울기와 y절편을 알 때, 일차함수의 식은 어떻게 구할까?

지금까지는 일차함수의 식을 이용하여 일차함수의 그래프의 기울기, x절편, y절편 등을 알아내고, 그 그래프를 그리는 방법에 대하여 배웠다. 이제 반대로 일차함수의 그래프의 기울기, x절편, y절편 등의 조건을 이용하여 일차함수의 식을 구하는 방법을 알아보자.

▶ 기울기가 a이고, y절편이 b인 직선을 그래프로 하는 일차함수의 식은 $y=ax+b$이다.

일차함수의 식은 $y=ax+b$ (a, b는 수, $a\neq0$) 꼴이다. 이때 a는 일차함수의 그래프의 기울기를 나타내고, b는 y절편을 나타내므로 일차함수의 그래프의 기울기와 y절편을 알면 일차함수의 식을 구할 수 있다.

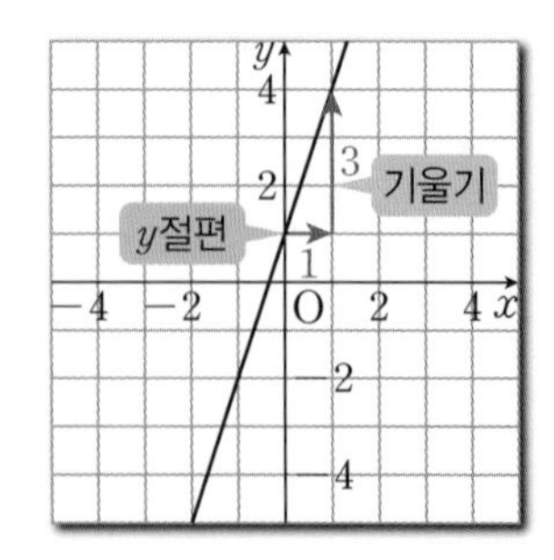

예를 들어 오른쪽 그림과 같은 일차함수의 그래프는 x의 값이 1만큼 증가할 때, y의 값은 3만큼 증가하므로 **기울기**는 3이다.

또, 그래프가 y축과 점 $(0, 1)$에서 만나므로 **y절편**은 1이다.

따라서 이 그래프가 나타내는 일차함수의 식은

$$y=3x+1$$

이다.

기울기 y절편

$$y=ax+b \rightarrow$$

기울기가 3, y절편이 1인 일차함수의 식

$$y=3x+1$$

다음 직선을 그래프로 하는 일차함수의 식을 구해 보자.

(1) 기울기가 5이고 y절편이 -6인 직선

(2) 기울기가 $-\frac{1}{2}$이고 y절편이 4인 직선

답 (1) $y=5x-6$ (2) $y=-\frac{1}{2}x+4$

●● 기울기와 한 점의 좌표를 알 때, 일차함수의 식은 어떻게 구할까?

일차함수의 그래프의 기울기와 그 그래프가 지나는 한 점의 좌표를 알면 일차함수의 식을 구할 수 있다.

기울기가 -4이고 점 $(1, 5)$를 지나는 직선을 그래프로 하는 일차함수의 식 구하기

❶ 기울기가 -4이므로 구하는 일차함수의 식을

$$y=-4x+b$$

라 하자.

❷ 이 일차함수의 그래프가 점 $(1, 5)$를 지나므로

$5=-4\times1+b \qquad \therefore b=9$

따라서 구하는 일차함수의 식은

$$y=-4x+9$$

기울기가 2이고 점 $(-1, 6)$을 지나는 직선을 그래프로 하는 일차함수의 식을 구해 보자.

기울기가 2이므로 구하는 일차함수의 식을 $y=\square x+b$라 하자.
이 일차함수의 그래프가 점 $(-1, 6)$을 지나므로
$6=\square\times(-1)+b \qquad \therefore b=\square$
따라서 구하는 일차함수의 식은 $y=\square$이다.

답 2, 2, 8, $2x+8$

•• 서로 다른 두 점의 좌표를 알 때, 일차함수의 식은 어떻게 구할까?

일차함수의 그래프가 지나는 서로 다른 두 점의 좌표를 알면 기울기를 구할 수 있으므로 기울기와 두 점 중 한 점의 좌표를 이용하여 일차함수의 식을 구할 수 있다.

두 점 $(2, -1)$, $(4, 3)$을 지나는 직선을 그래프로 하는 일차함수의 식 구하기

❶ 두 점 $(2, -1)$, $(4, 3)$을 지나는 직선의 기울기는

$$(\text{기울기})=\frac{(y\text{의 값의 증가량})}{(x\text{의 값의 증가량})}=\frac{3-(-1)}{4-2}=\frac{4}{2}=2$$

❷ 기울기가 2이므로 구하는 일차함수의 식을

$$y=2x+b$$

라 하자.

❸ 이 일차함수의 그래프가 점 $(2, -1)$을 지나므로

$$-1=2\times2+b \qquad \therefore b=-5$$

따라서 구하는 일차함수의 식은

$$y=2x-5$$

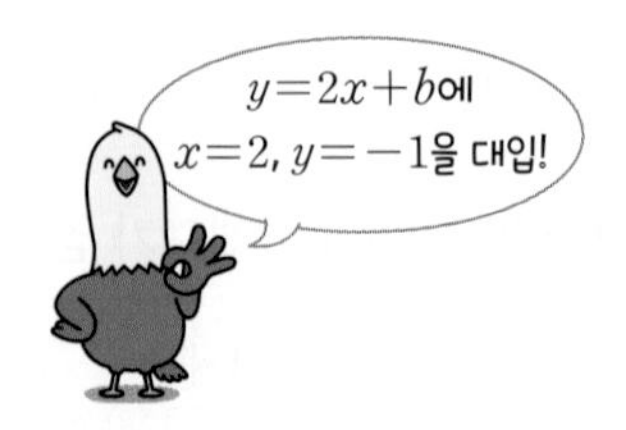

▶ 일차함수의 그래프가 점 $(4, 3)$을 지남을 이용하여 b의 값을 구할 수도 있다.

참고 x절편이 -3, y절편이 3인 직선은 두 점 $(-3, 0)$, $(0, 3)$을 지나므로 기울기가 $\frac{3-0}{0-(-3)}=1$이고, y절편이 3이다. 따라서 이 직선을 그래프로 하는 일차함수의 식은 $y=x+3$이다.

두 점 $(1, 1)$, $(3, -5)$를 지나는 직선을 그래프로 하는 일차함수의 식을 구해 보자.

> 기울기가 $\frac{\square-\square}{3-1}=\square$이므로 구하는 일차함수의 식을 $y=\square x+b$라 하자.
> 이 일차함수의 그래프가 점 $(1, 1)$을 지나므로
> $1=\square\times1+b \qquad \therefore b=\square$
> 따라서 구하는 일차함수의 식은 $y=\square$이다.

답 $-5, 1, -3, -3, -3, 4, -3x+4$

(1) **기울기와 y절편이 주어질 때 일차함수의 식 구하기**

기울기가 a이고 y절편이 b인 직선을 그래프로 하는 일차함수의 식은 ➡ $y=ax+b$

(2) **기울기와 한 점의 좌표가 주어질 때 일차함수의 식 구하기**

기울기가 a이고 점 (x_1, y_1)을 지나는 직선을 그래프로 하는 일차함수의 식은 다음과 같은 순서로 구한다.

❶ 일차함수의 식을 $y=ax+b$로 놓는다.

❷ $y=ax+b$에 $x=x_1$, $y=y_1$을 대입하여 b의 값을 구한다.

(3) **서로 다른 두 점의 좌표가 주어질 때 일차함수의 식 구하기**

서로 다른 두 점 (x_1, y_1), (x_2, y_2)를 지나는 직선을 그래프로 하는 일차함수의 식은 다음과 같은 순서로 구한다.

❶ 두 점의 좌표를 이용하여 기울기 a를 구한다. ➡ $a=\frac{y_2-y_1}{x_2-x_1}=\frac{y_1-y_2}{x_1-x_2}$

❷ 일차함수의 식을 $y=ax+b$로 놓는다.

❸ $y=ax+b$에 두 점 중 한 점의 좌표를 대입하여 b의 값을 구한다.

x의 값이 2만큼 증가할 때 y의 값은 6만큼 증가하고, y절편이 7인 직선을 그래프로 하는 일차함수의 식을 구하시오.

풀이 기울기가 $\frac{6}{2}=3$이고 y절편이 7이므로
구하는 일차함수의 식은 $y=3x+7$

답 $y=3x+7$

1-1 다음 직선을 그래프로 하는 일차함수의 식을 구하시오.

(1) 기울기가 6이고 점 $(0,\ 3)$을 지나는 직선
(2) x의 값이 8만큼 증가할 때 y의 값은 2만큼 감소하고, y절편이 -5인 직선

일차함수 $y=-3x+5$의 그래프와 평행하고, 점 $(1,\ -4)$를 지나는 직선을 그래프로 하는 일차함수의 식을 구하시오.

풀이 기울기가 -3이므로 구하는 일차함수의 식을 $y=-3x+b$라 하자.
이 일차함수의 그래프가 점 $(1,\ -4)$를 지나므로
$-4=-3\times1+b \qquad \therefore b=-1$
따라서 구하는 일차함수의 식은 $y=-3x-1$

답 $y=-3x-1$

2-1 다음 직선을 그래프로 하는 일차함수의 식을 구하시오.

(1) 기울기가 $\frac{1}{8}$이고 점 $(-8,\ 3)$을 지나는 직선

(2) 일차함수 $y=-\frac{3}{2}x-2$의 그래프와 평행하고, x절편이 4인 직선

▶ 정답 및 풀이 25쪽

3

오른쪽 그림과 같은 직선을 그래프로 하는 일차함수의 식을 구하시오.

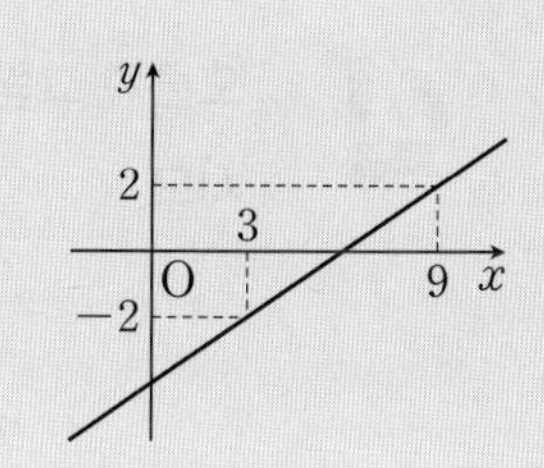

그래프가 지나는 두 점을 찾아서 기울기를 먼저 구하자!

풀이 두 점 $(3,\ -2)$, $(9,\ 2)$를 지나므로

$(\text{기울기})=\dfrac{2-(-2)}{9-3}=\dfrac{2}{3}$

구하는 일차함수의 식을 $y=\dfrac{2}{3}x+b$라 하자.

이 일차함수의 그래프가 점 $(3,\ -2)$를 지나므로 $-2=\dfrac{2}{3}\times 3+b$ $\quad\therefore b=-4$

따라서 구하는 일차함수의 식은 $y=\dfrac{2}{3}x-4$

답 $y=\dfrac{2}{3}x-4$

3-1 두 점 $(-1,\ -8)$, $(2,\ 7)$을 지나는 직선을 그래프로 하는 일차함수의 식을 구하시오.

3-2 오른쪽 그림과 같은 직선을 그래프로 하는 일차함수의 식을 구하시오.

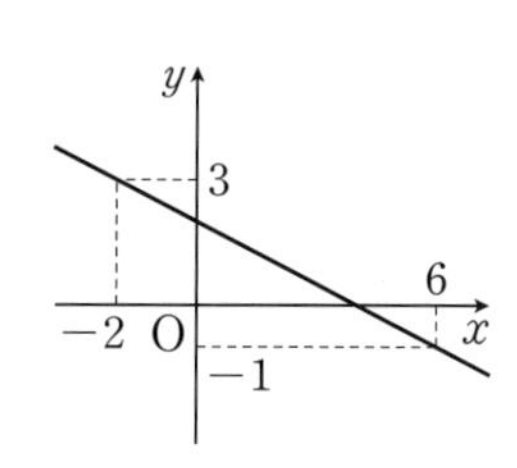

4

오른쪽 그림과 같은 직선을 그래프로 하는 일차함수의 식을 구하시오.

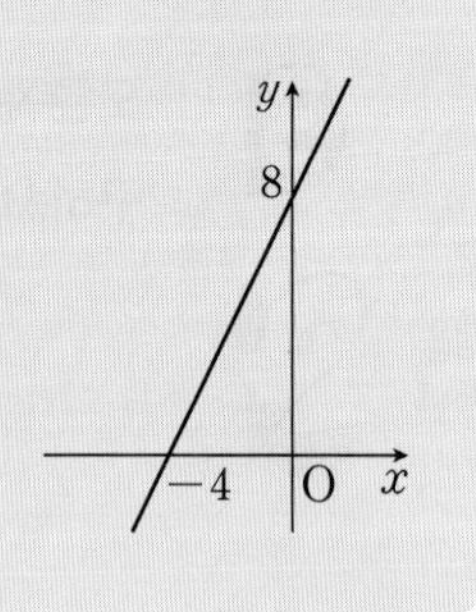

풀이 x절편이 -4, y절편이 8이므로 두 점 $(-4, 0)$, $(0, 8)$을 지난다.

따라서 (기울기)$=\dfrac{8-0}{0-(-4)}=2$이고 y절편이 8이므로

구하는 일차함수의 식은 $y=2x+8$

답 $y=2x+8$

4-1 다음 직선을 그래프로 하는 일차함수의 식을 구하시오.

(1) x절편이 7, y절편이 -2인 직선

(2) x절편이 -3, y절편이 -6인 직선

4-2 오른쪽 그림과 같은 직선을 그래프로 하는 일차함수의 식을 구하시오.

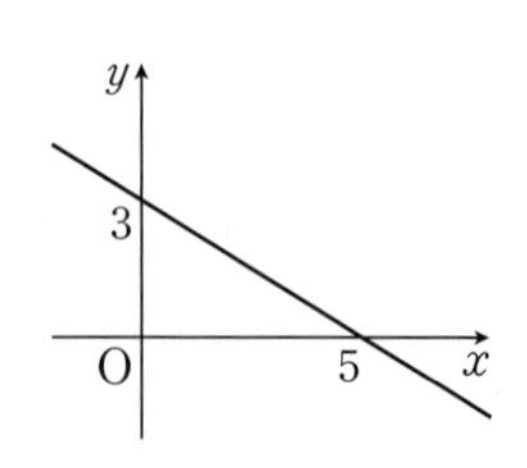

32 일차함수의 활용

* QR코드를 스캔하여 개념 영상을 확인하세요.

•• 온도에 대한 문제는 어떻게 해결할까?

실생활에서 접하는 여러 가지 수량 사이의 관계는 일차함수로 나타나는 경우가 많다. 일차함수를 이용하여 위의 문제를 해결해 보자.

❶ 변수 정하기 냄비를 가열한 지 x분 후의 물의 온도를 y °C라 하자.

▶ 먼저 변하는 양을 변수 x로 놓고, x에 따라 변하는 양을 변수 y로 놓으면 편리하다.

❷ 함수 구하기 처음 물의 온도가 12 °C이고, 물의 온도가 1분마다 8 °C씩 올라가므로 x분 후에는 $8x$ °C가 올라간다.
즉, x와 y 사이의 관계식은

$$y=8x+12$$

❸ 답 구하기 $y=8x+12$에 $x=11$을 대입하면

$$y=8\times11+12=100$$

따라서 냄비를 가열한 지 **11분 후**의 물의 온도는 **100 °C**이다.

❹ 확인하기 물의 온도가 100 °C이면 처음 물의 온도에서 88 °C가 올라간 것이고, 가열한 시간은 $88\div8=11$(분)이므로 문제의 뜻에 맞는다.

●● 길이에 대한 문제는 어떻게 해결할까?

길이가 12 cm인 초에 불을 붙이면 1분마다 0.4 cm씩 짧아진다고 할 때, 불을 붙인 지 10분 후의 초의 길이를 구해 보자.

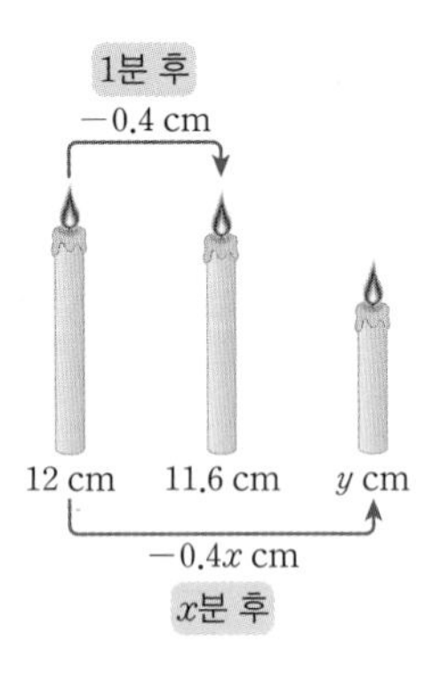

❶ 변수 정하기 불을 붙인 지 x분 후의 초의 길이를 y cm라 하자.

❷ 함수 구하기 처음 초의 길이가 12 cm이고, 초의 길이가 1분마다 0.4 cm씩 짧아지므로 x분 후에는 $0.4x$ cm가 짧아진다.
즉, x와 y 사이의 관계식은

$$y=12-0.4x$$

길이가 짧아지면 −, 길어지면 +겠지.

❸ 답 구하기 $y=12-0.4x$에 $x=10$을 대입하면

$$y=12-0.4\times 10=8$$

따라서 불을 붙인 지 **10분 후**의 초의 길이는 **8 cm**이다.

❹ 확인하기 초의 길이가 8 cm이면 처음 초의 길이에서 4 cm가 짧아진 것이고, 걸린 시간은 $4\div 0.4=10$(분)이므로 문제의 뜻에 맞는다.

일차함수를 활용하여 문제를 해결하는 단계

❶ 변수 정하기: 변하는 두 양을 x와 y로 놓는다.

❷ 함수 구하기: x와 y 사이의 관계를 일차함수 $y=ax+b$로 나타낸다.

❸ 답 구하기: 일차함수의 식이나 그래프를 이용하여 문제를 푸는 데 필요한 값을 찾는다.

❹ 확인하기: 구한 답이 문제의 뜻에 맞는지 확인한다.

참고 먼저 변하는 양을 변수 x로 놓고, x에 따라 변하는 양을 변수 y로 놓으면 편리하다.

▶ 정답 및 풀이 25쪽

$100\,\mathrm{L}$의 물이 들어 있는 수영장에 1분마다 $5\,\mathrm{L}$씩 물을 더 넣을 때, 다음을 구하시오.

(1) 물을 넣기 시작한 지 x분 후에 수영장에 들어 있는 물의 양을 $y\,\mathrm{L}$라 할 때, x와 y 사이의 관계식

(2) 물을 넣기 시작한 지 30분 후에 수영장에 들어 있는 물의 양

풀이 (1) 1분마다 수영장에 넣는 물의 양은 $5\,\mathrm{L}$이므로 x분 동안 수영장에 넣는 물의 양은 $5x\,\mathrm{L}$이다.
따라서 x와 y 사이의 관계식은 $y=5x+100$

(2) $y=5x+100$에 $x=30$을 대입하면
$y=5\times30+100=250$
따라서 물을 넣기 시작한 지 30분 후에 수영장에 들어 있는 물의 양은 $250\,\mathrm{L}$이다.
[참고] 더 넣은 물의 양은 $250-100=150(\mathrm{L})$이고, 물을 넣은 시간은 $150\div5=30$(분)이므로 문제의 뜻에 맞는다.
이와 같이 일차함수의 활용 문제를 해결할 때는 구한 답이 문제의 뜻에 맞는지 확인하도록 한다.

답 (1) $y=5x+100$ (2) $250\,\mathrm{L}$

1-1 $1\,\mathrm{km}$를 달리는 데 $0.2\,\mathrm{L}$씩 휘발유를 사용하는 자동차가 있다. 이 자동차에 $50\,\mathrm{L}$의 휘발유가 들어 있을 때, 다음을 구하시오.

(1) $x\,\mathrm{km}$를 달린 후 남은 휘발유의 양을 $y\,\mathrm{L}$라 할 때, x와 y 사이의 관계식

(2) 휘발유를 모두 사용할 때까지 자동차가 달릴 수 있는 거리

1-2 지면으로부터 $10\,\mathrm{km}$까지는 높이가 $1\,\mathrm{km}$씩 높아질 때마다 기온이 $6\,^{\circ}\mathrm{C}$씩 낮아진다고 한다. 현재 지면의 기온이 $25\,^{\circ}\mathrm{C}$일 때, 다음을 구하시오.

(1) 지면으로부터의 높이가 $x\,\mathrm{km}$인 곳의 기온을 $y\,^{\circ}\mathrm{C}$라 할 때, x와 y 사이의 관계식

(2) 기온이 $1\,^{\circ}\mathrm{C}$인 곳의 지면으로부터의 높이

유라가 학교에서 6 km 떨어진 도서관까지 자전거를 타고 분속 300 m로 갈 때, 다음을 구하시오.

(1) 출발한 지 x분 후에 도서관까지 남은 거리를 y km라 할 때, x와 y 사이의 관계식
(2) 출발한 지 15분 후에 도서관까지 남은 거리

풀이 (1) 분속 300 m로 x분 동안 간 거리는 $300x$ m, 즉 $0.3x$ km이다.
따라서 x와 y 사이의 관계식은 $y=6-0.3x$
(2) $y=6-0.3x$에 $x=15$를 대입하면
$y=6-0.3\times15=1.5$
따라서 출발한 지 15분 후에 도서관까지 남은 거리는 1.5 km이다.

답 (1) $y=6-0.3x$ (2) 1.5 km

2-1 서진이가 집에서 270 km 떨어진 캠핑장까지 자동차를 타고 시속 90 km로 갈 때, 다음을 구하시오.

(1) 출발한 지 x시간 후에 캠핑장까지 남은 거리를 y km라 할 때, x와 y 사이의 관계식
(2) 서진이가 캠핑장까지 가는 데 걸린 시간

2-2 기차가 A역을 출발하여 240 km 떨어진 B역을 향하여 시속 180 km로 달릴 때, 다음을 구하시오.

(1) A역을 출발한 지 x시간 후의 기차와 B역 사이의 거리를 y km라 할 때, x와 y 사이의 관계식
(2) A역을 출발한 지 50분 후의 기차와 B역 사이의 거리

개념을 정리해 보자

일차함수와 그 그래프
$y=f(x)$
함수
x의 값이 정해짐에 따라 y의 값이 오직 하나씩 정해짐
$f(x)$
함숫값
x의 값에 따라 하나씩 정해지는 y의 값
일차함수
$y=ax+b$ (단, a, b는 수, $a\neq0$)
활용
❶ 변수 정하기
❷ 함수 구하기
❸ 답 구하기
❹ 확인하기
한 도형을 일정한 방향으로 일정한 거리만큼 이동하는 것
평행이동
$y=ax+b$
$y=ax$
$y=ax+b$의 그래프
y축과 만나는 점의 y좌표
절편
y절편
x축과 만나는 점의 x좌표
x절편
일차함수의 그래프의 평행과 일치
두 일차함수 $y=ax+b$, $y=cx+d$의 그래프에서
$a=c$, $b\neq d$이면 → 평행
$a=c$, $b=d$이면 → 일치
$(\text{기울기})=\dfrac{(y\text{의 값의 증가량})}{(x\text{의 값의 증가량})}=a$
$a>0$일 때
증가
→ 오른쪽 위로 향하는 직선
$a<0$일 때
증가
감소
→ 오른쪽 아래로 향하는 직선

Go, Go! 문제를 풀어 보자

1 다음 보기 중 y가 x의 함수인 것의 개수를 구하시오.

보기
ㄱ. 자연수 x의 배수 y
ㄴ. 길이가 120 cm인 노끈을 x cm 사용하고 남은 노끈의 길이 y cm
ㄷ. 50 L의 수조에 매분 x L씩 물을 넣을 때, 물이 가득 차는 데 걸리는 시간 y분
ㄹ. 자연수 x와 서로소인 자연수 y

2 다음 중 y가 x에 대한 일차함수가 아닌 것은?

① $x+y=0$　② $(x+1)y=1$　③ $y-2=x-y$
④ $x=y$　⑤ $y=\frac{4}{5}x-\frac{1}{6}$

3 일차함수 $f(x)=ax+4$에 대하여 $f(-3)=10$일 때, $f(-4)$의 값을 구하시오. (단, a는 수)

4 다음 중 일차함수 $y=-\frac{x}{3}+2$의 그래프 위의 점인 것은?

① $(-9, 6)$　② $(-6, 5)$　③ $\left(-1, \frac{1}{3}\right)$
④ $(3, 1)$　⑤ $(6, -4)$

▶ 정답 및 풀이 26쪽

5 일차함수 $y=-2x+k$의 그래프를 y축의 방향으로 -1만큼 평행이동한 그래프가 점 $(-3, 14)$를 지날 때, 수 k의 값은?

① -5　② -3　③ 2
④ 7　⑤ 9

6 $y=-3x-6$의 그래프의 기울기를 a, x절편을 b, y절편을 c라 할 때, $a+b-c$의 값은?

① 0　② 1　③ 2
④ 3　⑤ 4

7 두 점 $(-2, 3)$, $(4, k)$를 지나는 일차함수의 그래프의 기울기가 -6일 때, k의 값은?

① -33　② -21　③ 21
④ 27　⑤ 33

8 오른쪽 그림과 같이 일차함수 $y=-\frac{1}{4}x-3$의 그래프가 x축, y축과 만나는 점을 각각 A, B라 할 때, 삼각형 ABO의 넓이를 구하시오.

(단, O는 원점)

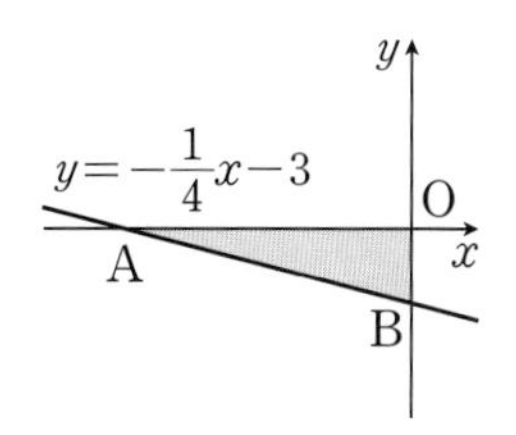

9 일차함수 $y=-ax+b$의 그래프가 오른쪽 그림과 같을 때, 다음 중 옳은 것은? (단, a, b는 수)

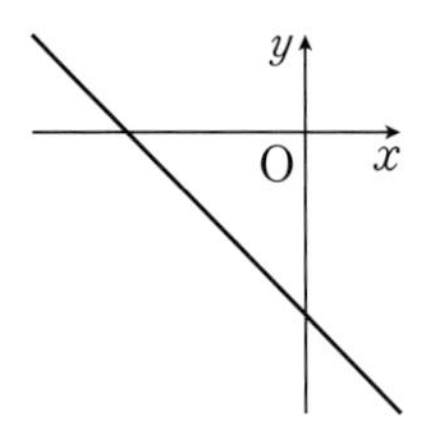

① $a<0$, $b<0$　② $a<0$, $b=0$
③ $a>0$, $b<0$　④ $a>0$, $b=0$
⑤ $a>0$, $b>0$

10 다음 일차함수의 그래프 중 일차함수 $y=\frac{2}{3}x-6$의 그래프와 만나지 <u>않는</u> 것은?

① $y=-x-\frac{1}{2}$　② $y=-\frac{2}{3}x-6$　③ $y=\frac{2}{3}x-10$
④ $y=\frac{3}{2}x+5$　⑤ $y=2x+7$

11 다음 중 일차함수 $y=\frac{5}{2}x-5$의 그래프에 대한 설명으로 옳은 것은?

① 점 $(-2, -11)$을 지난다.
② x절편은 -2, y절편은 -5이다.
③ 오른쪽 아래로 향하는 직선이다.
④ $y=\frac{2}{5}x+5$의 그래프와 평행하다.
⑤ x의 값이 증가할 때, y의 값도 증가한다.

12 다음 중 일차함수 $y=\frac{4}{5}x+8$의 그래프는?

①
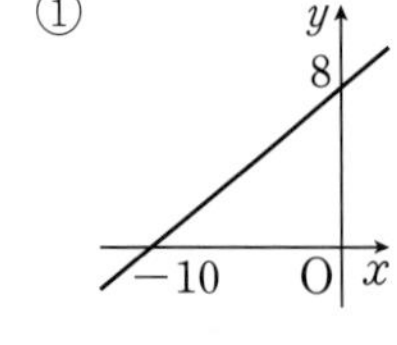

②
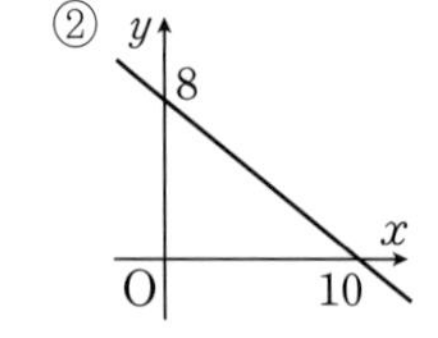

③
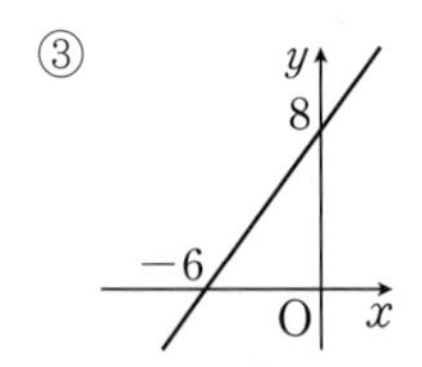

④
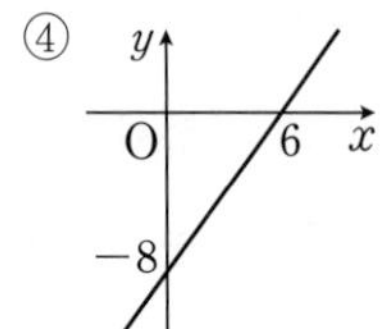

⑤
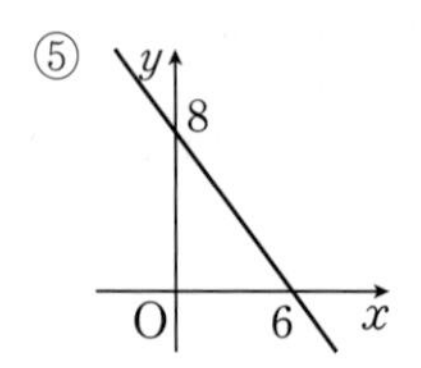

13 기울기가 -3이고 y절편이 -5인 일차함수의 그래프가 점 $(k,\ 19)$를 지날 때, k의 값을 구하시오.

14 오른쪽 그림의 직선과 평행하고 점 $(4,\ -1)$을 지나는 직선을 그래프로 하는 일차함수의 식은?

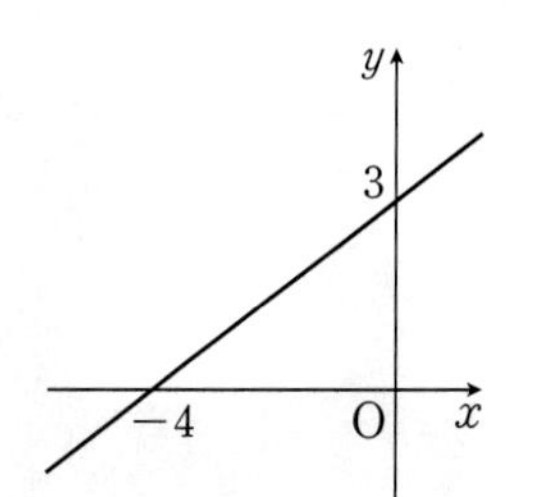

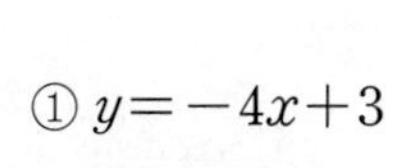
① $y=-4x+3$

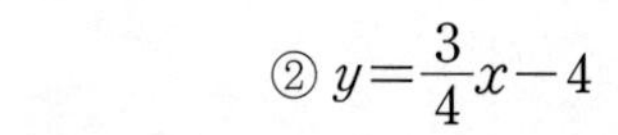
② $y=\frac{3}{4}x-4$

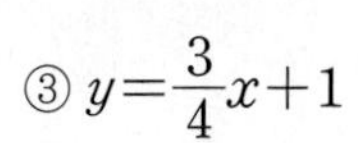
③ $y=\frac{3}{4}x+1$

④ $y=3x-4$

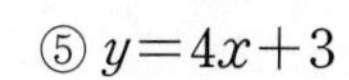
⑤ $y=4x+3$

15 어떤 식물의 높이는 현재 15 cm이고, 3개월마다 6 cm씩 일정한 속도로 자란다고 한다. 이 식물의 높이가 37 cm가 되는 것은 몇 개월 후인가?

① 8개월 ② 9개월 ③ 10개월
④ 11개월 ⑤ 12개월

16 태훈이는 집으로부터 154 km 떨어진 할머니 댁까지 자동차를 타고 시속 70 km로 가고 있다. 출발한 지 2시간 후 남은 거리는 몇 km인지 구하시오.

Ⅶ

일차함수와 일차방정식의 관계

13 일차함수와 일차방정식의 관계

13
일차함수와 일차방정식의 관계

#일차방정식의 그래프

#직선의 방정식 #$x=p$

#$y=q$ #두 그래프의 교점

#연립방정식의 해

준비 해 보자

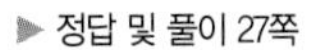
▶ 정답 및 풀이 27쪽

● 세기의 발명가로 널리 알려진 토머스 에디슨(1847~1931)은 끊임없는 노력으로 축음기, 탄소 송화기, 백열전구 등 1000여 종을 발명하였다. 다음은 에디슨이 남긴 명언이다.

“

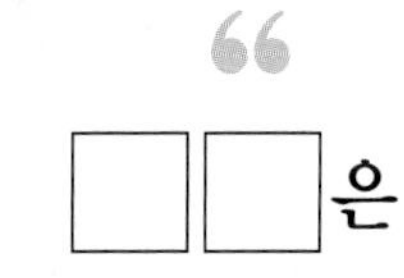
은

열심히 노력하며

기다리는 사람에게 찾아온다.

”

아래 카드에 적힌 순서쌍 (x, y) 중 일차방정식 $-3x+2y=6$의 해를 골라 에디슨의 명언을 완성해 보자.

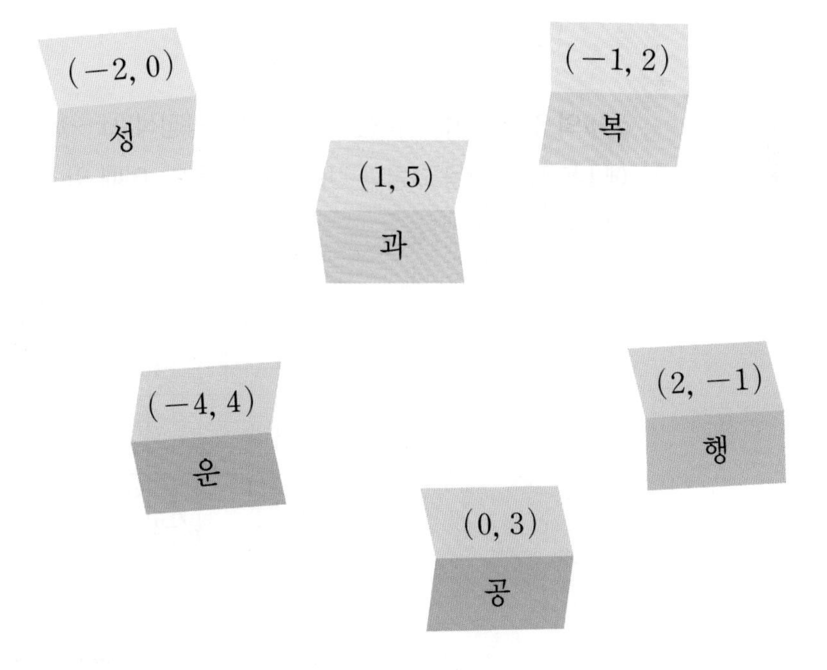

* QR코드를 스캔하여 개념 영상을 확인하세요.

33 일차함수와 일차방정식의 관계

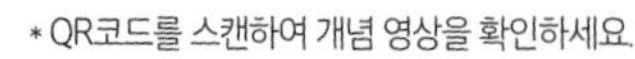

●● 일차함수와 일차방정식 사이에는 어떤 관계가 있을까?

x, y의 값의 범위가 수 전체일 때, 일차방정식 $2x-y+1=0$의 해 (x, y)를 좌표평면 위에 나타내면 다음 그림과 같은 직선이 된다. 이때 이 직선을 일차방정식 $2x-y+1=0$의 그래프라 한다.

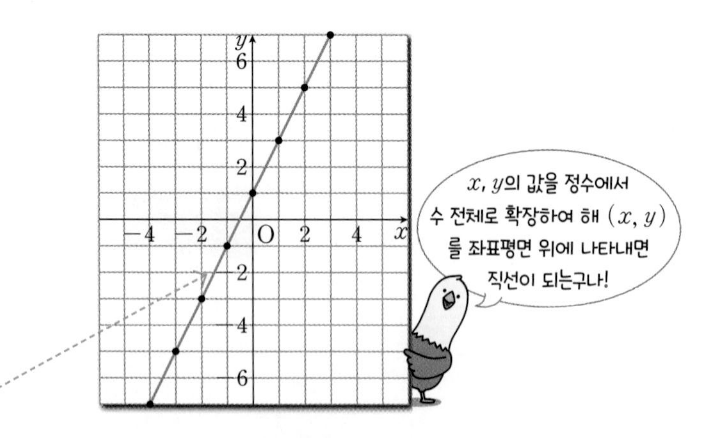

한편, 이 직선은 기울기가 2이고 y절편이 1이므로 일차함수 $y=2x+1$의 그래프와 같음을 알 수 있다.

일반적으로 x, y의 값의 범위가 수 전체일 때, 일차방정식

$$ax+by+c=0 \ (a, b, c\text{는 수}, a\neq 0, b\neq 0)$$

의 해 (x, y)를 좌표평면 위에 나타내면 직선이 되고, 이 직선을 일차방정식의 그래프라 한다.

이때 미지수가 2개인 일차방정식 $ax+by+c=0$의 그래프는 일차함수 $y=-\frac{a}{b}x-\frac{c}{b}$의 그래프와 같다.

▶ $a\neq 0$, $b\neq 0$일 때, 일차방정식 $ax+by+c=0$을 y에 대하여 풀면 $y=-\frac{a}{b}x-\frac{c}{b}$를 얻는다.

$$\mathbf{ax+by+c=0} \ \underset{\text{일차방정식}}{\overset{\text{일차함수}}{\rightleftarrows}} \ \mathbf{y=-\frac{a}{b}x-\frac{c}{b}}$$

(단, $a\neq 0$, $b\neq 0$)

다음 일차방정식과 일차함수를 그 그래프가 서로 같은 것끼리 짝 지어 보자.

[일차방정식]	[일차함수]
(1) $x+3y-9=0$ •	• ㉠ $y=2x-\frac{1}{2}$
(2) $-3x+y+2=0$ •	• ㉡ $y=3x-2$
(3) $4x-2y-1=0$ •	• ㉢ $y=-\frac{1}{3}x+3$

답 (1) ㉢ (2) ㉡ (3) ㉠

꽉 잡아, 개념!

(1) **일차방정식의 그래프:** 일차방정식 $ax+by+c=0$ (a, b, c는 수, $a\neq 0$, $b\neq 0$)의 해 (x, y)를 좌표평면 위에 나타내면 직선이 되고, 이 직선을 일차방정식의 그래프라 한다.

참고 x, y의 값의 범위가 자연수 또는 정수일 때, 일차방정식 $ax+by+c=0$ (a, b, c는 수, $a\neq 0$, $b\neq 0$)의 그래프는 점으로 나타난다.

(2) **일차함수와 일차방정식의 관계:** 미지수가 2개인 일차방정식 $\boxed{ax+by+c=0}$ (a, b, c는 수, $a\neq 0$, $b\neq 0$)의 그래프는 일차함수 $\boxed{y=-\frac{a}{b}x-\frac{c}{b}}$의 그래프와 같다.

개념을 Go Go! 확인해 보자

▶ 정답 및 풀이 27쪽

일차방정식 $x+2y+4=0$에 대하여 다음 물음에 답하시오.

(1) 주어진 일차방정식을 일차함수 $y=ax+b$ 꼴로 나타내시오.

(2) 일차방정식 $x+2y+4=0$의 그래프를 좌표평면 위에 그리시오.

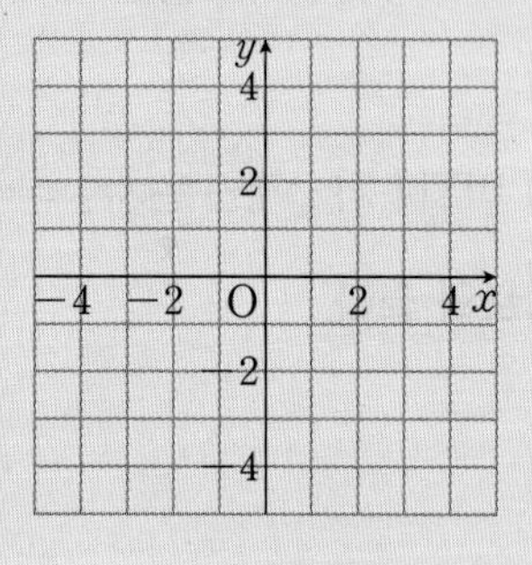

풀이 (1) $x+2y+4=0$에서 $y=-\frac{1}{2}x-2$

(2) 일차방정식 $x+2y+4=0$의 그래프는 오른쪽 그림과 같이 기울기가 $-\frac{1}{2}$이고 y절편이 -2인 직선이다.

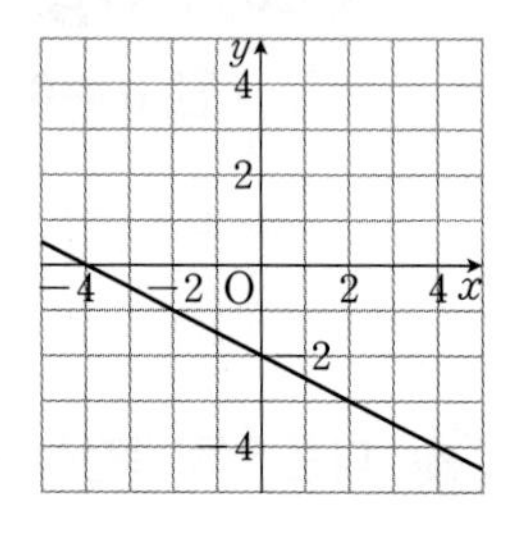

답 (1) $y=-\frac{1}{2}x-2$ (2) 풀이 참조

1-1 다음 일차함수 중 그 그래프가 일차방정식 $6x-4y+1=0$의 그래프와 같은 것은?

① $y=-\frac{3}{2}x-\frac{1}{4}$ ② $y=-\frac{2}{3}x+\frac{1}{4}$ ③ $y=\frac{2}{3}x-\frac{1}{4}$

④ $y=\frac{3}{2}x+\frac{1}{4}$ ⑤ $y=\frac{3}{2}x+4$

1-2 다음 일차방정식의 그래프를 좌표평면 위에 각각 그리시오.

(1) $4x-y-1=0$

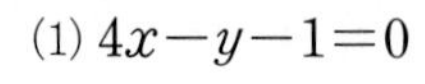

(2) $2x+3y-6=0$

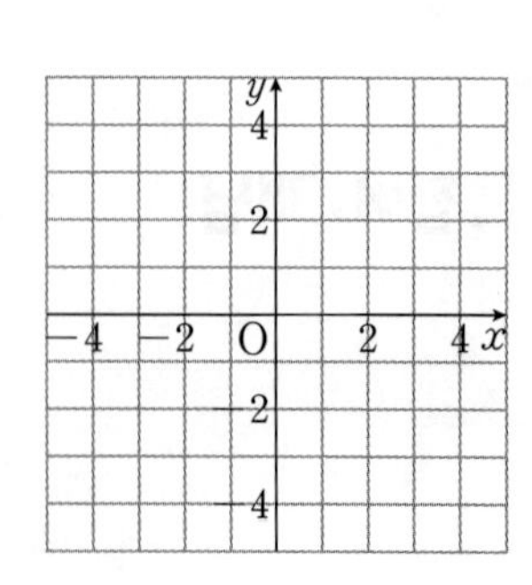

34 일차방정식 $x=p$, $y=q$의 그래프

개념 영상

* QR코드를 스캔하여 개념 영상을 확인하세요.

●● 일차방정식 $x=p$, $y=q$의 그래프는 어떤 모양일까?

'개념 **33**'에서는 일차방정식 $ax+by+c=0$에서 계수 a와 b가 모두 0이 아닌 경우를 다루었고, 이때 그 그래프는 기울어진 직선 모양이었다.

이제 일차방정식 $ax+by+c=0$에서 계수 a와 b 중 어느 하나가 0인 경우에 그래프가 어떤 모양인지 알아보자.

❶ $a\neq0$, $b=0$인 경우

일차방정식 $x=2$를 $ax+by+c=0$ 꼴로 나타내면

→ $x+0\times y-2=0$

→ y에 어떤 값을 대입해도 x의 값은 항상 2

→ $x=2$의 그래프는 점 $(2, 0)$을 지나고 y축에 평행한 직선

↳ x축에 수직

$x=2$

평행

$x=2$의 그래프 위의 모든 점의 x좌표는 2구나~

❷ $a=0$, $b\neq0$인 경우

일차방정식 $y=2$를 $ax+by+c=0$ 꼴로 나타내면

→ $0\times x+y-2=0$

→ x에 어떤 값을 대입해도 y의 값은 항상 2

→ $y=2$의 그래프는 점 $(0,\ 2)$를 지나고 x축에 평행한 직선 (y축에 수직)

$y=2$의 그래프 위의 모든 점의 y좌표는 2구나!

일반적으로 일차방정식 $x=p$, $y=q$의 그래프는 다음과 같다.

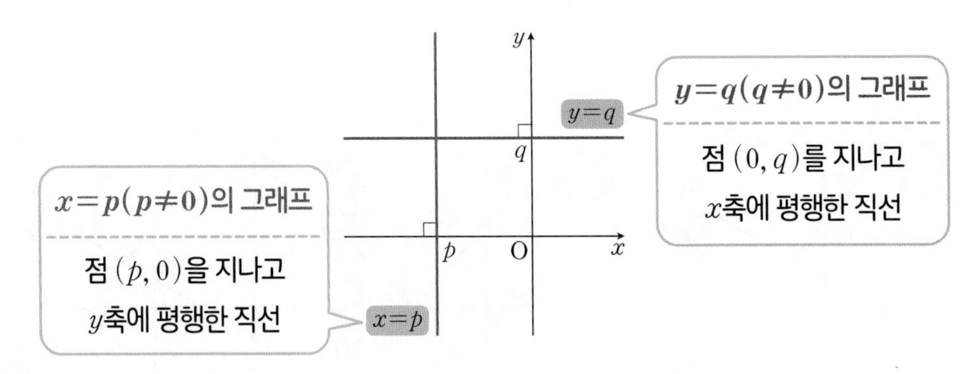

참고 일차방정식 $x=0$의 그래프는 y축이고, 일차방정식 $y=0$의 그래프는 x축이다.

✔ 다음 일차방정식의 그래프를 좌표평면 위에 그려 보자.

(1) $x=3$

⇨ 점 (☐, 0)을 지나고
☐축에 평행한 직선

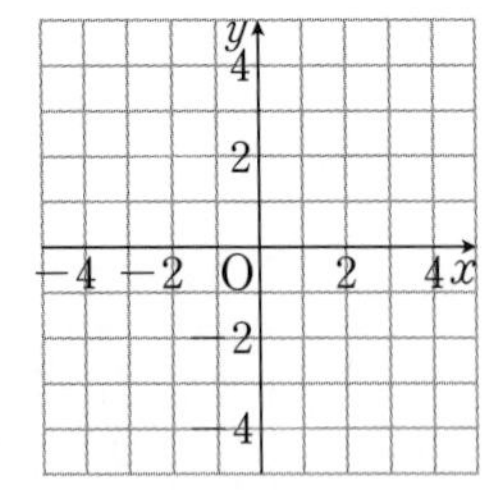

(2) $y=-4$

⇨ 점 (0, ☐)를 지나고
☐축에 평행한 직선

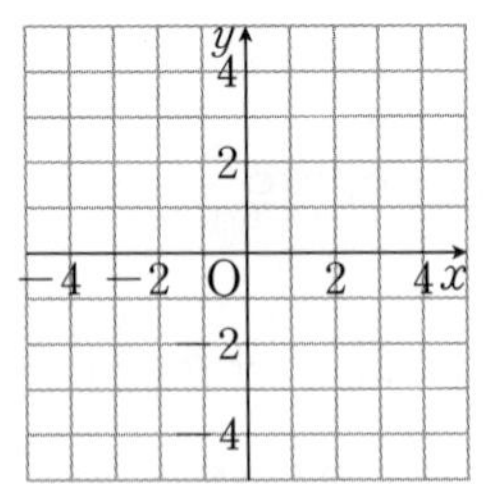

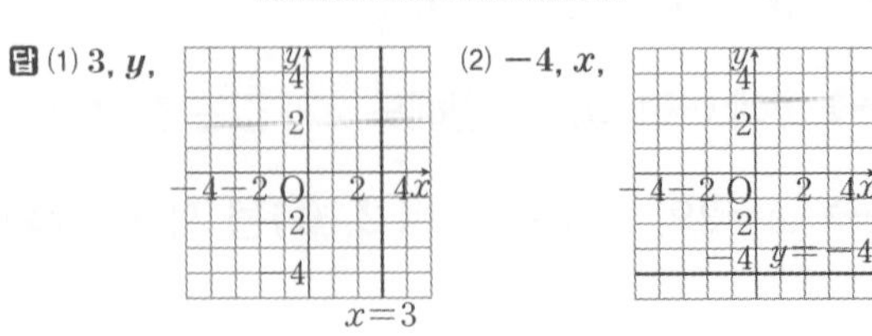

●● 직선의 방정식이란 무엇일까?

일반적으로 x, y의 값의 범위가 수 전체일 때, 일차방정식

$$ax+by+c=0\ (a,\ b,\ c\text{는 수, } a\neq 0 \text{ 또는 } b\neq 0)$$

의 해는 무수히 많고, 이것을 좌표평면 위에 나타내면 직선이 된다.
이때 이 일차방정식 $ax+by+c=0$을 **직선의 방정식**이라 한다.

 **다음 그래프가 나타내는 직선의 방정식을 구해 보자.**

(1)

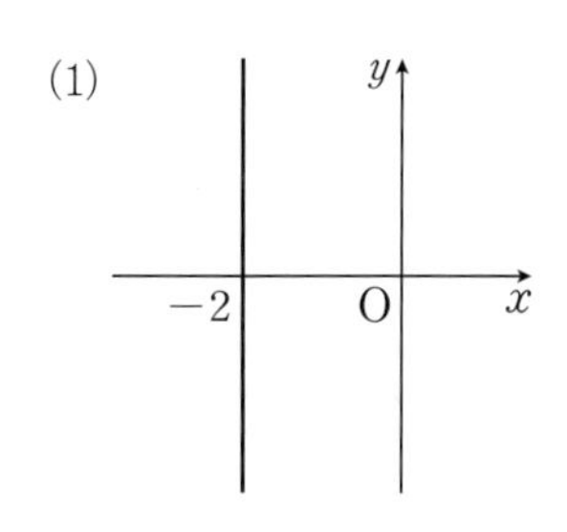

(2)

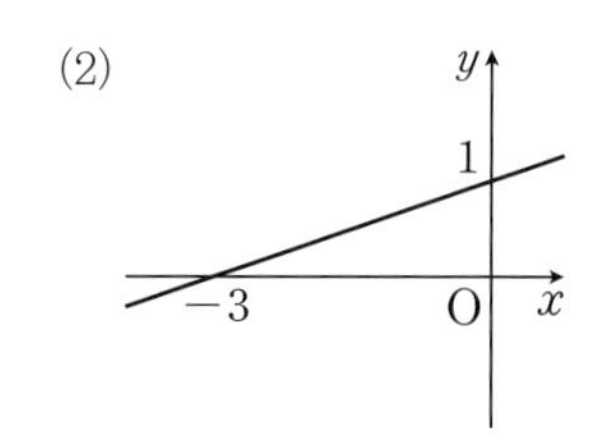

답 (1) $x=-2$ (2) $y=\frac{1}{3}x+1$

꽉 잡아, 개념!

(1) **일차방정식 $x=p$, $y=q$의 그래프**

① 일차방정식 $x=p$ (p는 수, $p\neq 0$)의 그래프는 점 $(p,\ 0)$을 지나고 **y축에 평행**한 직선이다.

② 일차방정식 $y=q$ (q는 수, $q\neq 0$)의 그래프는 점 $(0,\ q)$를 지나고 **x축에 평행**한 직선이다.

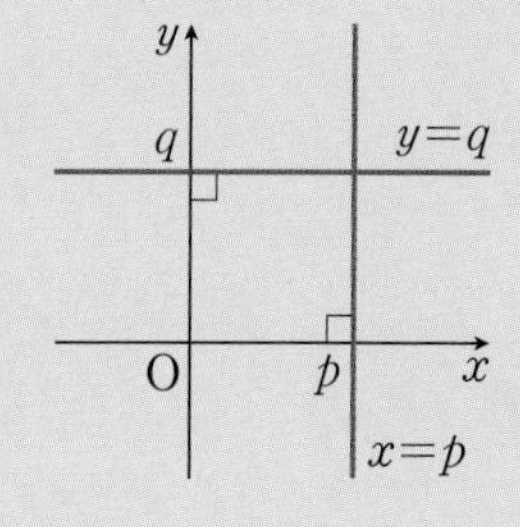

참고 ① 일차방정식 $x=0$의 그래프 ➡ y축
② 일차방정식 $y=0$의 그래프 ➡ x축

(2) **직선의 방정식**: x, y의 값의 범위가 수 전체일 때, 일차방정식

$$ax+by+c=0\ (a,\ b,\ c\text{는 수, } a\neq 0 \text{ 또는 } b\neq 0)$$

의 해는 무수히 많고, 이것을 좌표평면 위에 나타내면 직선이 된다.
이때 이 일차방정식 $ax+by+c=0$을 **직선의 방정식**이라 한다.

▶ 정답 및 풀이 27쪽

다음 직선의 방정식을 구하시오.

(1) 점 $(1,\ 7)$을 지나고 x축에 평행한 직선

(2) 점 $(-4,\ 5)$를 지나고 x축에 수직인 직선

풀이 (2) x축에 수직인 직선은 y축에 평행한 직선이므로
점 $(-4,\ 5)$를 지나고 y축에 평행한 직선의 방정식은 $x=-4$

답 (1) $y=7$ (2) $x=-4$

1-1 다음 일차방정식의 그래프를 좌표평면 위에 각각 그리시오.

(1) $x-1=0$ (2) $y+4=2$

(3) $2x+1=-5$ (4) $3y-12=0$

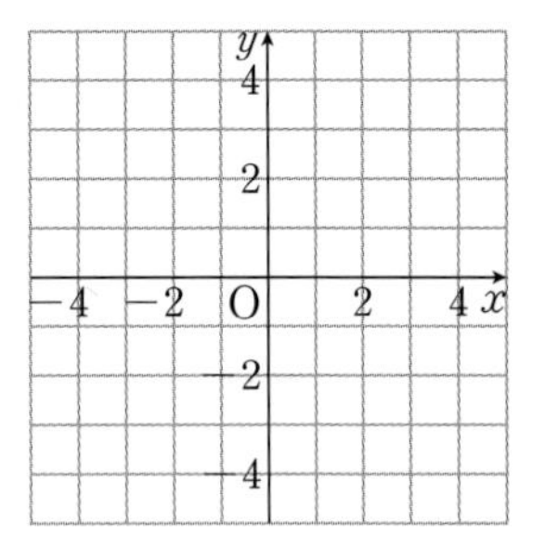

1-2 다음 직선의 방정식을 구하시오.

(1) 점 $(-5,\ 3)$을 지나고 y축에 평행한 직선

(2) 점 $(-3,\ -6)$을 지나고 y축에 수직인 직선

(3) 두 점 $(4,\ 0)$, $(4,\ -3)$을 지나는 직선

(4) 두 점 $(2,\ -1)$, $(6,\ -1)$을 지나는 직선

35

* QR코드를 스캔하여 개념 영상을 확인하세요.

일차방정식의 그래프와 연립방정식 (1)

●● 일차방정식의 그래프와 연립방정식의 해 사이에는 어떤 관계가 있을까?

오른쪽 그림은 두 일차방정식 $x+y=3$, $x-y=1$의 그래프이고, 이 두 그래프의 교점의 좌표는

$$(2,\ 1)$$

이다.

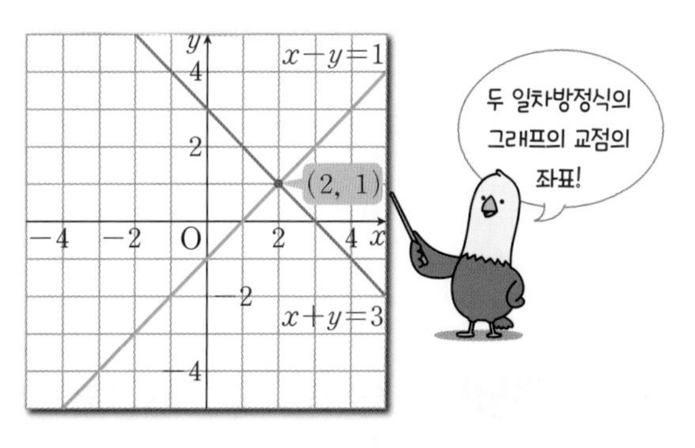

또, 연립방정식 $\begin{cases} x+y=3 \\ x-y=1 \end{cases}$ 의 해를 구해 보면

$$x=2,\ y=1$$

이다.

이때 두 일차방정식 $x+y=3$, $x-y=1$의 그래프의 교점의 좌표 $(2,\ 1)$, 즉 $x=2$, $y=1$은 연립방정식 $\begin{cases} x+y=3 \\ x-y=1 \end{cases}$ 의 해와 같음을 알 수 있다.

일반적으로 두 일차방정식 $ax+by+c=0$, $a'x+b'y+c'=0$의 그래프의 교점의 좌표는 연립방정식 $\begin{cases} ax+by+c=0 \\ a'x+b'y+c'=0 \end{cases}$ 의 해와 같다.

두 일차방정식의 그래프의 교점의 좌표		연립방정식의 해
(p, q)	=	$x=p, y=q$

주어진 그래프를 이용하여 다음 연립방정식을 풀어 보자.

(1) $\begin{cases} x+3y=3 \\ 2x+y=-4 \end{cases}$

⇨ 두 일차방정식의 그래프의 교점의 좌표가 (□, □)이므로 연립방정식의 해는

$x=$□, $y=$□

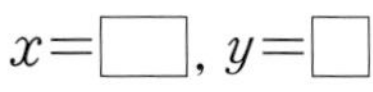

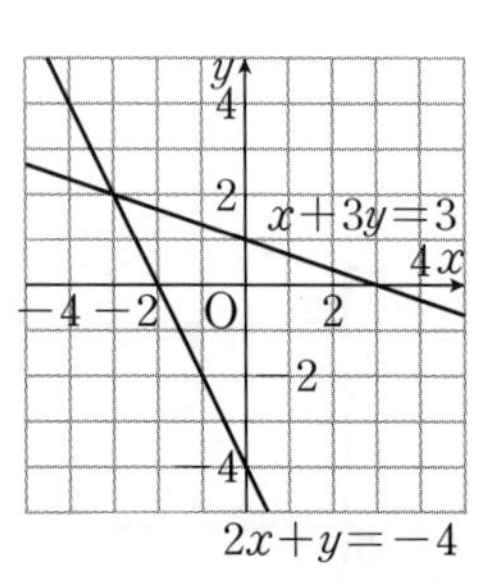

(2) $\begin{cases} x-y=2 \\ x+4y=-3 \end{cases}$

⇨ 두 일차방정식의 그래프의 교점의 좌표가 (□, □)이므로 연립방정식의 해는

$x=$□, $y=$□

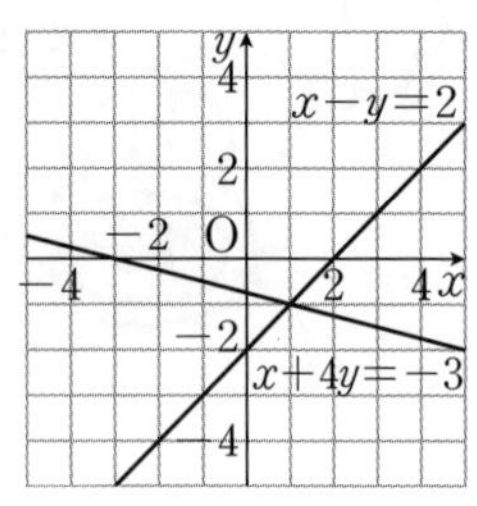

답 (1) -3, 2, -3, 2 (2) 1, -1, 1, -1

꽉 잡아, 개념!

일차방정식의 그래프와 연립방정식의 해

두 일차방정식

$ax+by+c=0$, $a'x+b'y+c'=0$

의 그래프의 교점의 좌표 는 연립방정식

$\begin{cases} ax+by+c=0 \\ a'x+b'y+c'=0 \end{cases}$

의 해와 같다 .

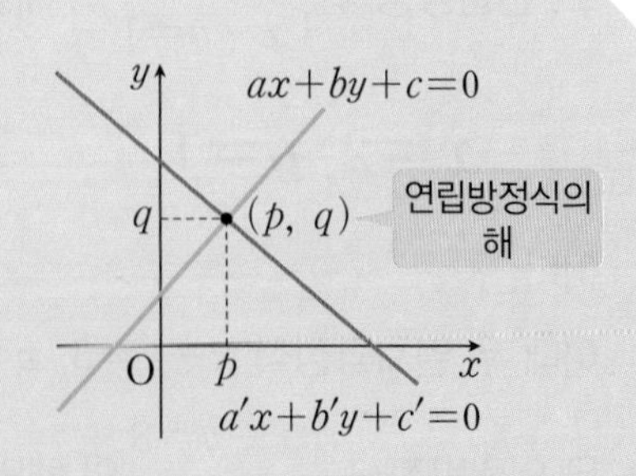

개념을 Go, Go! 확인해 보자

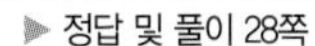

▶ 정답 및 풀이 28쪽

1 연립방정식 $\begin{cases} x-2y=6 \\ 3x+2y=2 \end{cases}$ 의 각 일차방정식의 그래프를 좌표평면 위에 그리고, 그 그래프를 이용하여 연립방정식을 푸시오.

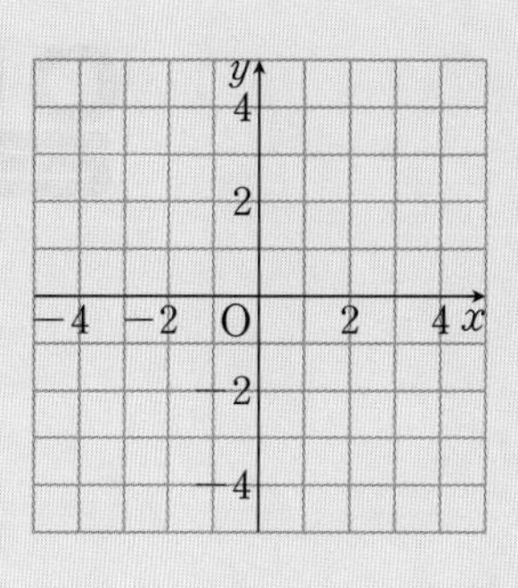

풀이 연립방정식의 각 일차방정식의 그래프는 오른쪽 그림과 같다.
두 일차방정식의 그래프의 교점의 좌표가 $(2,\ -2)$이므로 연립방정식의 해는
$x=2,\ y=-2$

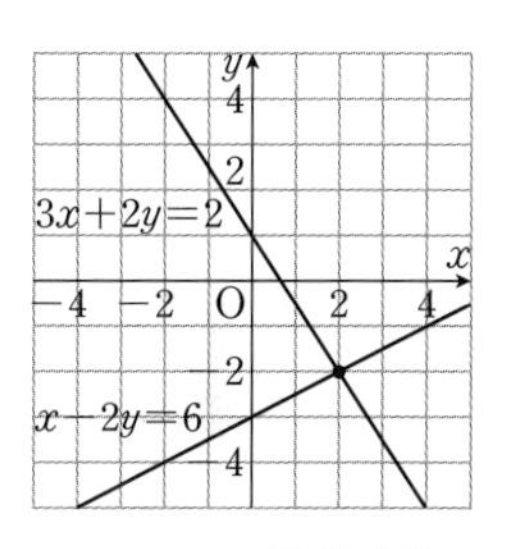

답 풀이 참조

1-1 오른쪽 그래프를 이용하여 다음 연립방정식을 푸시오.

(1) $\begin{cases} x-4y=3 \\ 3x-y=-2 \end{cases}$

(2) $\begin{cases} 3x-y=-2 \\ 5x+4y=8 \end{cases}$

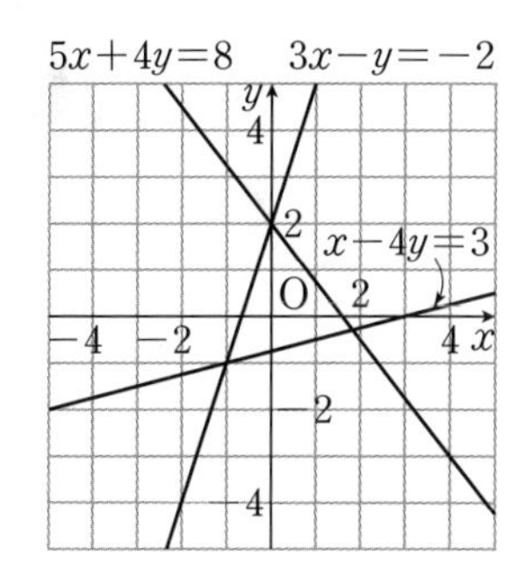

1-2 오른쪽 그림은 두 일차방정식 $x-3y=-5$, $5x-2y=1$의 그래프이다. 두 그래프의 교점의 좌표를 구하시오.

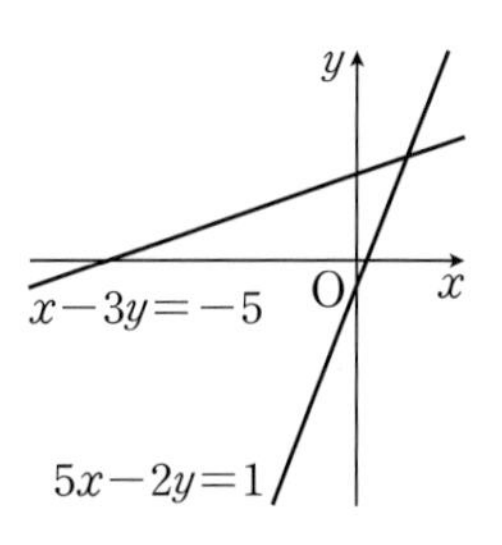

36 일차방정식의 그래프와 연립방정식 (2)

* QR코드를 스캔하여 개념 영상을 확인하세요.

●● 두 일차방정식의 그래프의 교점의 개수와 연립방정식의 해의 개수 사이에는 어떤 관계가 있을까?

일차방정식의 그래프는 직선이고, 한 평면 위에서 두 직선의 위치 관계는 한 점에서 만나거나 평행하거나 일치하는 세 가지 경우가 있다.

'개념 **35**'에서 두 일차방정식의 그래프의 교점의 좌표는 연립방정식의 해와 같음을 배웠고, 두 그래프가 한 점에서 만나는 경우에 대하여 살펴보았다. 이제 연립방정식에서 두 일차방정식의 그래프가 평행하거나 일치하는 경우에 대하여 알아보자.

❶ 두 일차방정식의 그래프가 평행한 경우

연립방정식 $\begin{cases} 2x+y=3 \\ 2x+y=-2 \end{cases}$ 에서 두 일차방정식을 각각 y에 대하여 풀면

$$\begin{cases} y=-2x+3 \\ y=-2x-2 \end{cases}$$

이를 그래프로 나타내면 다음 그림과 같이 두 직선은 서로 평행하므로 교점이 없다.

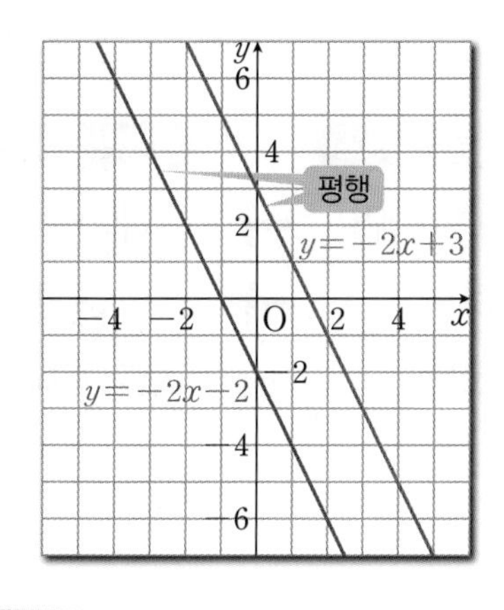

따라서 주어진 연립방정식의 해는 없다.

❷ 두 일차방정식의 그래프가 일치하는 경우

연립방정식 $\begin{cases} 3x-y=-1 \\ 6x-2y=-2 \end{cases}$ 에서 두 일차방정식을 각각 y에 대하여 풀면

$$\begin{cases} \boldsymbol{y=3x+1} \\ \boldsymbol{y=3x+1} \end{cases}$$

이를 그래프로 나타내면 다음 그림과 같이 두 직선이 일치하므로 교점이 무수히 많다.

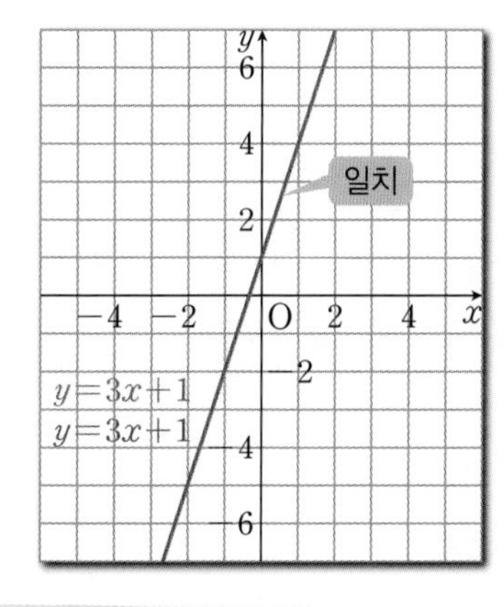

▶ 두 직선이 일치하면 직선 $3x-y=-1$ 위의 모든 점이 교점이므로 이 연립방정식의 해는 $3x-y=-1$을 만족하는 모든 순서쌍 (x, y)이다. 이를 '해가 무수히 많다'고 한다.

따라서 주어진 연립방정식의 해는 무수히 많다.

일반적으로 연립방정식 $\begin{cases} ax+by+c=0 \\ a'x+b'y+c'=0 \end{cases}$ 의 해의 개수는 두 일차방정식 $ax+by+c=0$, $a'x+b'y+c'=0$의 그래프의 교점의 개수와 같다.

즉, 연립방정식의 해의 개수와 두 일차방정식의 그래프 사이에는 다음과 같은 관계가 있다.

두 일차방정식의 그래프		연립방정식의 해의 개수
한 점에서 만나면	→	해가 하나이다.
평행하면	→	해가 없다.
일치하면	→	해가 무수히 많다.

다음 연립방정식의 각 일차방정식의 그래프를 좌표평면 위에 그리고, 그 그래프를 이용하여 연립방정식을 풀어 보자.

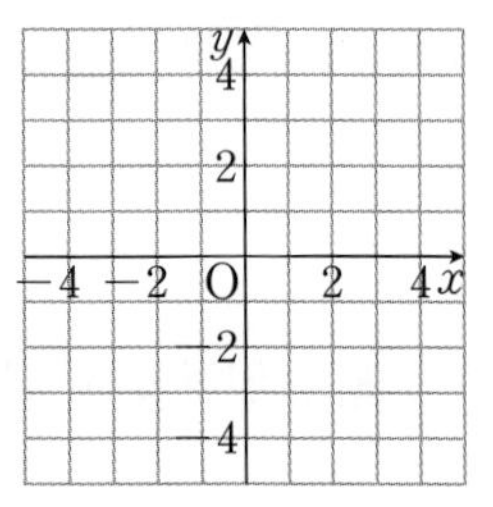

(1) $\begin{cases} 2x+y=-3 \\ 4x+2y=2 \end{cases}$ (2) $\begin{cases} x-3y=1 \\ 3x-9y=3 \end{cases}$

답 (1) 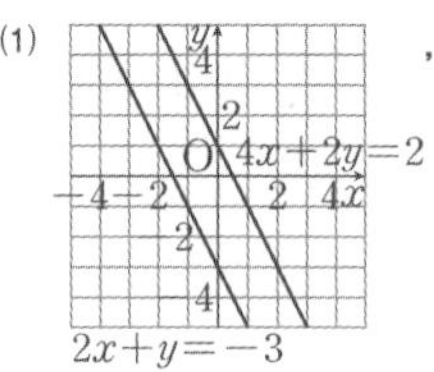

, 해가 없다. (2) 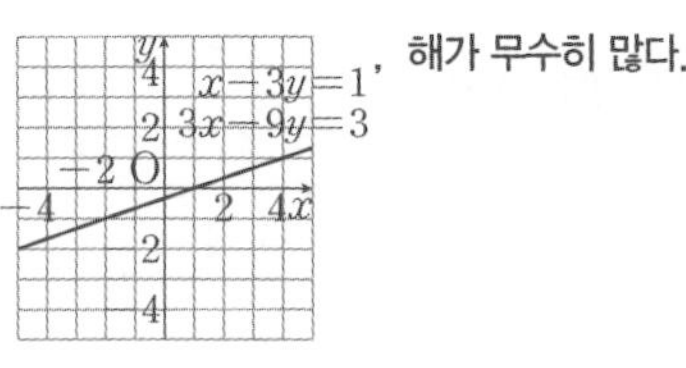

, 해가 무수히 많다.

회색 글씨를 따라 쓰면서 개념을 정리해 보자!

꽉 잡아, 개념!

연립방정식의 해의 개수와 두 그래프의 위치 관계

연립방정식 $\begin{cases} ax+by+c=0 \\ a'x+b'y+c'=0 \end{cases}$의 해의 개수는 두 일차방정식 $ax+by+c=0$, $a'x+b'y+c'=0$의 그래프의 교점의 개수와 같다.

두 그래프의 위치 관계	한 점	평행	일치
두 그래프의 교점의 개수	한 개이다.	없다.	무수히 많다.
연립방정식의 해의 개수	해가 하나이다.	해가 없다.	해가 무수히 많다.
기울기와 y절편	기울기가 다르다.	기울기는 같고 y절편은 다르다.	기울기와 y절편이 각각 같다.

확인해 보자

▶ 정답 및 풀이 28쪽

1 연립방정식 $\begin{cases} 4x-y=5 \\ ax-2y=7 \end{cases}$ 의 해가 없을 때, 수 a의 값을 구하시오.

해가 없다는 것은 두 일차방정식의 그래프가 서로 평행하다는 뜻이야.

풀이 두 일차방정식을 각각 y에 대하여 풀면

$4x-y=5$에서 $y=4x-5$, $ax-2y=7$에서 $y=\frac{a}{2}x-\frac{7}{2}$

연립방정식의 해가 없으려면 두 일차방정식의 그래프가 서로 평행해야 하므로

기울기는 같고, y절편은 달라야 한다.

$4=\frac{a}{2}$ $\quad\therefore a=8$

답 8

1-1 연립방정식 $\begin{cases} ax-y+3=0 \\ 3x+6y-4=0 \end{cases}$ 의 해가 없을 때, 수 a의 값을 구하시오.

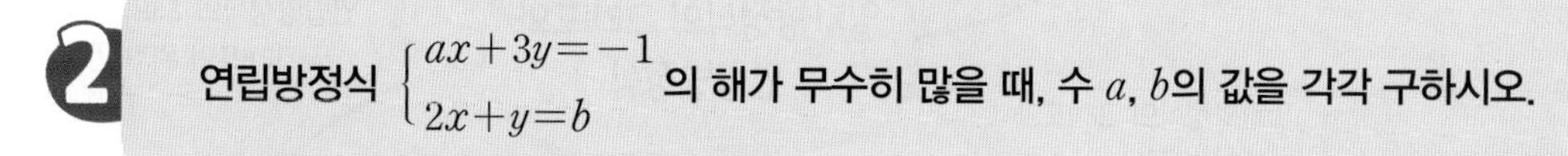

2 연립방정식 $\begin{cases} ax+3y=-1 \\ 2x+y=b \end{cases}$ 의 해가 무수히 많을 때, 수 a, b의 값을 각각 구하시오.

해가 무수히 많다는 것은 두 일차방정식의 그래프가 일치한다는 뜻이지.

풀이 두 일차방정식을 각각 y에 대하여 풀면

$ax+3y=-1$에서 $y=-\frac{a}{3}x-\frac{1}{3}$, $2x+y=b$에서 $y=-2x+b$

연립방정식의 해가 무수히 많으려면 두 일차방정식의 그래프가 일치해야 하므로

기울기와 y절편이 각각 같아야 한다.

$-\frac{a}{3}=-2$, $-\frac{1}{3}=b$ $\quad\therefore a=6$, $b=-\frac{1}{3}$

답 $a=6$, $b=-\frac{1}{3}$

2-1 연립방정식 $\begin{cases} x+ay-4=0 \\ -2x+8y-b=0 \end{cases}$ 의 해가 무수히 많을 때, 수 a, b의 값을 각각 구하시오.

개념을 정리해 보자

일차함수와 일차방정식의 관계
$ax+by+c=0$ (단, $a\neq0$, $b\neq0$)
일차함수
일차방정식
$y=-\frac{a}{b}x-\frac{c}{b}$
일차방정식의 그래프
점 $(p, 0)$을 지나고 y축에 평행한 직선
$x=p$의 그래프
$y=q$의 그래프
점 $(0, q)$를 지나고 x축에 평행한 직선
직선의 방정식
일차방정식 $ax+by+c=0$ (a, b, c는 수, $a\neq0$ 또는 $b\neq0$)
일차방정식의 그래프와 연립방정식
연립방정식의 해의 개수와 두 그래프의 위치 관계
① 한 점에서 만난다. → 해가 하나이다.
② 평행하다. → 해가 없다.
③ 일치한다. → 해가 무수히 많다.
일차방정식의 그래프와 연립방정식의 해
두 일차방정식 $ax+by+c=0$, $a'x+b'y+c'=0$ 의 그래프의 교점의 좌표
=
연립방정식 $\begin{cases} ax+by+c=0 \\ a'x+b'y+c'=0 \end{cases}$ 의 해
y
연립방정식의 해
$a'x+b'y+c'=0$
$ax+by+c=0$
O
x

문제를 Go,Go! 풀어 보자

* QR코드를 스캔하여 문제의 답을 입력하고 자신의 실력을 진단하세요.

▶ 정답 및 풀이 28쪽

1 다음 중 일차방정식 $2x-y-3=0$의 그래프는?

①
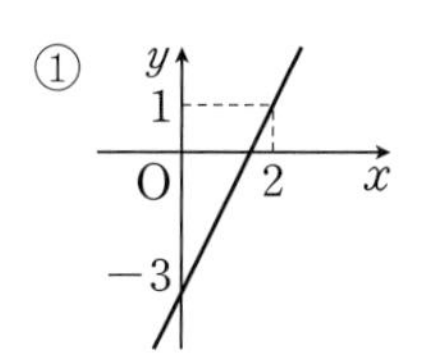

②
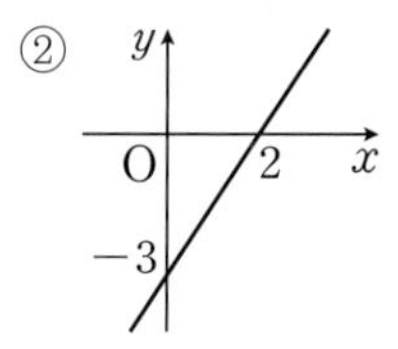

③
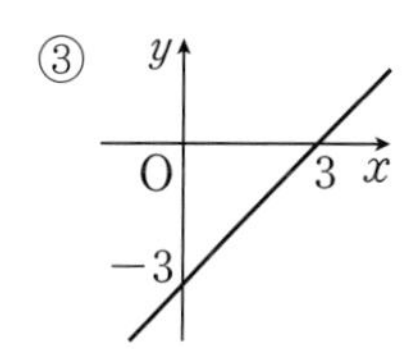

④
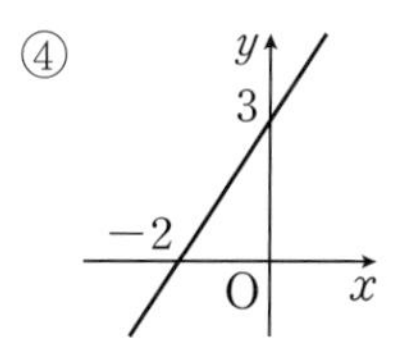

⑤
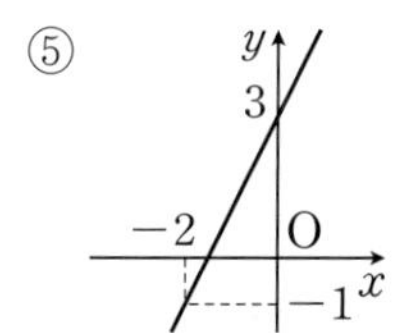

2 일차방정식 $2x+3y+14=0$의 그래프가 오른쪽 그림과 같을 때, a의 값을 구하시오.

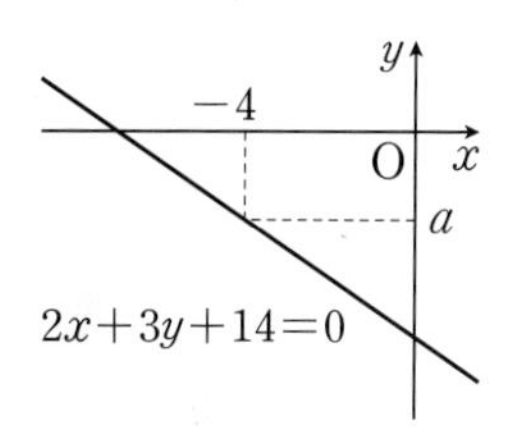

3 다음 중 일차방정식 $3x-y-1=0$의 그래프에 대한 설명으로 옳은 것을 모두 고르면? (정답 2개)

① x절편은 $-\frac{1}{3}$, y절편은 -1이다.

② 오른쪽 아래로 향하는 직선이다.

③ 일차함수 $y=3x+7$의 그래프와 한 점에서 만난다.

④ 제2사분면을 지나지 않는다.

⑤ 점 $(-2,\ -7)$을 지난다.

4 일차방정식 $(2a+1)x-y+7=0$의 그래프가 두 점 $(-2,\ -11)$, $(b,\ -20)$을 지날 때, ab의 값을 구하시오. (단, a는 수)

5 다음 중 y축에 수직인 직선의 방정식을 모두 고르면? (정답 2개)

① $x+y=0$　② $x=-1$　③ $1-y=-2$

④ $y+2=0$　⑤ $3x-5=0$

6 일차방정식 $5x-y-1=0$의 그래프 위의 점 $(k,\ 9)$를 지나고 x축에 수직인 직선의 방정식은?

① $x=2$　② $x=9$　③ $y=-2$

④ $y=2$　⑤ $y=9$

7 일차방정식 $ax+by=-1$의 그래프가 오른쪽 그림과 같을 때, 수 a, b에 대하여 $a-b$의 값은?

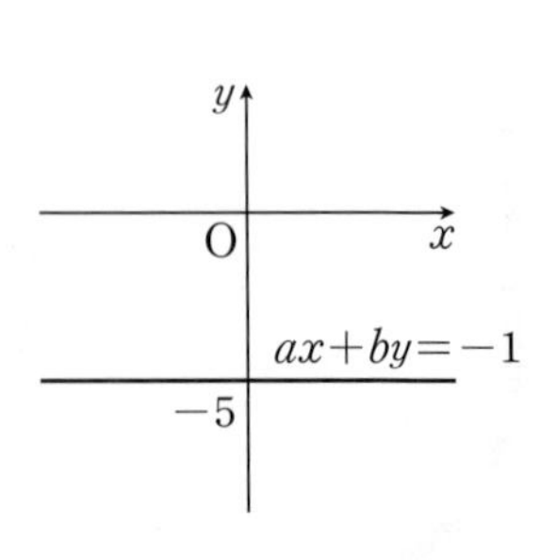

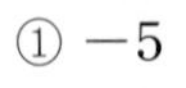
① -5　② $-\frac{1}{5}$　③ 0

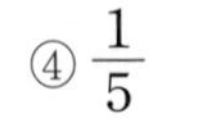
④ $\frac{1}{5}$　
⑤ 5

8 두 점 $(-a-5,\ 3)$, $(3a+7,\ 8)$을 지나는 직선이 y축에 평행할 때, a의 값을 구하시오.

9 오른쪽 그림에서 연립방정식 $\begin{cases} 2x+y=-2 \\ 4x-3y=6 \end{cases}$ 의 해를 나타내는 점은?

① A　　② B　　③ C　　④ D　　⑤ E

10 두 일차방정식 $x-4y+3=0$, $2x-5y-9=0$의 그래프의 교점의 좌표가 $(a,\ b)$일 때, $a-b$의 값을 구하시오.

11 두 직선 $y=2x-1$, $y=ax-2$의 교점의 y좌표가 1일 때, 수 a의 값은?

① $-\frac{5}{3}$　　② $-\frac{1}{3}$　　③ $\frac{1}{3}$　　④ $\frac{5}{3}$　　⑤ 3

풀어 보자~

12 연립방정식 $\begin{cases} ax+y=-3 \\ x+by=-14 \end{cases}$의 해를 구하기 위해 그래프를 그렸더니 오른쪽 그림과 같았다. 이때 수 a, b의 값을 각각 구하면?

① $a=1$, $b=-3$　② $a=1$, $b=-2$

③ $a=1$, $b=-1$　④ $a=2$, $b=-2$

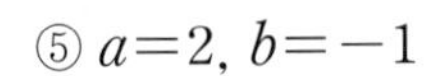
⑤ $a=2$, $b=-1$

13 두 직선 $2x+ay=1$, $4x-10y=b$가 일치할 때, 수 a, b의 값은?

① $a=-5$, $b=-2$　② $a=-5$, $b=2$　③ $a=-5$, $b=7$

④ $a=-3$, $b=2$　⑤ $a=5$, $b=2$

14 연립방정식 $\begin{cases} kx+y=-2 \\ 3x+2y=8 \end{cases}$이 오직 한 쌍의 해를 갖도록 하는 수 k의 조건은?

① $k\neq-\frac{3}{2}$　② $k=-\frac{2}{3}$　③ $k\neq\frac{2}{3}$

④ $k\neq\frac{3}{2}$　⑤ $k=\frac{3}{2}$

15 두 직선 $ax-2y+4=0$, $-2x+4y-b=0$의 교점이 존재하지 않도록 하는 수 a, b의 조건은?

① $a=-1$, $b\neq8$　② $a=1$, $b\neq-8$　③ $a=1$, $b=8$

④ $a=1$, $b\neq8$　⑤ $a\neq1$

공부가 즐거운 비주얼 개념서
LOOK
룩으로 놀듯이
개념 완성!
• 꼭 알아야 하는 개념, 교과서보다 쉽게 이해하기!
• 비주얼 자료로 바로 이해하고 오래 기억하기!
• 필수 유형 문제로 실전을 자신있게 대비하기!
비주얼 자료로 개념을 한 번에 익힌다!
국어 문학, 문법, 독서 영어 품사, 문법, 구문
수학 1(상), 1(하), 2(상), 2(하), 3(상), 3(하)
사회 ①, ② 역사 ①, ② 과학 1, 2, 3
구성보기
국어 문법
영어 문법
수학1(상)
사회①
역사 ①
과학1
중등 사회 1
중등 영어 문법
중등 수학 1(상)
중등 국어 독서

중등 도서안내

비주얼 개념서

룩

이미지 연상으로 필수 개념을 쉽게 익히는 비주얼 개념서

국어 문학, 독서, 문법
영어 품사, 문법, 구문
수학 1(상), 1(하), 2(상), 2(하), 3(상), 3(하)
사회 ①, ②
역사 ①, ②
과학 1, 2, 3

필수 개념서

올리드

자세하고 쉬운 개념,
시험을 대비하는 특별한 비법이 한가득!

국어 1-1, 1-2, 2-1, 2-2, 3-1, 3-2
영어 1-1, 1-2, 2-1, 2-2, 3-1, 3-2
수학 1(상), 1(하), 2(상), 2(하), 3(상), 3(하)
사회 ①-1, ①-2, ②-1, ②-2
역사 ①-1, ①-2, ②-1, ②-2
과학 1-1, 1-2, 2-1, 2-2, 3-1, 3-2

* 국어, 영어는 미래엔 교과서 관련 도서입니다.

국어 독해·어휘 훈련서

깨독
깨우자 독해력

수능 국어 독해의 자신감을 깨우는 단계별 훈련서

독해 0_준비편, 1_기본편, 2_실력편, 3_수능편
어휘 1_종합편, 2_수능편

영문법 기본서

GRAMMAR BITE

중학교 핵심 필수 문법 공략, 내신·서술형·수능까지 한 번에!

문법 PREP
Grade 1, Grade 2, Grade 3
SUM

영어 독해 기본서

READING BITE

끊어 읽으며 직독직해하는 중학 독해의 자신감!

독해 PREP
Grade 1, Grade 2, Grade 3
PLUS 수능

영어 어휘 필독서

word BITE

중학교 전 학년 영어 교과서 분석, 빈출 핵심 어휘 단계별 집중!

어휘 핵심동사 561
중등필수 1500
중등심화 1200

정답 및 풀이

3

중등 수학 2 (상)

Mirae N 에듀

3

중등 수학 2 (상)

정답 및 풀이

I. 유리수와 순환소수

❶ 유리수의 소수 표현

준비 해 보자 9쪽

(1) $2.5=\frac{25}{10}=\frac{5}{2}$ (×) ⇨ 홀

(2) $\frac{3}{5}=\frac{3\times2}{5\times2}=\frac{6}{10}=0.6$ (○) ⇨ 로

(3) $1.12=\frac{112}{100}=\frac{28}{25}$ (○) ⇨ 그

(4) $\frac{163}{100}=1.63$ (×) ⇨ 램

답 홀로그램

01 유한소수와 무한소수 12쪽

1-1 답 $-\frac{2}{3}$, $\frac{7}{12}$

$-\frac{2}{3}=-(2\div3)=-0.666\cdots$ ⇨ 무한소수

$\frac{5}{4}=5\div4=1.25$ ⇨ 유한소수

$-\frac{6}{15}=-\frac{2}{5}=-(2\div5)=-0.4$ ⇨ 유한소수

$\frac{7}{12}=7\div12=0.58333\cdots$ ⇨ 무한소수

$\frac{15}{8}=15\div8=1.875$ ⇨ 유한소수

따라서 무한소수가 되는 것은 $-\frac{2}{3}$, $\frac{7}{12}$이다.

1-2 답 ㄴ, ㄹ

ㄱ. 5.40324861은 유한소수이다.

ㄷ. $\frac{35}{42}=\frac{5}{6}=5\div6=0.8333\cdots$이므로

$\frac{35}{42}$를 소수로 나타내면 무한소수이다.

ㄹ. $\frac{7}{56}=\frac{1}{8}=1\div8=0.125$이므로

$\frac{7}{56}$을 소수로 나타내면 유한소수이다.

이상에서 옳은 것은 ㄴ, ㄹ이다.

02 순환소수 15쪽

1-1 답 ㄱ, ㄹ

ㄴ. $1.311311311\cdots=1.\dot{3}1\dot{1}$

ㄷ. $2.101010\cdots=2.\dot{1}\dot{0}$

이상에서 순환소수의 표현이 옳은 것은 ㄱ, ㄹ이다.

2-1 답 (1) 6개 (2) 5

(1) $\frac{2}{7}=0.285714285714285714\cdots$

이므로 순환마디는 285714이고, 순환마디를 이루는 숫자는 2, 8, 5, 7, 1, 4의 6개이다.

(2) $45=6\times7+3$이므로 소수점 아래 45번째 자리의 숫자는 순환마디의 3번째 숫자와 같은 5이다.

❷ 유리수의 분수 표현

준비 해 보자 17쪽

$\frac{42}{360}$를 기약분수로 나타낸 후 분모를 소인수분해하면

$\frac{42}{360}=\frac{7}{60}=\frac{7}{2^2\times3\times5}$

이므로 분모의 소인수는 2, 3, 5이다.

따라서 주어진 그림에서 2, 3, 5를 모두 찾아 색칠하면 다음과 같다.

13	3	3	3	3	5	11	2	2	2	5	13	2	11
13	2	7	7	7	2	11	7	13	11	5	13	2	11
17	2	11	11	11	2	19	7	13	11	5	13	3	11
17	2	13	13	13	2	19	7	13	11	5	13	3	11
17	2	5	5	5	3	19	7	17	19	5	13	3	11
17	7	11	7	11	11	19	7	17	19	5	13	3	19
17	11	7	5	7	11	19	17	17	19	7	17	3	19
17	11	7	5	7	11	19	11	7	19	7	17	5	19
17	7	7	3	7	11	19	11	7	11	7	17	5	19
2	2	2	3	3	3	3	11	7	7	7	17	5	19

답 모기

03 유한소수, 순환소수로 나타낼 수 있는 분수

22~23쪽

1-1 답 ③, ④

① $\frac{6}{2\times7}=\frac{3}{7}$ ⇨ 분모의 소인수: 7

② $\frac{10}{2^2\times3\times5}=\frac{1}{2\times3}$ ⇨ 분모의 소인수: 2, 3

③ $\frac{21}{3\times5\times7}=\frac{1}{5}$ ⇨ 분모의 소인수: 5

④ $\frac{27}{2^2\times3^2\times5}=\frac{3}{2^2\times5}$ ⇨ 분모의 소인수: 2, 5

⑤ $\frac{45}{2^3\times5\times11}=\frac{9}{2^3\times11}$ ⇨ 분모의 소인수: 2, 11

따라서 유한소수로 나타낼 수 있는 것은 기약분수로 나타냈을 때 분모의 소인수가 2 또는 5뿐인 ③, ④이다.

1-2 답 $\frac{24}{57}$, $\frac{55}{121}$

$\frac{23}{50}=\frac{23}{2\times5^2}$ ⇨ 분모의 소인수: 2, 5

$\frac{24}{57}=\frac{8}{19}$ ⇨ 분모의 소인수: 19

$\frac{63}{105}=\frac{3}{5}$ ⇨ 분모의 소인수: 5

$\frac{55}{121}=\frac{5}{11}$ ⇨ 분모의 소인수: 11

따라서 순환소수로 나타낼 수 있는 것은 기약분수로 나타냈을 때 분모에 2 또는 5 이외의 소인수가 있는 $\frac{24}{57}$, $\frac{55}{121}$이다.

2-1 답 21

$\frac{x}{2^2\times3\times5\times7}$가 유한소수가 되려면 분모의 소인수가 2 또는 5뿐이어야 하므로 x는 $3\times7=21$의 배수이어야 한다.

따라서 x의 값이 될 수 있는 가장 작은 자연수는 21이다.

2-2 답 ②, ④

$\frac{6}{2\times5\times a}=\frac{3}{5\times a}$이 순환소수가 되려면 기약분수로 나타냈을 때 분모에 2 또는 5 이외의 소인수가 있어야 한다.

① $a=6$이면 $\frac{3}{5\times6}=\frac{1}{2\times5}$

② $a=7$이면 $\frac{3}{5\times7}$

③ $a=8$이면 $\frac{3}{5\times8}=\frac{3}{2^3\times5}$

④ $a=9$이면 $\frac{3}{5\times9}=\frac{1}{3\times5}$

⑤ $a=10$이면 $\frac{3}{5\times10}=\frac{3}{2\times5^2}$

따라서 a의 값이 될 수 있는 것은 ②, ④이다.

04 순환소수를 분수로 나타내기

28쪽

1-1 답 (1) $\frac{35}{33}$ (2) $\frac{382}{165}$

(1) $x=1.060606\cdots$이라 하면

$$\begin{array}{rrl} & 100x= & 106.060606\cdots \\ -) & x= & 1.060606\cdots \\ \hline & 99x= & 105 \end{array}$$

$\therefore x=\frac{105}{99}=\frac{35}{33}$

(2) $x=2.3151515\cdots$라 하면

$$\begin{array}{rrl} & 1000x= & 2315.151515\cdots \\ -) & 10x= & 23.151515\cdots \\ \hline & 990x= & 2292 \end{array}$$

$\therefore x=\frac{2292}{990}=\frac{382}{165}$

2-1 답 ㄴ, ㄷ

ㄱ. 순환소수가 아닌 무한소수는 유리수가 아니다.

이상에서 옳은 것은 ㄴ, ㄷ이다.

GoGo! 문제를 풀어 보자

30~33쪽

1 3개	2 ④	3 ③	4 ④
5 ②	6 3	7 ④	8 ④
9 ①	10 ④	11 ③	12 ④
13 ③	14 ②	15 ④	16 ②

1 1.6 ⇨ 유한소수

$\frac{9}{8}=1.125$ ⇨ 유한소수

$\pi=3.14159265\cdots$ ⇨ 무한소수

$\frac{4}{27}=0.148148148\cdots$ ⇨ 무한소수

$\frac{1}{14}=0.0714285\cdots$ ⇨ 무한소수

따라서 무한소수인 것은 π, $\frac{4}{27}$, $\frac{1}{14}$의 3개이다.

2 ① $\frac{21}{8}$은 유리수이다.

② 2.318318⋯은 무한소수이다.

③ 5.409는 유한소수이다.

④ $\frac{17}{6}$을 소수로 나타내면 2.8333⋯이므로 무한소수이다.

⑤ $\frac{4}{11}$를 소수로 나타내면 무한소수이다.

따라서 옳은 것은 ④이다.

3 주어진 순환소수의 순환마디는 각각 다음과 같다.

① 30　② 87　④ 79　⑤ 68

4 ④ $1.737373\cdots=1.\dot{7}\dot{3}$

5 $\frac{50}{27}=1.851851851\cdots$의 순환마디는 851이다.

순환마디의 양 끝의 숫자 위에 점을 찍어 나타내면

$\frac{50}{27}=1.\dot{8}5\dot{1}$

6 $\frac{12}{37}=0.324324324\cdots=0.\dot{3}2\dot{4}$이므로 순환마디를 이루는 숫자의 개수는 3개이다.

이때 $25=3\times8+1$이므로 소수점 아래 25번째 자리의 숫자는 순환마디의 첫 번째 숫자인 3이다.

7 $\frac{3}{250}=\frac{3}{2\times5^3}$

$=\frac{3\times\boxed{(가)\ 2^2}}{2\times5^3\times\boxed{(가)\ 2^2}}$

$=\frac{\boxed{(나)\ 12}}{10^{\boxed{(다)\ 3}}}$

$=\boxed{(라)\ 0.012}$

8 먼저 분수를 기약분수로 고친 후, 분모의 소인수가 2 또는 5뿐인 것을 찾는다.

ㄱ. $\frac{5}{12}=\frac{5}{2^2\times3}$

ㄴ. $\frac{14}{35}=\frac{2}{5}$

ㄷ. $\frac{6}{2^3\times3^2\times5}=\frac{1}{2^2\times3\times5}$

ㄹ. $\frac{6}{45}=\frac{2}{15}=\frac{2}{3\times5}$

ㅁ. $\frac{9}{2\times3\times5^2}=\frac{3}{2\times5^2}$

이상에서 유한소수로 나타낼 수 있는 것은 ㄴ, ㅁ이다.

9 분수가 유한소수가 되려면 분수를 기약분수로 나타내었을 때, 분모의 소인수가 2 또는 5뿐이어야 하므로 a는 3×11, 즉 33의 배수이어야 한다.

따라서 a의 값이 될 수 없는 것은 ①이다.

10 $\frac{7}{2\times5^3\times n}$이 순환소수가 되려면 기약분수의 분모가 2 또는 5 이외의 소인수를 가져야 한다.

이때 n은 한 자리 자연수이므로

$n=3$ 또는 $n=6$ 또는 $n=9$

따라서 모든 n의 값의 합은

$3+6+9=18$

11 순환소수 $0.31\dot{4}$를 x로 놓으면

$x=0.31444\cdots$ ⋯⋯ ㉠

㉠의 양변에 $\boxed{(가)\ 100}$을 곱하면

$\boxed{(가)\ 100}\,x=31.444\cdots$ ⋯⋯ ㉡

또, ㉠의 양변에 $\boxed{(나)\ 1000}$을 곱하면

$\boxed{(나)\ 1000}\,x=314.444\cdots$ ⋯⋯ ㉢

㉢에서 ㉡을 변끼리 빼면

$\boxed{(다)\ 900}\,x=\boxed{(라)\ 283}$

$\therefore x=\boxed{(마)\ \frac{283}{900}}$

12 $0.\dot{3}\dot{2}=x$라고 하면

$100x=32.323232\cdots$

$x=\ 0.323232\cdots$

각각 변끼리 빼면

$99x=32$

$\therefore x=\dfrac{32}{99}$

따라서 $a=32$, $b=99$이다.

즉, $a+b=131$

13 $x=0.1\dot{6}=0.1666\cdots$이므로

$10x=1.666\cdots$,

$100x=16.666\cdots$

$\therefore 100x-10x=15$

따라서 가장 편리한 식은 ③이다.

14 [민정] $x=1.333\cdots$이므로

$10x=13.333\cdots$

$\therefore 10x-x=12$

[은수] $x=2.7555\cdots$이므로

$10x=27.555\cdots$,

$100x=275.555\cdots$

$\therefore 100x-10x=248$

[규민] $x=3.252525\cdots$이므로

$100x=325.252525\cdots$

$\therefore 100x-x=322$

[성주] $x=5.2404040\cdots$이므로

$10x=52.404040\cdots$,

$1000x=5240.404040\cdots$

$\therefore 1000x-10x=5188$

따라서 잘못 말한 학생은 민정, 은수이다.

15 ① 순환마디가 70이다.

②, ④ $1000x-10x=82438$이므로

$x=\dfrac{82438}{990}=\dfrac{41219}{495}$

로 표현할 수 있다. 즉, x는 유리수이다.

③ 순환소수는 순환하는 무한소수를 의미한다.

⑤ 분모의 소인수가 2 또는 5인 기약분수는 유한소수이다.

16 ㄱ. 무한소수 중에는 순환소수가 아닌 것도 있다.

ㄴ. $\dfrac{1}{3}=0.333\cdots$은 유리수이지만 유한소수가 아니다.

이상에서 옳은 것은 ㄷ, ㄹ이다.

Ⅱ. 단항식의 계산

❸ 지수법칙

준비 해 보자

37쪽

(1) $2\times3\times2\times3\times2\times3\times3=2\times2\times2\times3\times3\times3\times3$

$=2^3\times3^{\boxed{4}}$

(2) $\dfrac{1}{125}=\left(\dfrac{1}{5}\right)^{\boxed{3}}$

(3) $(-1)^{100}=\boxed{1}$

(4) $(-1)^{51}=\boxed{-1}$

(5) $-2^2\times(-5)^2=(-4)\times25=\boxed{-100}$

따라서 (1)~(5)의 $\square$ 안에 들어갈 알맞은 수를 출발점으로 하여 사다리 타기를 하면 다음 그림과 같으므로 구하는 인물의 이름은 '나르키소스'이다.

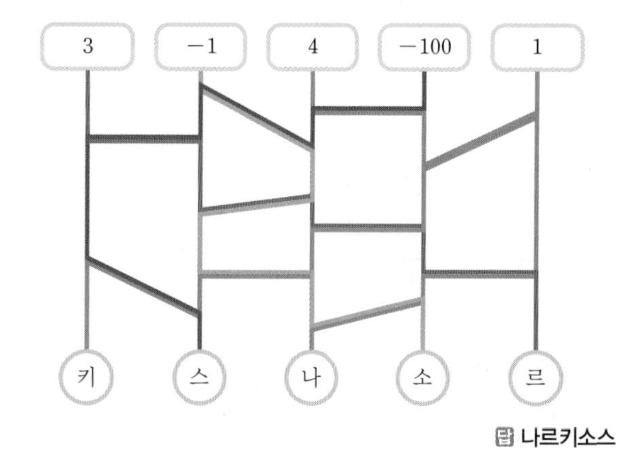

답 나르키소스

05 지수법칙 (1), (2)

41~42쪽

1-1 답 (1) 7^{12} (2) b^{10} (3) x^4y^8 (4) a^7b^9

(1) $7^4\times7^8=7^{4+8}=7^{12}$

(2) $b^3\times b^6\times b=b^{3+6+1}=b^{10}$

(3) $y^5\times x^4\times y^3=x^4\times y^5\times y^3$

$=x^4\times y^{5+3}=x^4y^8$

(4) $a^2\times b^7\times b^2\times a^5=a^2\times a^5\times b^7\times b^2$

$=a^{2+5}\times b^{7+2}=a^7b^9$

2-1 답 (1) 5 (2) 4

(1) $x^{\square}\times x^3=x^{\square+3}=x^8$이므로

$\square+3=8 \qquad \therefore \square=5$

(2) $y^4 \times y^6 \times y^{\square} = y^{4+6+\square} = y^{10+\square} = y^{14}$이므로

$10 + \square = 14 \quad \therefore \square = 4$

3-1 답 (1) x^{20} (2) y^{17} (3) a^{23} (4) $a^{18}b^{15}$

(1) $(x^5)^4 = x^{5\times4} = x^{20}$

(2) $(y^4)^2 \times (y^3)^3 = y^{4\times2} \times y^{3\times3} = y^8 \times y^9 = y^{8+9} = y^{17}$

(3) $(a^2)^5 \times a \times (a^3)^4 = a^{2\times5} \times a \times a^{3\times4}$
$= a^{10} \times a \times a^{12}$
$= a^{10+1+12} = a^{23}$

(4) $(a^5)^3 \times b^7 \times (b^2)^4 \times a^3 = a^{5\times3} \times b^7 \times b^{2\times4} \times a^3$
$= a^{15} \times b^7 \times b^8 \times a^3$
$= a^{15} \times a^3 \times b^7 \times b^8$
$= a^{15+3} \times b^{7+8} = a^{18}b^{15}$

4-1 답 (1) 4 (2) 8

(1) $(x^{\square})^5 = x^{\square\times5} = x^{20}$이므로 $\square \times 5 = 20 \quad \therefore \square = 4$

(2) $(7^3)^2 \times 7^{10} = 7^{3\times2} \times 7^{10} = 7^6 \times 7^{10} = 7^{6+10} = 7^{16}$,

$(7^{\square})^2 = 7^{\square\times2}$이므로 $7^{16} = 7^{\square\times2}$

즉, $16 = \square \times 2$이므로 $\square = 8$

06 지수법칙 (3), (4) ······ 46~47쪽

1-1 답 (1) 2^8 (2) $\frac{1}{x^2}$ (3) a^4 (4) $\frac{1}{y^8}$

(1) $2^{11} \div 2^3 = 2^{11-3} = 2^8$

(2) $(x^3)^2 \div x^8 = x^6 \div x^8 = \frac{1}{x^{8-6}} = \frac{1}{x^2}$

(3) $(a^2)^7 \div (a^5)^2 = a^{14} \div a^{10} = a^{14-10} = a^4$

(4) $y^5 \div y^4 \div (y^3)^3 = y^5 \div y^4 \div y^9 = y^{5-4} \div y^9$
$= y \div y^9 = \frac{1}{y^{9-1}} = \frac{1}{y^8}$

2-1 답 (1) 7 (2) 6

(1) $x^{\square} \div x^4 = x^{\square-4} = x^3$이므로

$\square - 4 = 3 \quad \therefore \square = 7$

(2) $5^{13} \div 5^7 \div 5^{\square} = 5^{13-7} \div 5^{\square} = 5^6 \div 5^{\square} = 1$이므로

$\square = 6$

3-1 답 (1) $25x^6$ (2) $-a^{20}b^{10}$ (3) $\frac{y^{15}}{8x^6}$ (4) $\frac{b^4c^8}{a^{12}}$

(1) $(5x^3)^2 = 5^2 \times x^{3\times2} = 25x^6$

(2) $(-a^4b^2)^5 = (-1)^5 \times a^{4\times5} \times b^{2\times5} = -a^{20}b^{10}$

(3) $\left(\frac{y^5}{2x^2}\right)^3 = \frac{y^{5\times3}}{2^3 \times x^{2\times3}} = \frac{y^{15}}{8x^6}$

(4) $\left(-\frac{bc^2}{a^3}\right)^4 = (-1)^4 \times \frac{b^4 \times c^{2\times4}}{a^{3\times4}} = \frac{b^4c^8}{a^{12}}$

4-1 답 (1) 4 (2) 6

(1) $(-3)^{\square} \times x^{4\times\square} = 81x^{16}$에서

$(-3)^{\square} = 81,\ 4 \times \square = 16$

$\therefore \square = 4$

(2) $\frac{2^3 \times a^{3\times3}}{b^{\square\times3}} = \frac{8a^9}{b^{18}}$에서 $\square \times 3 = 18$

$\therefore \square = 6$

4 단항식의 곱셈과 나눗셈

준비 해 보자 49쪽

(1) $(-3) \times \frac{5}{3}a = -5a$ ⇨ 빈센트 반 고흐

(2) $(-2x) \times (-6) = 12x$ ⇨ 살바도르 달리

(3) $\frac{5}{4}b \div \left(-\frac{1}{4}\right) = \frac{5}{4}b \times (-4) = -5b$ ⇨ 르네 마그리트

답 (1) 빈센트 반 고흐 (2) 살바도르 달리 (3) 르네 마그리트

07 단항식의 곱셈과 나눗셈 ······ 53쪽

1-1 답 (1) $28a^7b^5$ (2) $-18x^4$ (3) $-8x^{10}$ (4) $3x^6y^7$ (5) $-3x^4$ (6) $3a^4b^2$ (7) $9x^3y^2$ (8) $\frac{25}{a}$

(1) $4a^4b^3 \times 7a^3b^2 = 4 \times 7 \times a^4 \times a^3 \times b^3 \times b^2 = 28a^7b^5$

(2) $(3x)^3 \times \left(-\frac{2}{3}x\right) = 27x^3 \times \left(-\frac{2}{3}x\right)$
$= 27 \times \left(-\frac{2}{3}\right) \times x^3 \times x$
$= -18x^4$

(3) $x^4y^3 \times \left(-\frac{2x^2}{y}\right)^3 = x^4y^3 \times \left(-\frac{8x^6}{y^3}\right)$
$= (-8) \times x^4 \times x^6 \times y^3 \times \frac{1}{y^3}$
$= -8x^{10}$

(4) $x^2 \times xy^3 \times 3x^3y^4 = 3 \times x^2 \times x \times x^3 \times y^3 \times y^4 = 3x^6y^7$

(5) $15x^5y^2 \div (-5xy^2) = \frac{15x^5y^2}{-5xy^2} = \frac{15 \times x^5 \times y^2}{-5 \times x \times y^2}$
$= -3x^4$

(6) $(3a^3b)^3 \div 9a^5b = \dfrac{27a^9b^3}{9a^5b} = \dfrac{27\times a^9\times b^3}{9\times a^5\times b} = 3a^4b^2$

(7) $(-12x^4y^5) \div \left(-\dfrac{4}{3}xy^3\right)$

$= (-12x^4y^5)\times\left(-\dfrac{3}{4xy^3}\right)$

$= (-12)\times\left(-\dfrac{3}{4}\right)\times x^4\times\dfrac{1}{x}\times y^5\times\dfrac{1}{y^3}$

$= 9x^3y^2$

(8) $16a^3 \div 4a^2 \div \left(-\dfrac{2}{5}a\right)^2 = 16a^3 \div 4a^2 \div \dfrac{4}{25}a^2$

$= 16a^3 \times \dfrac{1}{4a^2} \times \dfrac{25}{4a^2}$

$= 16 \times \dfrac{1}{4} \times \dfrac{25}{4} \times a^3 \times \dfrac{1}{a^2} \times \dfrac{1}{a^2}$

$= \dfrac{25}{a}$

08 단항식의 곱셈과 나눗셈의 혼합 계산

56쪽

1-1 답 (1) $-32x^4$ (2) $\dfrac{1}{3}x^5$ (3) $6a^6b^5$ (4) $-4ab^2$

(1) $8x^5\times(-4x)\div x^2 = 8x^5\times(-4x)\times\dfrac{1}{x^2}$

$= 8\times(-4)\times x^5\times x\times\dfrac{1}{x^2}$

$= -32x^4$

(2) $(-x^3)^2\div 3x^5\times x^4 = x^6\div 3x^5\times x^4$

$= x^6\times\dfrac{1}{3x^5}\times x^4$

$= \dfrac{1}{3}\times x^6\times\dfrac{1}{x^5}\times x^4$

$= \dfrac{1}{3}x^5$

(3) $10a^3b\div(-5ab^2)\times(-3a^4b^6)$

$= 10a^3b\times\left(-\dfrac{1}{5ab^2}\right)\times(-3a^4b^6)$

$= 10\times\left(-\dfrac{1}{5}\right)\times(-3)\times a^3b\times\dfrac{1}{ab^2}\times a^4b^6$

$= 6a^6b^5$

(4) $ab\times(2ab)^3\div(-2a^3b^2)$

$= ab\times 8a^3b^3\div(-2a^3b^2)$

$= ab\times 8a^3b^3\times\left(-\dfrac{1}{2a^3b^2}\right)$

$= 8\times\left(-\dfrac{1}{2}\right)\times ab\times a^3b^3\times\dfrac{1}{a^3b^2}$

$= -4ab^2$

2-1 답 $\dfrac{21a}{b}$

$2a^3 \div \square \times (-14ab) = -\dfrac{4}{3}a^3b^2$에서

$2a^3 \times \dfrac{1}{\square} \times (-14ab) = -\dfrac{4}{3}a^3b^2$

$\therefore \square = 2a^3\times(-14ab)\div\left(-\dfrac{4}{3}a^3b^2\right)$

$= 2a^3\times(-14ab)\times\left(-\dfrac{3}{4a^3b^2}\right)$

$= \dfrac{21a}{b}$

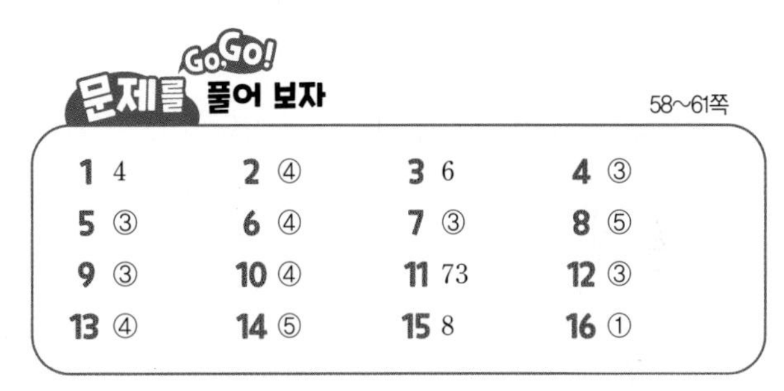

58~61쪽

1 4	2 ④	3 6	4 ③
5 ③	6 ④	7 ③	8 ⑤
9 ③	10 ④	11 73	12 ③
13 ④	14 ⑤	15 8	16 ①

1 $2^x\times 2^3 = 2^{x+3}$

$128 = 2^7$

즉, $2^{x+3} = 2^7$이므로 $x+3=7$ $\therefore x=4$

2 $(a^3)^4\times b^4\times a\times(b^2)^3 = a^{12}\times b^4\times a\times b^6$

$= (a^{12}\times a)\times(b^4\times b^6)$

$= a^{13}b^{10}$

3 $x^{14}\div(x^2)^4\div x^{\square} = x^{14}\div x^8\div x^{\square} = x^6\div x^{\square}$

즉, $x^6\div x^{\square}=1$이므로 $\square=6$

4 $81^3\times 27^2\div 9^3 = (3^4)^3\times(3^3)^2\div(3^2)^3$

$= 3^{12}\times 3^6\div 3^6$

$= 3^{18}\div 3^6 = 3^{12}$

$\therefore x=12$

5 ① $(a^4b^6)^2 = a^8b^{12}$

② $(2x^2y)^3 = 8x^6y^3$

④ $(-5x^3y^6)^2 = 25x^6y^{12}$

⑤ $(-3x^2y^4)^3 = -27x^6y^{12}$

따라서 옳은 것은 ③이다.

6 $\left(-\dfrac{3x^3}{y^a}\right)^3 = -\dfrac{27x^9}{y^{3a}} = -\dfrac{bx^c}{y^{15}}$이므로

$3a=15$, $27=b$, $9=c$
따라서 $a=5$, $b=27$, $c=9$이므로
$a+b-c=5+27-9=23$

7 ① $3^3\times3^4\times3^5=3^{12}$
② $\{(2^2)^4\}^5=2^{40}$
③ $x^5\div x^4\div x^2=\dfrac{1}{x}$
④ $\left(-\dfrac{x}{y^2}\right)^7=-\dfrac{x^7}{y^{14}}$
⑤ $a^8\times a^4\div a^2=a^{10}$
따라서 옳은 것은 ③이다.

8 ① $a^{\square}\times a^2=a^{\square+2}=a^7$이므로
$\square+2=7$ $\therefore \square=5$
② $\dfrac{x^{\square}}{x^9}=\dfrac{1}{x^4}$이므로 $9-\square=4$ $\therefore \square=5$
③ $\left(\dfrac{y^5}{x^{\square}}\right)^2=\dfrac{y^{10}}{x^{\square\times2}}=\dfrac{y^{10}}{x^{10}}$이므로
$\square\times2=10$ $\therefore \square=5$
④ $(a^4b^{\square})^3=a^{12}b^{\square\times3}=a^{12}b^{15}$이므로
$\square\times3=15$ $\therefore \square=5$
⑤ $x^{\square}\times x^2\div x^3=x^{\square+2}\div x^3=x^6$이므로
$\square+2-3=6$ $\therefore \square=7$

9 ② $(-6ab)\div\dfrac{a}{2}=(-6ab)\times\dfrac{2}{a}=-12b$
③ $(2a^3)^2\times5a=4a^6\times5a=20a^7$
④ $(-5a^2)^2\div4a^2b=25a^4\times\dfrac{1}{4a^2b}=\dfrac{25a^2}{4b}$
⑤ $(-27x^4)\div(9x)^2=(-27x^4)\div81x^2$
$=\dfrac{-27x^4}{81x^2}=-\dfrac{x^2}{3}$
따라서 옳지 않은 것은 ③이다.

10 (주어진 식) $=x^2y^6\div\dfrac{x^2}{y^4}\div(-x^{15}y^{10})$
$=x^2y^6\times\dfrac{y^4}{x^2}\times\left(-\dfrac{1}{x^{15}y^{10}}\right)$
$=-\dfrac{x^2y^6\times y^4}{x^2\times x^{15}y^{10}}=-\dfrac{1}{x^{15}}$

11 (좌변) $=27x^6y^3\times(-x^5y^{10})\times(-4x^5y^6)$
$=27\times(-1)\times(-4)\times(x^6\times x^5\times x^5)$
$\times(y^3\times y^{10}\times y^6)$
$=108x^{16}y^{19}$
따라서 $a=108$, $b=16$, $c=19$이므로
$a-b-c=108-16-19=73$

12 (직육면체의 부피) = (밑넓이) × (높이)
$=\left(\dfrac{1}{2}a^2b^3\times8ab\right)\times6ab^2$
$=24a^4b^6$

13 ㄱ. $a\div b\times c=a\times\dfrac{1}{b}\times c=\dfrac{ac}{b}$
ㄴ. $a\times b\div c=a\times b\times\dfrac{1}{c}=\dfrac{ab}{c}$
ㄷ. $a\times(b\div c)=a\times\left(b\times\dfrac{1}{c}\right)=a\times\dfrac{b}{c}=\dfrac{ab}{c}$
ㄹ. $a\div(b\div c)=a\div\left(b\times\dfrac{1}{c}\right)=a\div\dfrac{b}{c}$
$=a\times\dfrac{c}{b}=\dfrac{ac}{b}$
이상에서 옳은 것은 ㄴ, ㄹ이다.

14 $\boxed{}=(-4a^2b^2)^2\times\dfrac{1}{6a^3b^4}\times\dfrac{a^3}{2b}$
$=16a^4b^4\times\dfrac{1}{6a^3b^4}\times\dfrac{a^3}{2b}=\dfrac{4a^4}{3b}$

15 (좌변) $=(-3)^ax^{3a}y^a\times bxy^4\times\dfrac{1}{x^3y}$
$=\dfrac{(-3)^abx^{3a}y^{a+3}}{x^2}$
즉, $\dfrac{(-3)^abx^{3a}y^{a+3}}{x^2}=243x^{10}y^c$이므로
$(-3)^ab=243$, $\dfrac{x^{3a}}{x^2}=x^{10}$, $y^{a+3}=y^c$
$\therefore (-3)^ab=243$, $3a-2=10$, $a+3=c$
이때 $3a-2=10$에서 $3a=12$ $\therefore a=4$
$a=4$를 $(-3)^ab=243$에 대입하면
$81b=243$ $\therefore b=3$
$a=4$를 $a+3=c$에 대입하면
$c=7$
$\therefore a-b+c=4-3+7=8$

16 $\dfrac{1}{3}\times\pi\times(3x)^2\times$(원뿔의 높이) $=48\pi x^2y$
(원뿔의 높이) $=48\pi x^2y\times3\times\dfrac{1}{\pi}\times\dfrac{1}{(3x)^2}$
$=48\pi x^2y\times\dfrac{3}{\pi}\times\dfrac{1}{9x^2}$
$=16y$

Ⅲ. 다항식의 계산

5 다항식의 덧셈과 뺄셈

준비해 보자 65쪽

(1) $(3x+1)+(x-2)=3x+1+x-2$
$=3x+x+1-2$
$=4x-1$ ⇨ 숟가락

(2) $(-4x+3)+2(1-x)=-4x+3+2-2x$
$=-4x-2x+3+2$
$=-6x+5$ ⇨ 연필

(3) $5(x+2)-(-x+3)=5x+10+x-3$
$=5x+x+10-3$
$=6x+7$ ⇨ 안경

따라서 정답과 짝 지어진 물건을 찾으면 다음 그림과 같다.

답 풀이 참조

09 다항식의 덧셈과 뺄셈 69쪽

1-1 답 (1) $10x-9y$ (2) $8x-3y+2$ (3) $7a+8b$ (4) $9x+8y+3$

(1) $(4x+y)+(6x-10y)$
$=4x+y+6x-10y$
$=4x+6x+y-10y$
$=10x-9y$

(2) $(7x-2y-2)-(-x+y-4)$
$=7x-2y-2+x-y+4$
$=7x+x-2y-y-2+4$
$=8x-3y+2$

(3) $(-a+4b)-4(-2a-b)$
$=-a+4b+8a+4b$
$=-a+8a+4b+4b$
$=7a+8b$

(4) $3(2x+3y-1)+(3x-y+6)$
$=6x+9y-3+3x-y+6$
$=6x+3x+9y-y-3+6$
$=9x+8y+3$

2-1 답 $6x-2y$

$x-[4y-\{3x-(-2x+7y)+9y\}]$
$=x-\{4y-(3x+2x-7y+9y)\}$
$=x-\{4y-(5x+2y)\}$
$=x-(4y-5x-2y)$
$=x-(-5x+2y)$
$=x+5x-2y$
$=6x-2y$

10 이차식의 덧셈과 뺄셈 72~73쪽

1-1 답 ①, ⑤

② $x^2-x(x+1)-2=x^2-x^2-x-2$
$=-x-2$
이므로 일차식이다.

③ y^2이 분모에 있으므로 이차식이 아니다.

④ 일차식이다.

2-1 답 (1) $-a^2-3a+5$ (2) $-x^2+9x+2$

(1) $(a^2-4a+5)+(-2a^2+a)$
$=a^2-4a+5-2a^2+a$
$=a^2-2a^2-4a+a+5$
$=-a^2-3a+5$

(2) $(7x^2-x+4)-2(4x^2-5x+1)$
$=7x^2-x+4-8x^2+10x-2$
$=7x^2-8x^2-x+10x+4-2$
$=-x^2+9x+2$

3-1 답 (1) $\dfrac{8x^2+6x+3}{6}$ (2) $\dfrac{5x^2-3x-22}{12}$

(1) $\dfrac{-2x^2+3}{3}+\dfrac{4x^2+2x-1}{2}$

$=\dfrac{2(-2x^2+3)+3(4x^2+2x-1)}{6}$

$=\dfrac{-4x^2+6+12x^2+6x-3}{6}$

$=\dfrac{8x^2+6x+3}{6}$

(2) $\dfrac{3x^2-5x-2}{4}-\dfrac{x^2-3x+4}{3}$

$=\dfrac{3(3x^2-5x-2)-4(x^2-3x+4)}{12}$

$=\dfrac{9x^2-15x-6-4x^2+12x-16}{12}$

$=\dfrac{5x^2-3x-22}{12}$

4-1 답 $5x^2+15x-11$

$4-[-3\{2x^2-5(1-x)\}+x^2]$

$=4-\{-3(2x^2-5+5x)+x^2\}$

$=4-(-6x^2+15-15x+x^2)$

$=4-(-5x^2-15x+15)$

$=4+5x^2+15x-15$

$=5x^2+15x-11$

6 단항식과 다항식의 곱셈과 나눗셈

준비 해 보자 75쪽

(1) 필리핀: $2(x+4)=2x+8$
따라서 필리핀에서 사용하는 언어로 '사랑해'는 'Mahal kita(마할 키타)'이다.

(2) 네덜란드: $-3(2x-1)=-6x+3$
따라서 네덜란드에서 사용하는 언어로 '사랑해'는 'Ik hou van jou(이크 하우 반 야우)'이다.

(3) 덴마크: $(24-8x)\div4=-2x+6$
따라서 덴마크에서 사용하는 언어로 '사랑해'는 'Jeg elsker dig(야이 엘스카 다이)'이다.

(4) 포르투갈: $(15x-20)\div(-5)=-3x+4$
따라서 포르투갈에서 사용하는 언어로 '사랑해'는 'Gosto muito de te(고스뜨 무이뜨 드 뜨)'이다.

답 (1) 필리핀 – Mahal kita(마할 키타)
(2) 네덜란드 – Ik hou van jou(이크 하우 반 야우)
(3) 덴마크 – Jeg elsker dig(야이 엘스카 다이)
(4) 포르투갈 – Gosto muito de te(고스뜨 무이뜨 드 뜨)

11 단항식과 다항식의 곱셈과 나눗셈 ····· 79쪽

1-1 답 (1) $-3x^2+6x$ (2) $-4a^2+12ab-4a$
(3) $-3xy-\dfrac{1}{3}y^2$ (4) $2x^2-15xy+20x$
(5) $5a-15b$ (6) $-\dfrac{1}{4}x^2-4x$
(7) $-x+2y-4$ (8) $-9ab-15a+3b$

(1) $3x(-x+2)=-3x\times x+3x\times2$
$=-3x^2+6x$

(2) $-4a(a-3b+1)$
$=(-4a)\times a-(-4a)\times3b+(-4a)\times1$
$=-4a^2+12ab-4a$

(3) $(9x+y)\times\left(-\dfrac{1}{3}y\right)=9x\times\left(-\dfrac{1}{3}y\right)+y\times\left(-\dfrac{1}{3}y\right)$
$=-3xy-\dfrac{1}{3}y^2$

(4) $\dfrac{5}{2}x\left(\dfrac{4}{5}x-6y+8\right)$
$=\dfrac{5}{2}x\times\dfrac{4}{5}x-\dfrac{5}{2}x\times6y+\dfrac{5}{2}x\times8$
$=2x^2-15xy+20x$

(5) $(4a^2-12ab)\div\dfrac{4}{5}a=(4a^2-12ab)\times\dfrac{5}{4a}$
$=4a^2\times\dfrac{5}{4a}-12ab\times\dfrac{5}{4a}$
$=5a-15b$

(6) $(x^2y+16xy)\div(-4y)=\dfrac{x^2y+16xy}{-4y}$
$=\dfrac{x^2y}{-4y}+\dfrac{16xy}{-4y}$
$=-\dfrac{1}{4}x^2-4x$

(7) $(-2x^2+4xy-8x)\div2x=\dfrac{-2x^2+4xy-8x}{2x}$
$=-\dfrac{2x^2}{2x}+\dfrac{4xy}{2x}-\dfrac{8x}{2x}$
$=-x+2y-4$

(8) $(6a^2b^2+10a^2b-2ab^2)\div\left(-\frac{2}{3}ab\right)$

$=(6a^2b^2+10a^2b-2ab^2)\times\left(-\frac{3}{2ab}\right)$

$=6a^2b^2\times\left(-\frac{3}{2ab}\right)+10a^2b\times\left(-\frac{3}{2ab}\right)-2ab^2\times\left(-\frac{3}{2ab}\right)$

$=-9ab-15a+3b$

12 다항식의 혼합 계산 82쪽

1-1 답 (1) $-a^2+\frac{7}{2}ab+3a$ (2) $\frac{3}{2}x^2-8xy$

(1) $-a\left(a-\frac{3}{2}b\right)+(3a^2b+2a^2b^2)\div ab$

$=-a^2+\frac{3}{2}ab+\frac{3a^2b+2a^2b^2}{ab}$

$=-a^2+\frac{3}{2}ab+3a+2ab$

$=-a^2+\frac{7}{2}ab+3a$

(2) $(x^2y-2xy^2)\times 6x^2y\div(-2xy)^2-5xy$

$=(x^2y-2xy^2)\times 6x^2y\div 4x^2y^2-5xy$

$=(x^2y-2xy^2)\times 6x^2y\times\frac{1}{4x^2y^2}-5xy$

$=\frac{3}{2}x^2-3xy-5xy$

$=\frac{3}{2}x^2-8xy$

2-1 답 $3b^2-13b-20$

$ab-5a-2b$의 a에 $3b+4$를 대입하면

$ab-5a-2b=(3b+4)b-5(3b+4)-2b$

$=3b^2+4b-15b-20-2b$

$=3b^2-13b-20$

GO GO! 문제를 풀어 보자 84~87쪽

1 ④	2 ③	3 ③	4 ②
5 −20	6 ①, ⑤	7 8	8 ①
9 ③	10 ④	11 ④	12 ①
13 ②	14 7	15 ④	16 ③

1 $(3a+5b)+(a-2b)=4a+3b$

2 (주어진 식)$=6x-7y+4x-10y=10x-17y$
따라서 x의 계수는 10, y의 계수는 -17이므로 구하는 합은
$10+(-17)=-7$

3 $\frac{x+2y}{3}-\frac{2x-y}{2}=\frac{2(x+2y)}{6}-\frac{3(2x-y)}{6}$

$=\frac{2x+4y-(6x-3y)}{6}$

$=\frac{2x+4y-6x+3y}{6}=\frac{-4x+7y}{6}$

4 $3a+b+\square=-a+5b$에서

$\square=(-a+5b)-(3a+b)$

$=-a+5b-3a-b$

$=-4a+4b$

5 (좌변)$=2x-\{5x-4y-(2x+3y-x+3y)\}$

$=2x-(5x-4y-x-6y)$

$=2x-(4x-10y)$

$=2x-4x+10y$

$=-2x+10y$

따라서 $a=-2$, $b=10$이므로

$ab=(-2)\times 10=-20$

6 ① (주어진 식)$=-a^2-5a+1+5a=-a^2+1$
② (주어진 식)$=4x^3-x^3+3x=3x^3+3x$
③ (주어진 식)$=2y-8y^2+8y^2=2y$
④ (주어진 식)$=10b^2-8b^2-7b-2b^2=-7b$
⑤ (주어진 식)$=\frac{1}{2}x^2+x-\frac{1}{2}$
따라서 이차식인 것은 ①, ⑤이다.

7 (주어진 식)$=2x^2-4x+6+x^2-2x-5$

$=3x^2-6x+1$

따라서 $a=3$, $b=-6$, $c=1$이므로

$a-b-c=3-(-6)-1=8$

8 (주어진 식)$=8x^2+5-\{x^2-(2x-6x^2-3x-2)\}$

$=8x^2+5-\{x^2-(-6x^2-x-2)\}$

$=8x^2+5-(x^2+6x^2+x+2)$

$=8x^2+5-(7x^2+x+2)$

$=8x^2+5-7x^2-x-2$

$=x^2-x+3$

9 $(-2x^2-5x-3)-A=x^2+2x-2$이므로

$A=(-2x^2-5x-3)-(x^2+2x-2)$

$=-2x^2-5x-3-x^2-2x+2$

$=-3x^2-7x-1$

10 ④ $-3y(6x-11y+1)=-18xy+33y^2-3y$

11 (주어진 식)$=(6x^4y+16x^3-12xy)\times\dfrac{3}{2x}$

$=9x^3y+24x^2-18y$

12 (주어진 식)$=3xy^2-7xy+6y$

따라서 xy의 계수는 -7, y의 계수는 6이므로 구하는 곱은

$(-7)\times6=-42$

13 $\square\div2ab=10a^3b-4a^2+3$에서

$\square=(10a^3b-4a^2+3)\times2ab$

$=20a^4b^2-8a^3b+6ab$

14 (주어진 식)$=y^2(5x-3)-\dfrac{x^2y^3-6xy^3}{xy}$

$=5xy^2-3y^2-(xy^2-6y^2)$

$=5xy^2-3y^2-xy^2+6y^2$

$=4xy^2+3y^2$

따라서 $A=4$, $B=3$이므로

$A+B=4+3=7$

15 $-4(A-B)+3A-B$

$=-4A+4B+3A-B$

$=-A+3B$

$=-(-3x+6y)+3(5x+3y)$

$=18x+3y$

16 오른쪽 그림에서

(색칠한 부분의 넓이)

$=\dfrac{1}{2}\times5x\times(6y-2x)$

$+\dfrac{1}{2}\times6y\times(5x-3y)$

$=\dfrac{1}{2}\times(30xy-10x^2)+\dfrac{1}{2}\times(30xy-18y^2)$

$=15xy-5x^2+15xy-9y^2$

$=-5x^2+30xy-9y^2$

Ⅳ. 일차부등식

7 부등식의 해와 그 성질

준비 해 보자 91쪽

주어진 두 수의 대소를 비교하여 알맞은 부등호를 써넣고 좌변이 크면 왼쪽 길로, 우변이 크면 오른쪽 길로 이동하면 다음 그림과 같으므로 구하는 사람은 아르키메데스이다.

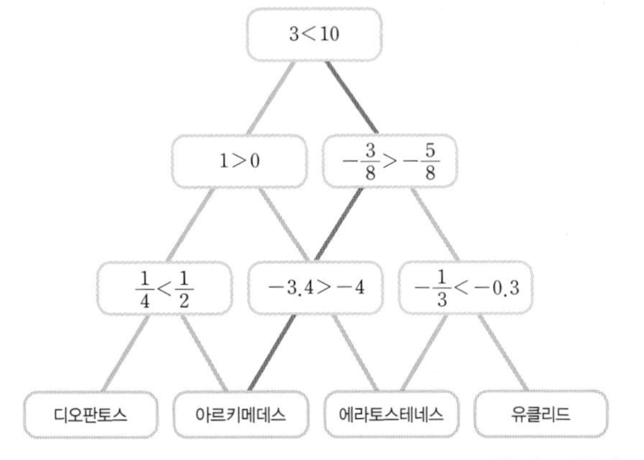

답 아르키메데스

13 부등식과 그 해 95쪽

1-1 답 (1) $4x+6\geq3$ (2) $720x<14400$

(1) x의 4배에 6을 더한 수는 / 3보다 / 작지 않다.

좌변: $4x+6$ 우변 $\geq$

⇨ $4x+6\geq3$

(2) 1회 이용 요금이 720원인 지하철을 x회 이용한 요금은 /

좌변: $720x$

14400원 / 미만이다.

우변 $<$

⇨ $720x<14400$

2-1 답 3, 4

부등식 $-2x+6<4x-7$에서

$x=1$일 때, $-2\times1+6>4\times1-7$ ⇨ 거짓

$x=2$일 때, $-2\times2+6>4\times2-7$ ⇨ 거짓

$x=3$일 때, $-2\times3+6<4\times3-7$ ⇨ 참

$x=4$일 때, $-2\times4+6<4\times4-7$ ⇨ 참
따라서 주어진 부등식의 해는 3, 4이다.

14 부등식의 성질 ······ 99쪽

1-1 답 (1) $>$ (2) $>$ (3) $<$ (4) $<$

(1) $a>b$의 양변에 2를 곱하면
$2a>2b$
$2a>2b$의 양변에 5를 더하면
$2a+5>2b+5$

(2) $a>b$의 양변을 9로 나누면
$\frac{a}{9}>\frac{b}{9}$
$\frac{a}{9}>\frac{b}{9}$의 양변에서 7을 빼면
$\frac{a}{9}-7>\frac{b}{9}-7$

(3) $a>b$의 양변에 -6을 곱하면
$-6a<-6b$
$-6a<-6b$의 양변에 2를 더하면
$-6a+2<-6b+2$

(4) $a>b$의 양변에 $-\frac{3}{5}$을 곱하면
$-\frac{3}{5}a<-\frac{3}{5}b$
$-\frac{3}{5}a<-\frac{3}{5}b$의 양변에서 1을 빼면
$-\frac{3}{5}a-1<-\frac{3}{5}b-1$

2-1 답 (1) $\geq$ (2) $\leq$

$-4a-2\geq-4b-2$의 양변에 2를 더하면
$-4a\geq-4b$
$-4a\geq-4b$의 양변을 -4로 나누면
$a\leq b$

(1) $a\leq b$의 양변에 -5를 곱하면
$-5a\geq-5b$
$-5a\geq-5b$의 양변에 1을 더하면
$1-5a\geq1-5b$

(2) $a\leq b$의 양변을 3으로 나누면
$\frac{a}{3}\leq\frac{b}{3}$
$\frac{a}{3}\leq\frac{b}{3}$의 양변에서 6을 빼면
$\frac{a}{3}-6\leq\frac{b}{3}-6$

8 일차부등식의 풀이와 그 활용

준비 해 보자 101쪽

❶ 모란: $2x+8=6x$에서 $2x-6x=-8$
$-4x=-8$ $\therefore x=2$
따라서 모란의 꽃말은 '부귀'이다.

❷ 개나리: $15=-6x-3$에서 $6x=-3-15$
$6x=-18$ $\therefore x=-3$
따라서 개나리의 꽃말은 '희망'이다.

❸ 나팔꽃: $4x-10=x+2$에서 $4x-x=2+10$
$3x=12$ $\therefore x=4$
따라서 나팔꽃의 꽃말은 '기쁜 소식'이다.

❹ 수국: $-3x+1=5x+9$에서 $-3x-5x=9-1$
$-8x=8$ $\therefore x=-1$
따라서 수국의 꽃말은 '진심'이다.

답 ❶ 모란 - 부귀 ❷ 개나리 - 희망
❸ 나팔꽃 - 기쁜 소식 ❹ 수국 - 진심

15 일차부등식과 그 풀이 ······ 105쪽

1-1 답 ㄱ, ㄹ

ㄱ. $\frac{1}{3}x+8\geq1$에서 $\frac{1}{3}x+7\geq0$
⇨ 일차부등식이다.

ㄴ. $4-6x\leq-6x+10$에서 $-6\leq0$
⇨ 부등식이지만 일차부등식은 아니다.

ㄷ. $2x-5x^2<5x^2$에서 $2x-10x^2<0$
⇨ 일차부등식이 아니다.

ㄹ. $x^2+x>7-9x+x^2$에서 $10x-7>0$
⇨ 일차부등식이다.

이상에서 일차부등식인 것은 ㄱ, ㄹ이다.

2-1 답 풀이 참조

(1) $7x-6\leq-3x-1$에서 $7x+3x\leq-1+6$
$10x\leq5$ $\therefore x\leq\frac{1}{2}$
따라서 주어진 일차부등식의 해를 수직선 위에 나타내면 오른쪽 그림과 같다.

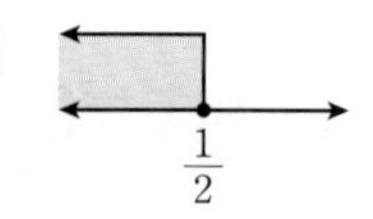

(2) $x+8<6x-2$에서 $x-6x<-2-8$
$-5x<-10$ $\therefore x>2$

따라서 주어진 일차부등식의 해를 수직선 위에 나타내면 오른쪽 그림과 같다.

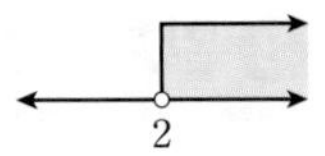

16 복잡한 일차부등식의 풀이 ······ 109쪽

1-1 답 (1) $x>-7$ (2) $x<3$ (3) $x\geq-\frac{1}{2}$ (4) $x\leq-\frac{5}{2}$ (5) $x>-12$ (6) $x\leq2$

(1) $9-(7x+4)<-6(x-2)$에서

$9-7x-4<-6x+12$, $-7x+6x<12-5$

$-x<7$ $\quad\therefore x>-7$

(2) $0.05x+0.3>0.2x-0.15$의 양변에 100을 곱하면

$5x+30>20x-15$, $5x-20x>-15-30$

$-15x>-45$ $\quad\therefore x<3$

(3) $\frac{11}{10}x-\frac{1}{4}\geq\frac{3}{5}x-\frac{1}{2}$의 양변에 20을 곱하면

$22x-5\geq12x-10$, $22x-12x\geq-10+5$

$10x\geq-5$ $\quad\therefore x\geq-\frac{1}{2}$

(4) $\frac{2x-1}{4}\leq\frac{x+4}{3}-2$의 양변에 12를 곱하면

$3(2x-1)\leq4(x+4)-24$, $6x-3\leq4x+16-24$

$6x-4x\leq-8+3$, $2x\leq-5$ $\quad\therefore x\leq-\frac{5}{2}$

(5) $\frac{1}{3}x-0.5<\frac{2}{5}x+0.3$에서

$\frac{1}{3}x-\frac{1}{2}<\frac{2}{5}x+\frac{3}{10}$

이 식의 양변에 30을 곱하면

$10x-15<12x+9$, $10x-12x<9+15$

$-2x<24$ $\quad\therefore x>-12$

(6) $0.7(x+2)\geq\frac{3}{2}x-\frac{1}{5}$에서

$\frac{7}{10}(x+2)\geq\frac{3}{2}x-\frac{1}{5}$

이 식의 양변에 10을 곱하면

$7(x+2)\geq15x-2$, $7x+14\geq15x-2$

$7x-15x\geq-2-14$, $-8x\geq-16$ $\quad\therefore x\leq2$

17 일차부등식의 활용 ······ 112~114쪽

1-1 답 3

어떤 정수를 x라 하면

어떤 정수의 8배에서 2를 뺀 수는 $8x-2$,

어떤 정수의 6배에 4를 더한 수는 $6x+4$이므로

$8x-2\leq6x+4$

$8x-6x\leq4+2$, $2x\leq6$ $\quad\therefore x\leq3$

따라서 어떤 정수 중 가장 큰 수는 3이다.

2-1 답 6개

초콜릿을 x개 산다고 하면 사탕은 $(15-x)$개를 사게 된다.

(초콜릿의 가격)+(사탕의 가격)+(상자의 가격)≤9000(원)

이므로

$700x+300(15-x)+2000\leq9000$

$700x+4500-300x+2000\leq9000$

$400x\leq2500$ $\quad\therefore x\leq6.25$

따라서 초콜릿은 최대 6개까지 살 수 있다.

3-1 답 11개

음료수를 x개 산다고 하면

(편의점에서 사는 비용)

>(할인 매장에서 사는 비용)+(왕복 교통비)

이므로

$1100x>900x+2000$

$1100x-900x>2000$, $200x>2000$ $\quad\therefore x>10$

따라서 음료수를 11개 이상 사는 경우에 할인 매장에서 사는 것이 유리하다.

3-2 답 6개월

x개월 후부터 건우의 예금액이 나은이의 예금액보다 많아진다고 하면

(x개월 후 건우의 예금액)>(x개월 후 나은이의 예금액)이므로

$30000+8000x>45000+5000x$

$8000x-5000x>45000-30000$

$3000x>15000$ $\quad\therefore x>5$

따라서 건우의 예금액이 나은이의 예금액보다 많아지는 것은 6개월 후부터이다.

4-1 답 10 km

자전거를 탄 거리를 x km라 하면 걸어간 거리는 $(12-x)$ km이다.

(자전거를 탈 때 걸린 시간)+(걸어갈 때 걸린 시간)≤2(시간)

이므로

$\frac{x}{10}+\frac{12-x}{2}\leq2$

이 식의 양변에 10을 곱하면

$x+5(12-x)\le 20$, $x+60-5x\le 20$

$-4x\le -40$ $\therefore x\ge 10$

따라서 시속 10 km로 자전거를 탄 거리는 최소 10 km이다.

4-2 답 **1 km**

영화관에서 식당까지의 거리를 x km라 하면

(갈 때 걸린 시간)+(식사를 하는 데 걸린 시간)

+(올 때 걸린 시간)$\le \frac{3}{2}$(시간)

이므로

$\frac{x}{3}+\frac{5}{6}+\frac{x}{3}\le \frac{3}{2}$

이 식의 양변에 6을 곱하면

$2x+5+2x\le 9$, $4x\le 4$ $\therefore x\le 1$

따라서 영화관에서 1 km 이내에 있는 식당을 이용할 수 있다.

Go Go! 문제를 풀어 보자

116~119쪽

1 2개	**2** ⑤	**3** ④	**4** ④
5 ③	**6** ①, ②	**7** ④	**8** ①
9 -4	**10** 2개	**11** ③	**12** ①
13 ⑤	**14** 5개	**15** 94점	**16** ①

1 ㄴ, ㄹ. 등식 ㅁ. 다항식

이상에서 부등식인 것은 ㄱ, ㄷ의 2개이다.

2 ⑤ $4x>3$

따라서 옳지 않은 것은 ⑤이다.

3 ① $-2-1>-3$ $\therefore -3>-3$ (거짓)

② $3\times 2+1\le -4$ $\therefore 7\le -4$ (거짓)

③ $5<2-7\times 1$ $\therefore 5<-5$ (거짓)

④ $-4\times(-1)\ge 1-(-1)$ $\therefore 4\ge 2$ (참)

⑤ $4-3\times 0>7-0$ $\therefore 4>7$ (거짓)

따라서 부등식의 해인 것은 ④이다.

4 ③ $a<b$에서 $2a<2b$

$\therefore 2a-8<2b-8$

④ $a<b$에서 $\frac{a}{11}<\frac{b}{11}$

$\therefore -2+\frac{a}{11}<-2+\frac{b}{11}$

⑤ $a<b$에서 $-\frac{a}{2}>-\frac{b}{2}$

$\therefore -7-\frac{a}{2}>-7-\frac{b}{2}$

따라서 옳지 않은 것은 ④이다.

5 $5-7a<5-7b$에서 $-7a<-7b$ $\therefore a>b$

② $-\frac{a}{3}<-\frac{b}{3}$

③ $a+13>b+13$

④ $-a<-b$ $\therefore 5-a<5-b$

⑤ $\frac{2}{3}a>\frac{2}{3}b$ $\therefore \frac{2}{3}a-5>\frac{2}{3}b-5$

따라서 옳은 것은 ③이다.

6 $-1\le x<2$의 각 변에 -3을 곱하면

$-6<-3x\le 3$

각 변에 8을 더하면

$2<8-3x\le 11$

따라서 $8-3x$의 값이 될 수 없는 것은 ①, ②이다.

7 ① $-2<0$이므로 일차부등식이 아니다.

② $13>0$이므로 일차부등식이 아니다.

③ $x^2+10x-7<0$이므로 일차부등식이 아니다.

④ $-x-3\ge 0$이므로 일차부등식이다.

⑤ $\frac{2}{x}-13\ge 0$이므로 일차부등식이 아니다.

따라서 일차부등식인 것은 ④이다.

8 $-2x+2>7x-7$에서

$-9x>-9$ $\therefore x<1$

따라서 해를 수직선 위에 나타내면 ①이다.

9 $4x+6>a-x$에서

$5x>a-6$ $\therefore x>\frac{a-6}{5}$

이 부등식의 해가 $x>-2$이므로

$\frac{a-6}{5}=-2$, $a-6=-10$ $\therefore a=-4$

10 $3(3x-5)+2<9-5(x-4)$에서

$9x-15+2<9-5x+20$

$14x<42$ $\therefore x<3$

따라서 주어진 부등식을 만족하는 자연수 x는 1, 2의 2개이다.

11 ① $0.7x-1.6\geq0.4x+1.1$의 양변에 10을 곱하면
$7x-16\geq4x+11$, $3x\geq27$ $\therefore x\geq9$
② $6x+1<7x+8$에서
$-x<7$ $\therefore x>-7$
③ $-0.2x+2\leq0.1x+3.5$의 양변에 10을 곱하면
$-2x+20\leq x+35$, $-3x\leq15$ $\therefore x\geq-5$
④ $\frac{1}{3}x-1<\frac{1}{2}x-\frac{4}{3}$의 양변에 6을 곱하면
$2x-6<3x-8$, $-x<-2$ $\therefore x>2$
⑤ $5x-16>-2x-9$에서
$7x>7$ $\therefore x>1$
따라서 부등식의 해를 바르게 구한 것은 ③이다.

12 $1.3+\frac{8}{5}x<1.1x-0.7$의 양변에 10을 곱하면
$13+16x<11x-7$, $5x<-20$ $\therefore x<-4$
따라서 해를 수직선 위에 나타내면 ①이다.

13 $2x+7<x+k-4$에서 $x<k-11$
$3(x-2)-1<x-5$에서 $3x-6-1<x-5$
$2x<2$ $\therefore x<1$
두 부등식의 해가 서로 같으므로
$k-11=1$ $\therefore k=12$

14 감을 x개 산다고 하면 귤은 $(16-x)$개 살 수 있으므로
$70(16-x)+150x\leq1520$
$1120-70x+150x\leq1520$
$80x\leq400$ $\therefore x\leq5$
따라서 감은 최대 5개까지 살 수 있다.

15 4회까지의 수학 점수의 총합은
$89\times4=356$(점)
5회째 수학 시험에서 x점을 받는다고 하면
$\frac{356+x}{5}\geq90$
$356+x\geq450$ $\therefore x\geq94$
따라서 94점 이상을 받아야 한다.

16 역에서 상점까지의 거리를 x km라 하면
$\frac{x}{5}+\frac{40}{60}+\frac{x}{5}\leq\frac{80}{60}$
$3x+10+3x\leq20$, $6x\leq10$ $\therefore x\leq\frac{5}{3}$
따라서 역에서 $\frac{5}{3}$ km 이내에 있는 상점을 이용해야 한다.

V. 연립일차방정식

9 연립일차방정식

준비해 보자 123쪽

(1) $2x+6=2\times2+6=4+6=10$ ⇨ 경
(2) $5x-1=5\times2-1=10-1=9$ ⇨ 전
(3) $10-2x=10-2\times2=6$ ⇨ 하
(4) $x^2+3=2^2+3=4+3=7$ ⇨ 사
따라서 완성된 사자성어는 '경전하사'이다.

답 경전하사

18 미지수가 2개인 일차방정식 127~128쪽

1-1 답 ㄷ, ㄹ
ㄱ. $x-y+8$
⇨ 등식이 아니므로 일차방정식이 아니다.
ㄴ. $6x+2y=x+2y$에서 $5x=0$
⇨ 미지수가 1개인 일차방정식이다.
ㄷ. $x^2+4y=x(x-5)$에서 $x^2+4y=x^2-5x$이므로
$5x+4y=0$
⇨ 미지수가 2개인 일차방정식이다.
ㄹ. $3x+\frac{y}{2}=7$에서 $3x+\frac{y}{2}-7=0$
⇨ 미지수가 2개인 일차방정식이다.
이상에서 미지수가 2개인 일차방정식인 것은 ㄷ, ㄹ이다.

1-2 답 (1) $2x+3y=14$ (2) $700x+1000y=7800$
(1) 2점 슛을 x개 넣어 얻은 점수는 $2x$점
3점 슛을 y개 넣어 얻은 점수는 $3y$점
총 14점을 득점하였으므로 $2x+3y=14$
(2) 700원짜리 과자 x개의 가격은 $700x$원
1000원짜리 음료수 y개의 가격은 $1000y$원
전체 가격은 7800원이므로 $700x+1000y=7800$

2-1 답 ④
각 순서쌍의 x, y의 값을 $4x-y=5$에 대입하면 다음과 같다.
① $4\times(-1)-(-9)=5$
② $4\times\left(-\frac{1}{2}\right)-(-7)=5$

③ $4\times0-(-5)=5$
④ $4\times2-1=7\neq5$
⑤ $4\times3-7=5$
따라서 일차방정식 $4x-y=5$의 해가 아닌 것은 ④이다.

3-1 답 $(2, 5)$, $(4, 2)$
$3x+2y=16$의 x에 1, 2, 3, …을 차례대로 대입하여 y의 값을 구하면 다음 표와 같다.

x	1	2	3	4	5	6	…
y	$\frac{13}{2}$	5	$\frac{7}{2}$	2	$\frac{1}{2}$	-1	…

이때 x, y는 자연수이므로 $3x+2y=16$의 해는 $(2, 5)$, $(4, 2)$이다.

19 미지수가 2개인 연립일차방정식 131쪽

1-1 답 (1) × (2) ○ (3) ○ (4) ×
$x=5$, $y=2$를 주어진 연립방정식에 각각 대입하면 다음과 같다.
(1) $\begin{cases} 5-4\times2=-3\neq1 \\ 5+2=7\neq9 \end{cases}$ 이므로 $x=5$, $y=2$는 주어진 연립방정식의 해가 아니다.
(2) $\begin{cases} 5-2=3 \\ -5+2\times2=-1 \end{cases}$ 이므로 $x=5$, $y=2$는 주어진 연립방정식의 해이다.
(3) $\begin{cases} 4\times5+3\times2=26 \\ 2\times5-2=8 \end{cases}$ 이므로 $x=5$, $y=2$는 주어진 연립방정식의 해이다.
(4) $\begin{cases} 3\times5-2\times2=11 \\ 2\times5-3\times2=4\neq5 \end{cases}$ 이므로 $x=5$, $y=2$는 주어진 연립방정식의 해가 아니다.

1-2 답 $x=3$, $y=5$
[$x+2y=13$의 해]

x	11	9	7	5	3	1
y	1	2	3	4	5	6

[$4x-y=7$의 해]

x	2	3	4	…
y	1	5	9	…

따라서 주어진 연립방정식의 해는 $x=3$, $y=5$이다.

⑩ 연립일차방정식의 풀이와 그 활용

준비 해 보자 133쪽

(1) 어떤 수를 x라 하면
어떤 수를 2배 한 수는 $2x$, 어떤 수의 5배보다 18만큼 작은 수는 $5x-18$이므로 $2x=5x-18$
$2x-5x=-18$, $-3x=-18$ $\quad\therefore x=6$
즉, 어떤 수는 6이다.
(2) 어떤 수를 x라 하면
어떤 수에 10을 더한 수는 $x+10$, 어떤 수의 3배보다 2만큼 큰 수는 $3x+2$이므로 $x+10=3x+2$
$x-3x=2-10$, $-2x=-8$ $\quad\therefore x=4$
즉, 어떤 수는 4이다.
따라서 주어진 그림에서 4, 6을 모두 찾아 색칠하면 다음과 같으므로 설명한 동물은 '토끼'이다.

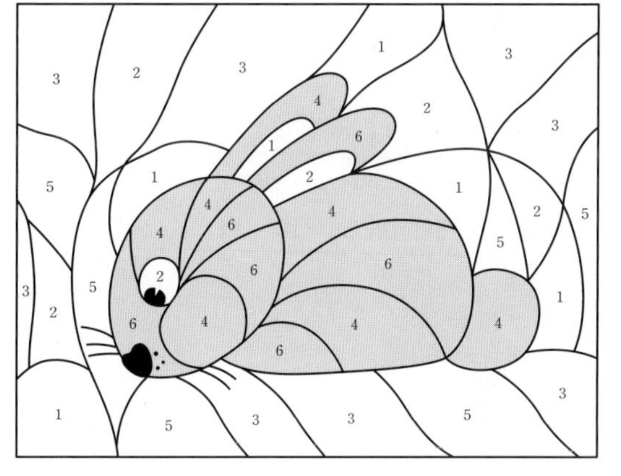

답 토끼

20 연립방정식의 풀이 138쪽

1-1 답 (1) $x=1$, $y=-1$ (2) $x=-1$, $y=3$
(1) $\begin{cases} x=2y+3 & \cdots\cdots ㉠ \\ 8x-3y=11 & \cdots\cdots ㉡ \end{cases}$ 에서
㉠을 ㉡에 대입하면 $8(2y+3)-3y=11$
$16y+24-3y=11$, $13y=-13$
$\therefore y=-1$
$y=-1$을 ㉠에 대입하면 $x=-2+3=1$
(2) $\begin{cases} y-3x=6 & \cdots\cdots ㉠ \\ 2x+5y=13 & \cdots\cdots ㉡ \end{cases}$ 에서

㉠을 y에 대하여 풀면

$y=3x+6$ ······ ㉢

㉢을 ㉡에 대입하면 $2x+5(3x+6)=13$

$2x+15x+30=13$, $17x=-17$

$\therefore x=-1$

$x=-1$을 ㉢에 대입하면 $y=-3+6=3$

2-1 답 (1) $x=3$, $y=1$ (2) $x=6$, $y=2$

(1) $\begin{cases} x+2y=5 & \cdots\cdots ㉠ \\ 7x-2y=19 & \cdots\cdots ㉡ \end{cases}$ 에서

㉠+㉡을 하면

$$\begin{array}{r} x+2y=\ \ 5 \\ +\underline{)\ 7x-2y=19} \\ 8x\qquad =24 \end{array} \qquad \therefore x=3$$

$x=3$을 ㉠에 대입하면 $3+2y=5$

$2y=2$ $\quad\therefore y=1$

(2) $\begin{cases} 3x-8y=2 & \cdots\cdots ㉠ \\ 4x-5y=14 & \cdots\cdots ㉡ \end{cases}$ 에서

㉠×4−㉡×3을 하면

$$\begin{array}{r} 12x-32y=\ \ \ 8 \\ -\underline{)\ 12x-15y=\ \ 42} \\ -17y=-34 \end{array} \qquad \therefore y=2$$

$y=2$를 ㉡에 대입하면 $4x-10=14$

$4x=24$ $\quad\therefore x=6$

21 복잡한 연립방정식의 풀이 ············ 142쪽

1-1 답 (1) $x=2$, $y=1$ (2) $x=3$, $y=-1$ (3) $x=8$, $y=-3$ (4) $x=2$, $y=4$ (5) $x=5$, $y=3$ (6) $x=-8$, $y=2$

(1) $\begin{cases} 3(x+5)-y=20 & \cdots\cdots ㉠ \\ 7x-2(y-1)=14 & \cdots\cdots ㉡ \end{cases}$ 에서

㉠, ㉡의 괄호를 풀어 정리하면

$\begin{cases} 3x-y=5 & \cdots\cdots ㉢ \\ 7x-2y=12 & \cdots\cdots ㉣ \end{cases}$

㉢×2−㉣을 하면 $-x=-2$ $\quad\therefore x=2$

$x=2$를 ㉢에 대입하면 $6-y=5$

$-y=-1$ $\quad\therefore y=1$

(2) $\begin{cases} 0.4x+y=0.2 & \cdots\cdots ㉠ \\ 0.07x+0.05y=0.16 & \cdots\cdots ㉡ \end{cases}$ 에서

㉠×10, ㉡×100을 하면

$\begin{cases} 4x+10y=2 & \cdots\cdots ㉢ \\ 7x+5y=16 & \cdots\cdots ㉣ \end{cases}$

㉢−㉣×2를 하면

$-10x=-30$ $\quad\therefore x=3$

$x=3$을 ㉣에 대입하면 $21+5y=16$

$5y=-5$ $\quad\therefore y=-1$

(3) $\begin{cases} \dfrac{x}{4}+\dfrac{y}{3}=1 & \cdots\cdots ㉠ \\ \dfrac{x}{2}-\dfrac{y}{3}=5 & \cdots\cdots ㉡ \end{cases}$ 에서

㉠×12, ㉡×6을 하면

$\begin{cases} 3x+4y=12 & \cdots\cdots ㉢ \\ 3x-2y=30 & \cdots\cdots ㉣ \end{cases}$

㉢−㉣을 하면 $6y=-18$ $\quad\therefore y=-3$

$y=-3$을 ㉢에 대입하면 $3x-12=12$

$3x=24$ $\quad\therefore x=8$

(4) $\begin{cases} 0.6x-0.1y=0.8 & \cdots\cdots ㉠ \\ \dfrac{3}{4}x-\dfrac{2}{5}y=-\dfrac{1}{10} & \cdots\cdots ㉡ \end{cases}$ 에서

㉠×10, ㉡×20을 하면

$\begin{cases} 6x-y=8 & \cdots\cdots ㉢ \\ 15x-8y=-2 & \cdots\cdots ㉣ \end{cases}$

㉢×8−㉣을 하면 $33x=66$ $\quad\therefore x=2$

$x=2$를 ㉢에 대입하면 $12-y=8$

$-y=-4$ $\quad\therefore y=4$

(5) $\begin{cases} \dfrac{1}{5}x-\dfrac{2}{3}y=-1 & \cdots\cdots ㉠ \\ 0.2x+0.5y=2.5 & \cdots\cdots ㉡ \end{cases}$ 에서

㉠×15, ㉡×10을 하면

$\begin{cases} 3x-10y=-15 & \cdots\cdots ㉢ \\ 2x+5y=25 & \cdots\cdots ㉣ \end{cases}$

㉢+㉣×2를 하면 $7x=35$ $\quad\therefore x=5$

$x=5$를 ㉣에 대입하면 $10+5y=25$

$5y=15$ $\quad\therefore y=3$

(6) $\begin{cases} 0.2(x+y)-0.7y=-2.6 & \cdots\cdots ㉠ \\ \dfrac{1}{8}x+\dfrac{5}{4}y=\dfrac{3}{2} & \cdots\cdots ㉡ \end{cases}$ 에서

㉠×10, ㉡×8을 하면

$\begin{cases} 2(x+y)-7y=-26 \\ x+10y=12 \end{cases}$

괄호를 풀어 정리하면

$\begin{cases} 2x-5y=-26 & \cdots\cdots ㉢ \\ x+10y=12 & \cdots\cdots ㉣ \end{cases}$

㉢$-$㉣$\times 2$를 하면 $-25y=-50$ $\therefore y=2$

$y=2$를 ㉣에 대입하면 $x+20=12$ $\therefore x=-8$

22 여러 가지 연립방정식의 풀이 ······ 146~147쪽

1-1 답 (1) $x=7,\ y=1$ (2) $x=5,\ y=-3$ (3) $x=2,\ y=2$

(1) $\begin{cases} 2x+y=15 \\ 3x-y-5=15 \end{cases}$에서

$\begin{cases} 2x+y=15 & \cdots\cdots ㉠ \\ 3x-y=20 & \cdots\cdots ㉡ \end{cases}$

㉠+㉡을 하면 $5x=35$ $\therefore x=7$

$x=7$을 ㉠에 대입하면 $14+y=15$ $\therefore y=1$

(2) $\begin{cases} 6x+5y=x-2y+4 \\ 6x+5y=3x-2y-6 \end{cases}$에서

$\begin{cases} 5x+7y=4 & \cdots\cdots ㉠ \\ 3x+7y=-6 & \cdots\cdots ㉡ \end{cases}$

㉠$-$㉡을 하면 $2x=10$ $\therefore x=5$

$x=5$를 ㉡에 대입하면 $15+7y=-6$

$7y=-21$ $\therefore y=-3$

(3) $\begin{cases} x+4y=3x-4y+12 \\ x+4y=5x+y-2 \end{cases}$에서

$\begin{cases} x-4y=-6 & \cdots\cdots ㉠ \\ 4x-3y=2 & \cdots\cdots ㉡ \end{cases}$

㉠$\times 4-$㉡을 하면 $-13y=-26$ $\therefore y=2$

$y=2$를 ㉠에 대입하면 $x-8=-6$ $\therefore x=2$

2-1 답 (1) 해가 없다. (2) 해가 무수히 많다.

(1) $\begin{cases} 2x-y=3 & \cdots\cdots ㉠ \\ 10x-5y=12 & \cdots\cdots ㉡ \end{cases}$에서

㉠$\times 5$를 하면

$\begin{cases} 10x-5y=15 \\ 10x-5y=12 \end{cases}$

따라서 x, y의 계수는 각각 같고, 상수항은 다르므로 해가 없다.

(2) $\begin{cases} -8x-6y=-14 & \cdots\cdots ㉠ \\ 4x+3y=7 & \cdots\cdots ㉡ \end{cases}$에서

㉡$\times(-2)$를 하면

$\begin{cases} -8x-6y=-14 \\ -8x-6y=-14 \end{cases}$

따라서 x, y의 계수와 상수항이 각각 같으므로 해가 무수히 많다.

3-1 답 5

$\begin{cases} 4x-2y=a & \cdots\cdots ㉠ \\ 12x-6y=15 & \cdots\cdots ㉡ \end{cases}$에서

㉠$\times 3$을 하면

$\begin{cases} 12x-6y=3a \\ 12x-6y=15 \end{cases}$

이 연립방정식의 해가 무수히 많으려면 x, y의 계수와 상수항이 각각 같아야 하므로

$3a=15$ $\therefore a=5$

23 연립방정식의 활용 ······ 150~152쪽

1-1 답 어른: 5명, 어린이: 2명

입장한 어른의 수를 x명, 어린이의 수를 y명이라 하면

모두 합하여 7명이므로 $x+y=7$

입장료의 합이 32000원이므로 $5000x+3500y=32000$

즉, $\begin{cases} x+y=7 \\ 5000x+3500y=32000 \end{cases}$에서

$\begin{cases} x+y=7 & \cdots\cdots ㉠ \\ 10x+7y=64 & \cdots\cdots ㉡ \end{cases}$

㉠$\times 7-$㉡을 하면 $-3x=-15$ $\therefore x=5$

$x=5$를 ㉠에 대입하면 $5+y=7$ $\therefore y=2$

따라서 입장한 어른은 5명, 어린이는 2명이다.

2-1 답 이모: 45살, 재호: 15살

현재 이모의 나이를 x살, 재호의 나이를 y살이라 하면

이모의 나이는 재호의 나이의 3배이므로 $x=3y$

5년 전의 이모의 나이는 $(x-5)$살, 재호의 나이는 $(y-5)$살이므로 $x-5=4(y-5)$

즉, $\begin{cases} x=3y \\ x-5=4(y-5) \end{cases}$에서 $\begin{cases} x=3y & \cdots\cdots ㉠ \\ x-4y=-15 & \cdots\cdots ㉡ \end{cases}$

㉠을 ㉡에 대입하면 $3y-4y=-15$

$-y=-15$ $\therefore y=15$

$y=15$를 ㉠에 대입하면 $x=45$

따라서 현재 이모의 나이는 45살, 재호의 나이는 15살이다.

3-1 답 (1) $\begin{cases} 5x+5y=1 \\ 4x+10y=1 \end{cases}$ (2) $x=\frac{1}{6},\ y=\frac{1}{30}$ (3) 30시간

(1) 두 기계 A, B를 함께 가동하면 5시간 만에 끝낼 수 있으므로

$5x+5y=1$

A기계를 4시간 가동한 후 나머지는 B기계를 10시간 가동하여 끝낼 수 있으므로 $4x+10y=1$

즉, $\begin{cases} 5x+5y=1 \\ 4x+10y=1 \end{cases}$

(2) $\begin{cases} 5x+5y=1 & \cdots\cdots ㉠ \\ 4x+10y=1 & \cdots\cdots ㉡ \end{cases}$

㉠$\times 2-$㉡을 하면 $6x=1$ $\quad \therefore x=\frac{1}{6}$

$x=\frac{1}{6}$을 ㉠에 대입하면 $\frac{5}{6}+5y=1$

$5y=\frac{1}{6}$ $\quad \therefore y=\frac{1}{30}$

(3) B기계가 1시간 동안 할 수 있는 작업의 양이 $\frac{1}{30}$이므로 B기계만 가동하여 이 작업을 끝내려면 30시간이 걸린다.

4-1 답 **20분**

연희와 지수가 만날 때까지 연희가 걸은 시간을 x분, 지수가 걸은 시간을 y분이라 하면

연희가 지수보다 8분 먼저 산책을 나갔으므로 $x=y+8$

(연희가 걸은 거리)$=$(지수가 걸은 거리)이므로 $50x=70y$

즉, $\begin{cases} x=y+8 \\ 50x=70y \end{cases}$에서 $\begin{cases} x=y+8 & \cdots\cdots ㉠ \\ 5x=7y & \cdots\cdots ㉡ \end{cases}$

㉠을 ㉡에 대입하면 $5(y+8)=7y$

$5y+40=7y,\ -2y=-40$ $\quad \therefore y=20$

$y=20$을 ㉠에 대입하면 $x=20+8=28$

따라서 지수가 출발한 지 20분 후에 연희와 만난다.

4-2 답 **6 km**

올라간 거리를 x km, 내려온 거리를 y km라 하면

(내려온 거리)$=$(올라간 거리)$+4$이므로 $y=x+4$

올라갈 때 걸린 시간은 $\frac{x}{2}$시간, 내려올 때 걸린 시간은 $\frac{y}{3}$시간

이므로 $\frac{x}{2}+\frac{y}{3}=3$

즉, $\begin{cases} y=x+4 \\ \frac{x}{2}+\frac{y}{3}=3 \end{cases}$에서 $\begin{cases} y=x+4 & \cdots\cdots ㉠ \\ 3x+2y=18 & \cdots\cdots ㉡ \end{cases}$

㉠을 ㉡에 대입하면 $3x+2(x+4)=18$

$3x+2x+8=18,\ 5x=10$ $\quad \therefore x=2$

$x=2$를 ㉠에 대입하면 $y=2+4=6$

따라서 내려온 거리는 6 km이다.

GoGo! 문제를 풀어 보자

154~157쪽

1 ③, ⑤	**2** ⑤	**3** ①	**4** ④
5 ④	**6** ②	**7** -1	**8** ②
9 ③	**10** ⑤	**11** ②	**12** ⑤
13 ②	**14** 35	**15** 14권	**16** 3 km

1 ① $\frac{1}{y}+x+1=2x$에서 $\frac{1}{y}-x+1=0$

③ $x^2+y-3=-5x+x^2$에서 $5x+y-3=0$

④ $x(x+1)=3y-2$에서 $x^2+x-3y+2=0$

⑤ $xy-2x+3y=x(y+1)$에서 $-3x+3y=0$

따라서 미지수가 2개인 일차방정식은 ③, ⑤이다.

2 ⑤ $13+3\times 1=16\neq 17$

3 $x=k,\ y=2$를 $6x-5y=-28$에 대입하면

$6k-10=-28,\ 6k=-18$ $\quad \therefore k=-3$

4 ④ $x=2,\ y=1$을 두 일차방정식에 각각 대입하면

$2+2\times 1=4,\ 2\times 2+1=5$

이므로 순서쌍 $(2, 1)$은 주어진 연립방정식의 해이다.

5 연립방정식 $\begin{cases} 3x-4y=8 & \cdots\cdots ㉠ \\ x=3y-19 & \cdots\cdots ㉡ \end{cases}$

㉡을 ㉠에 대입하면 $3(3y-19)-4y=8$

$5y-57=8$ $\quad \therefore 5y=65$

$\therefore k=5$

6 ㄱ. x를 없애기 위하여 x의 계수의 절댓값을 같게 한 후, 계수의 부호가 같으므로 변끼리 빼면 된다.

즉, ㉠$\times 3-$㉡$\times 2$를 하면 $-13y=13$

ㄹ. y를 없애기 위하여 y의 계수의 절댓값을 같게 한 후, 부호가 다르므로 변끼리 더하면 된다.

즉, ㉠$\times 2+$㉡$\times 3$을 하면 $13x=13$

이상에서 x 또는 y를 없애기 위하여 필요한 식은 ㄱ, ㄹ이다.

7 $\begin{cases} 2x+7y=3 & \cdots\cdots ㉠ \\ 5x+3y=-7 & \cdots\cdots ㉡ \end{cases}$

㉠$\times 5-$㉡$\times 2$를 하면 $29y=29$ $\quad \therefore y=1$

$y=1$을 ㉠에 대입하면 $2x+7=3$

$2x=-4$ $\quad\therefore x=-2$

$\therefore x+y=-2+1=-1$

8 $x=-4$, $y=2$를 주어진 연립방정식에 대입하면

$\begin{cases} -4a+2b=20 & \cdots\cdots ㉠ \\ -12a-2b=28 & \cdots\cdots ㉡ \end{cases}$

㉠+㉡을 하면 $-16a=48$ $\quad\therefore a=-3$

$a=-3$을 ㉠에 대입하면 $12+2b=20$

$2b=8$ $\quad\therefore b=4$

9 주어진 연립방정식 $\begin{cases} 0.7x-1.1y=9 & \cdots\cdots ㉠ \\ 0.13x+0.05y=-8 & \cdots\cdots ㉡ \end{cases}$

㉠×10을 하면 $7x-11y=90$

㉡×100을 하면 $13x+5y=-800$

$\therefore \begin{cases} 7x-11y=90 \\ 13x+5y=-800 \end{cases}$

10 $\begin{cases} 0.5x+\frac{2}{5}y=1.3 \\ 5x+7=4(x+y) \end{cases}$ 에서 $\begin{cases} 5x+4y=13 & \cdots\cdots ㉠ \\ x-4y=-7 & \cdots\cdots ㉡ \end{cases}$

㉠+㉡을 하면 $6x=6$ $\quad\therefore x=1$

$x=1$을 ㉠에 대입하면 $5+4y=13$

$4y=8$ $\quad\therefore y=2$

11 주어진 방정식에서

$\begin{cases} 6x-5y-10=4x+y-16 & \cdots\cdots ㉠ \\ 4x+y-16=2(x-1)+27y & \cdots\cdots ㉡ \end{cases}$

㉠, ㉡을 정리하면

$\begin{cases} x-3y=-3 & \cdots\cdots ㉢ \\ x-13y=7 & \cdots\cdots ㉣ \end{cases}$

㉢−㉣을 하면 $y=-1$

$y=-1$을 ㉢에 대입하면 $x+3=-3$ $\quad\therefore x=-6$

12 ① $x=\frac{4}{3}$, $y=-\frac{1}{6}$

② $x=5$, $y=1$

③ $x=1$, $y=11$

④ $x=0$, $y=-\frac{1}{2}$

⑤ $\begin{cases} 2x-4y=2 \\ 2x-4y=2 \end{cases}$ 이므로 해가 무수히 많다.

따라서 해가 무수히 많은 것은 ⑤이다.

13 연립방정식 $\begin{cases} 5x+4y=-1 & \cdots\cdots ㉠ \\ 0.2x-0.1y=1 & \cdots\cdots ㉡ \end{cases}$ 에서

㉡×10을 하면

$\begin{cases} 5x+4y=-1 & \cdots\cdots ㉠ \\ 2x-y=10 & \cdots\cdots ㉢ \end{cases}$

㉠+㉢×4를 하면 $13x=39$ $\quad\therefore x=3$

$x=3$을 ㉢에 대입하면 $6-y=10$

$-y=4$ $\quad\therefore y=-4$

$x=3$, $y=-4$를 $ax-y=13$에 대입하면

$3a+4=13$, $3a=9$ $\quad\therefore a=3$

$x=3$, $y=-4$를 $x+by=11$에 대입하면

$3-4b=11$, $-4b=8$ $\quad\therefore b=-2$

$\therefore ab=3\times(-2)=-6$

14 처음 수의 십의 자리의 숫자를 x, 일의 자리의 숫자를 y라 하면

$\begin{cases} 3x=y+4 \\ 10y+x=2(10x+y)-17 \end{cases}$

즉, $\begin{cases} 3x-y=4 & \cdots\cdots ㉠ \\ 19x-8y=17 & \cdots\cdots ㉡ \end{cases}$

㉠×8−㉡을 하면 $5x=15$ $\quad\therefore x=3$

$x=3$을 ㉠에 대입하면 $9-y=4$ $\quad\therefore y=5$

따라서 처음 수는 35이다.

15 희성이가 읽은 책의 권수를 x권, 수연이가 읽은 책의 권수를 y권이라 하면

$\begin{cases} x+y=24 & \cdots\cdots ㉠ \\ y=3x+4 & \cdots\cdots ㉡ \end{cases}$

㉡을 ㉠에 대입하면 $x+(3x+4)=24$

$4x=20$ $\quad\therefore x=5$

$x=5$를 ㉡에 대입하면 $y=19$

따라서 희성이와 수연이가 읽은 책의 권수의 차는

$19-5=14$(권)

16 갈 때 걸은 거리를 x km, 올 때 걸은 거리를 y km라 하면

$\begin{cases} x+y=7 \\ \frac{x}{2}+\frac{y}{4}=\frac{165}{60} \end{cases}$

즉, $\begin{cases} x+y=7 & \cdots\cdots ㉠ \\ 2x+y=11 & \cdots\cdots ㉡ \end{cases}$

㉠−㉡을 하면 $-x=-4$ $\quad\therefore x=4$

$x=4$를 ㉠에 대입하면 $4+y=7$ $\quad\therefore y=3$

따라서 우진이가 도서관에서 올 때 걸은 거리는 3 km이다.

Ⅵ. 일차함수와 그 그래프

⑪ 일차함수

준비 해 보자 161쪽

(1) 점 P의 좌표가 $(1, 3)$일 때, 점 P의 x좌표는 $\boxed{1}$이다.

(2) 점 Q의 좌표가 $(-6, 5)$일 때, 점 Q의 y좌표는 $\boxed{5}$이다.

(3) 점 $(-3, 5)$는 제$\boxed{2}$사분면 위에 있다.

(4) 점 $(4, -2)$는 제$\boxed{4}$사분면 위에 있다.

(5) 점 $(-5, -7)$은 제$\boxed{3}$사분면 위에 있다.

따라서 (1)~(5)의 □ 안에 들어갈 알맞은 수를 출발점으로 하여 사다리 타기를 하면 다음 그림과 같으므로 구하는 나라의 이름은 '바티칸 시국'이다.

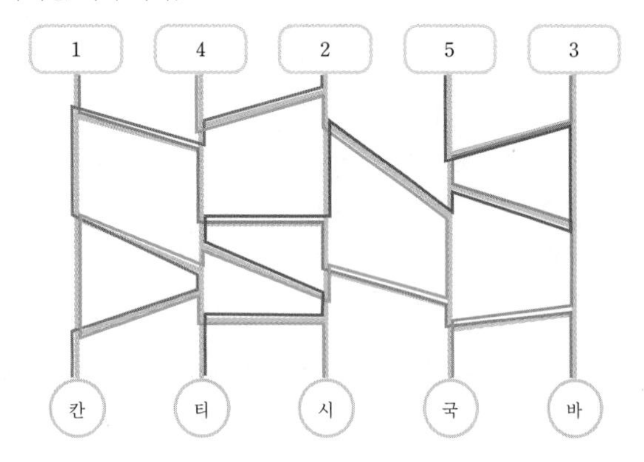

답 바티칸 시국

24 함수 165쪽

1-1 답 ㄴ

ㄱ. $y=120-x$이고 x의 값이 정해짐에 따라 y의 값이 오직 하나씩 정해지므로 y는 x의 함수이다.

ㄴ. $x=1$일 때, y의 값은 없다. 즉, x의 값이 정해짐에 따라 y의 값이 오직 하나씩 정해지지 않으므로 y는 x의 함수가 아니다.

ㄷ. $y=\dfrac{3}{x}$이고 x의 값이 정해짐에 따라 y의 값이 오직 하나씩 정해지므로 y는 x의 함수이다.

이상에서 y가 x의 함수가 아닌 것은 ㄴ뿐이다.

2-1 답 -3

$f(-5)=-\dfrac{10}{-5}=2$

$f(2)=-\dfrac{10}{2}=-5$

$\therefore f(-5)+f(2)=2+(-5)=-3$

25 일차함수 168쪽

1-1 답 ④, ⑤

① $y=3$ ② $y=\dfrac{2}{x}$

④ $y=-\dfrac{5}{2}x-5$ ⑤ $y=6x$

따라서 y가 x에 대한 일차함수인 것은 ④, ⑤이다.

2-1 답 (1) 10 (2) 3

(1) $f(-2)=-3\times(-2)+2=8$

$f\left(\dfrac{4}{3}\right)=-3\times\dfrac{4}{3}+2=-2$

$\therefore f(-2)-f\left(\dfrac{4}{3}\right)=8-(-2)=10$

(2) $f(a)=-3a+2$이므로 $-3a+2=-7$

$-3a=-9$ $\therefore a=3$

26 일차함수 $y=ax+b$의 그래프 172~173쪽

1-1 답 (1)

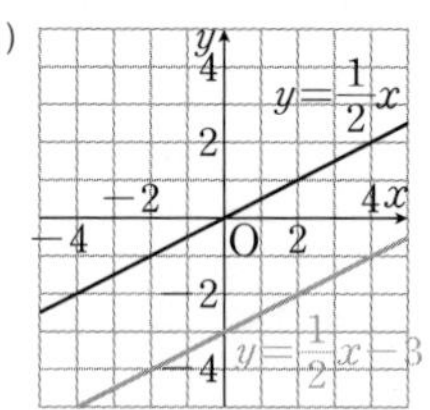

(2)

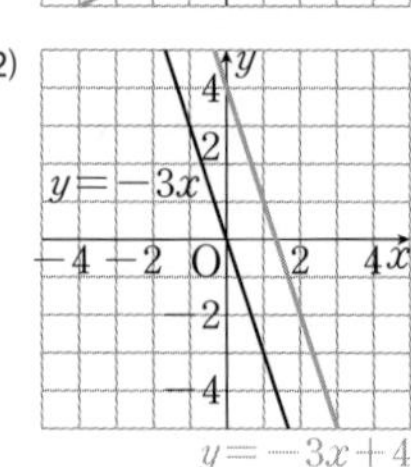

(1) $y=\dfrac{1}{2}x-3$의 그래프는 $y=\dfrac{1}{2}x$의 그래프를 y축의 방향으로 -3만큼 평행이동한 그래프이다.

(2) $y=-3x+4$의 그래프는 $y=-3x$의 그래프를 y축의 방향으로 4만큼 평행이동한 그래프이다.

2-1 답 (1) $y=-5x+\frac{3}{2}$ (2) $y=\frac{1}{3}x-5$

(1) $y=-5x$의 그래프를 y축의 방향으로 $\frac{3}{2}$만큼 평행이동한 그래프의 식은 $y=-5x+\frac{3}{2}$이다.

(2) $y=\frac{1}{3}x-1$의 그래프를 y축의 방향으로 -4만큼 평행이동한 그래프의 식은 $y=\frac{1}{3}x-1-4$, 즉 $y=\frac{1}{3}x-5$이다.

2-2 답 ㄷ, ㄹ

ㄷ. $y=-4x$의 그래프를 y축의 방향으로 $-\frac{1}{5}$만큼 평행이동하면 $y=-4x-\frac{1}{5}$의 그래프이다.

ㄹ. $y=4(1-x)=4-4x$
$y=-4x$의 그래프를 y축의 방향으로 4만큼 평행이동하면 $y=4-4x$의 그래프이다.

이상에서 $y=-4x$의 그래프를 y축의 방향으로 평행이동한 그래프인 것은 ㄷ, ㄹ이다.

12 일차함수의 그래프와 그 활용

준비 해 보자 175쪽

(1) 정비례 관계의 그래프는 원점을 지나는 직선이다. (○) ⇨ 마

(2) 정비례 관계 $y=2x$의 그래프는 오른쪽 위로 향하는 직선이다. (×) ⇨ 추

(3) 정비례 관계 $y=-x$의 그래프는 제2사분면과 제4사분면을 지난다. (×) ⇨ 픽

(4) 정비례 관계 $y=-5x$의 그래프는 x의 값이 증가하면 y의 값은 감소한다. (○) ⇨ 추

따라서 구하는 관광지의 이름은 '마추픽추'이다.

답 마추픽추

27 일차함수의 그래프의 절편과 기울기

180~181쪽

1-1 답 (1) x절편: $-\frac{2}{3}$, y절편: 2, 기울기: 3
(2) x절편: $-\frac{1}{2}$, y절편: -3, 기울기: -6
(3) x절편: $\frac{5}{4}$, y절편: -1, 기울기: $\frac{4}{5}$
(4) x절편: 2, y절편: 7, 기울기: $-\frac{7}{2}$

(1) $y=0$일 때 $0=3x+2$이므로 $x=-\frac{2}{3}$
$x=0$일 때 $y=2$
따라서 x절편은 $-\frac{2}{3}$, y절편은 2이고, 기울기는 3이다.

(2) $y=0$일 때 $0=-6x-3$이므로 $x=-\frac{1}{2}$
$x=0$일 때 $y=-3$
따라서 x절편은 $-\frac{1}{2}$, y절편은 -3이고, 기울기는 -6이다.

(3) $y=0$일 때 $0=\frac{4}{5}x-1$이므로 $x=\frac{5}{4}$
$x=0$일 때 $y=-1$
따라서 x절편은 $\frac{5}{4}$, y절편은 -1이고, 기울기는 $\frac{4}{5}$이다.

(4) $y=0$일 때 $0=7-\frac{7}{2}x$이므로 $x=2$
$x=0$일 때 $y=7$
따라서 x절편은 2, y절편은 7이고, 기울기는 $-\frac{7}{2}$이다.

1-2 답 ④

각 일차함수의 그래프의 x절편과 y절편을 구하면 다음과 같다.
① x절편: 1, y절편: -1
② x절편: 3, y절편: -6
③ x절편: -1, y절편: 5
④ x절편: 4, y절편: 4
⑤ x절편: -3, y절편: -9
따라서 x절편과 y절편이 같은 것은 ④이다.

2-1 답 (1) 12 (2) -2

(1) $(\text{기울기})=\frac{(y\text{의 값의 증가량})}{3}=4$이므로
$(y\text{의 값의 증가량})=4\times3=12$

(2) $(\text{기울기})=\frac{(y\text{의 값의 증가량})}{4-1}=-\frac{2}{3}$이므로
$(y\text{의 값의 증가량})=-\frac{2}{3}\times3=-2$

3-1 답 (1) -2 (2) $\frac{5}{2}$

(1) (기울기)$=\frac{8-0}{-3-1}=\frac{8}{-4}=-2$

(2) (기울기)$=\frac{3-(-7)}{2-(-2)}=\frac{10}{4}=\frac{5}{2}$

28 일차함수의 그래프의 성질 184쪽

1-1 답 (1) ○ (2) × (3) ×

(2) 주어진 그래프의 기울기가 $-\frac{3}{4}$이므로 x의 값이 4만큼 증가할 때, y의 값은 3만큼 감소한다.

(3) 주어진 그래프의 y절편이 양수이므로 y축과 양의 부분에서 만난다.

1-2 답 $a>0$, $b<0$

주어진 그래프가 오른쪽 위로 향하는 직선이므로

(기울기)$=a>0$

또, 그래프가 y축과 음의 부분에서 만나므로

(y절편)$=b<0$

29 일차함수의 그래프의 평행과 일치 187쪽

1-1 답 ④

주어진 그래프가 두 점 $(4, 0)$, $(0, -2)$를 지나므로 기울기는 $\frac{-2-0}{0-4}=\frac{1}{2}$이고 y절편은 -2이다.

따라서 주어진 그래프와 평행한 것은 기울기가 같고 y절편이 다른 ④이다.

2-1 답 $a=4$, $b=1$

$2a=8$이므로 $a=4$

$-1=-b$이므로 $b=1$

30 일차함수의 그래프 그리기 .... 192~193쪽

1-1 답 풀이 참조

(1) $y=2x+4$에서 $y=0$일 때 $x=-2$, $x=0$일 때 $y=4$

따라서 그래프는 다음 그림과 같이 두 점 $(-2, 0)$과 $(0, 4)$를 연결한 직선이다.

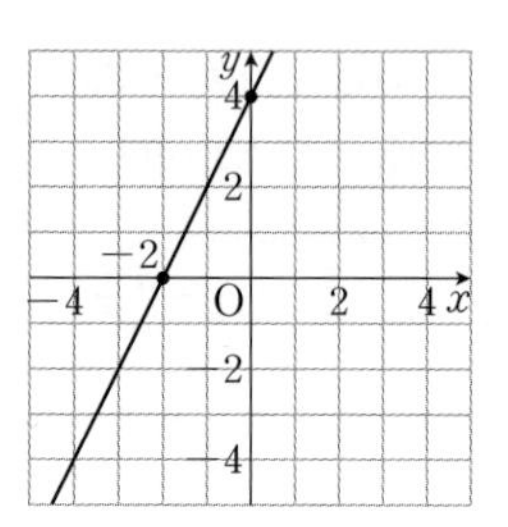

(2) $y=-\frac{1}{3}x+1$에서 $y=0$일 때 $x=3$, $x=0$일 때 $y=1$

따라서 그래프는 다음 그림과 같이 두 점 $(3, 0)$과 $(0, 1)$을 연결한 직선이다.

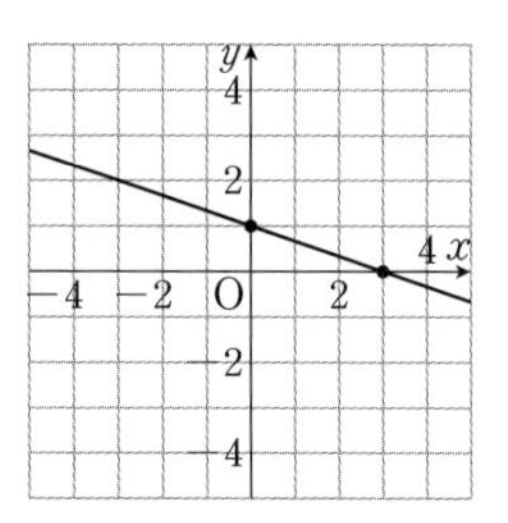

2-1 답 풀이 참조

(1) y절편이 -1이므로 그래프는 점 $(0, -1)$을 지난다.

또, 기울기가 $\frac{3}{4}$이므로 점 $(0, -1)$에서 x의 값이 4만큼 증가할 때 y의 값은 3만큼 증가한 점 $(4, 2)$를 지난다.

따라서 그래프는 다음 그림과 같이 두 점 $(0, -1)$과 $(4, 2)$를 연결한 직선이다.

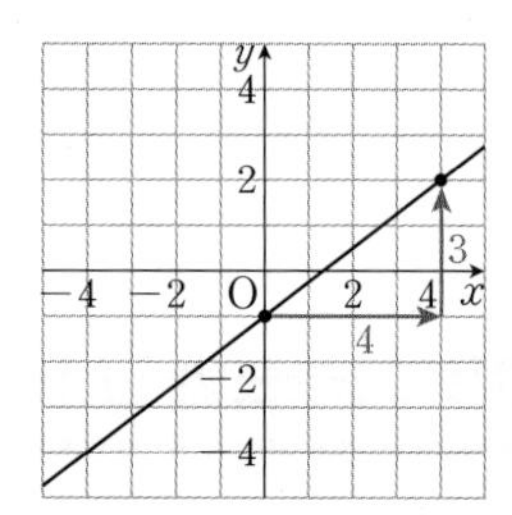

(2) y절편이 2이므로 그래프는 점 $(0, 2)$를 지난다.

또, 기울기가 $-\frac{5}{2}$이므로 점 $(0, 2)$에서 x의 값이 2만큼 증가할 때 y의 값은 5만큼 감소한 점 $(2, -3)$을 지난다.

따라서 그래프는 다음 그림과 같이 두 점 $(0, 2)$와 $(2, -3)$을 연결한 직선이다.

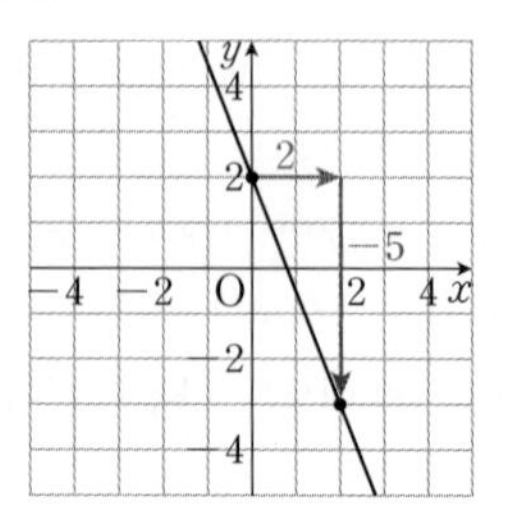

31 일차함수의 식 구하기 ······ 198~200쪽

1-1 답 (1) $y=6x+3$ (2) $y=-\frac{1}{4}x-5$

(1) 점 $(0, 3)$을 지나므로 y절편은 3이다.
따라서 구하는 일차함수의 식은 $y=6x+3$

(2) 기울기가 $\frac{-2}{8}=-\frac{1}{4}$이고 y절편이 -5이므로
구하는 일차함수의 식은 $y=-\frac{1}{4}x-5$

2-1 답 (1) $y=\frac{1}{8}x+4$ (2) $y=-\frac{3}{2}x+6$

(1) 기울기가 $\frac{1}{8}$이므로 구하는 일차함수의 식을 $y=\frac{1}{8}x+b$라 하자.
이 일차함수의 그래프가 점 $(-8, 3)$을 지나므로
$3=\frac{1}{8}\times(-8)+b \quad \therefore b=4$
따라서 구하는 일차함수의 식은 $y=\frac{1}{8}x+4$

(2) 기울기가 $-\frac{3}{2}$이므로 구하는 일차함수의 식을 $y=-\frac{3}{2}x+b$라 하자.
이 일차함수의 그래프가 점 $(4, 0)$을 지나므로
$0=-\frac{3}{2}\times4+b \quad \therefore b=6$
따라서 구하는 일차함수의 식은 $y=-\frac{3}{2}x+6$

3-1 답 $y=5x-3$

두 점 $(-1, -8)$, $(2, 7)$을 지나므로
$(\text{기울기})=\frac{7-(-8)}{2-(-1)}=5$
구하는 일차함수의 식을 $y=5x+b$라 하자.
이 일차함수의 그래프가 점 $(-1, -8)$을 지나므로
$-8=5\times(-1)+b \quad \therefore b=-3$
따라서 구하는 일차함수의 식은 $y=5x-3$

3-2 답 $y=-\frac{1}{2}x+2$

두 점 $(-2, 3)$, $(6, -1)$을 지나므로
$(\text{기울기})=\frac{-1-3}{6-(-2)}=-\frac{1}{2}$
구하는 일차함수의 식을 $y=-\frac{1}{2}x+b$라 하자.
이 일차함수의 그래프가 점 $(-2, 3)$을 지나므로
$3=-\frac{1}{2}\times(-2)+b \quad \therefore b=2$
따라서 구하는 일차함수의 식은 $y=-\frac{1}{2}x+2$

4-1 답 (1) $y=\frac{2}{7}x-2$ (2) $y=-2x-6$

(1) x절편이 7, y절편이 -2이므로 두 점 $(7, 0)$, $(0, -2)$를 지난다.
따라서 $(\text{기울기})=\frac{-2-0}{0-7}=\frac{2}{7}$이고 y절편이 -2이므로
구하는 일차함수의 식은 $y=\frac{2}{7}x-2$

(2) x절편이 -3, y절편이 -6이므로 두 점 $(-3, 0)$, $(0, -6)$을 지난다.
따라서 $(\text{기울기})=\frac{-6-0}{0-(-3)}=-2$이고 y절편이 -6이므로 구하는 일차함수의 식은 $y=-2x-6$

4-2 답 $y=-\frac{3}{5}x+3$

x절편이 5, y절편이 3이므로 두 점 $(5, 0)$, $(0, 3)$을 지난다.
따라서 $(\text{기울기})=\frac{3-0}{0-5}=-\frac{3}{5}$이고 y절편이 3이므로
구하는 일차함수의 식은 $y=-\frac{3}{5}x+3$

32 일차함수의 활용 ······ 203~204쪽

1-1 답 (1) $y=50-0.2x$ (2) 250 km

(1) 1 km를 달리는 데 사용한 휘발유의 양은 0.2 L이므로
x km를 달리는 데 사용한 휘발유의 양은 $0.2x$ L이다.
따라서 x와 y 사이의 관계식은 $y=50-0.2x$

(2) $y=50-0.2x$에 $y=0$을 대입하면
$0=50-0.2x$, $0.2x=50 \quad \therefore x=250$
따라서 휘발유를 모두 사용할 때까지 자동차가 달릴 수 있는 거리는 250 km이다.

1-2 답 (1) $y=25-6x$ (2) 4 km

(1) 높이가 1 km씩 높아질 때마다 기온이 6 °C씩 낮아지므로 높이가 x km 높아지면 기온은 $6x$ °C만큼 낮아진다.
따라서 x와 y 사이의 관계식은 $y=25-6x$

(2) $y=25-6x$에 $y=1$을 대입하면

$1=25-6x$, $6x=24$ $\quad\therefore x=4$

따라서 기온이 $1\,^\circ\mathrm{C}$인 곳의 지면으로부터의 높이는 4 km이다.

2-1 답 (1) $y=270-90x$ (2) 3시간

(1) 시속 90 km로 x시간 동안 간 거리는 $90x$ km이다.

따라서 x와 y 사이의 관계식은 $y=270-90x$

(2) $y=270-90x$에 $y=0$을 대입하면

$0=270-90x$, $90x=270$ $\quad\therefore x=3$

따라서 서진이가 캠핑장까지 가는 데 걸린 시간은 3시간이다.

2-2 답 (1) $y=240-180x$ (2) 90 km

(1) 시속 180 km로 x시간 동안 달린 거리는 $180x$ km이다.

따라서 x와 y 사이의 관계식은 $y=240-180x$

(2) 50분은 $\frac{5}{6}$시간이므로 $y=240-180x$에 $x=\frac{5}{6}$를 대입하면

$y=240-180\times\frac{5}{6}=90$

따라서 A역을 출발한 지 50분 후의 기차와 B역 사이의 거리는 90 km이다.

GoGo! 문제를 풀어 보자

206~209쪽

1 2개	**2** ②	**3** 12	**4** ④
5 ⑤	**6** ②	**7** ①	**8** 18
9 ③	**10** ③	**11** ⑤	**12** ①
13 −8	**14** ②	**15** ④	**16** 14 km

1 ㄱ. $x=2$일 때, 2의 배수는 2, 4, 6, 8, 10, ⋯으로 y의 값이 오직 하나로 정해지지 않으므로 y는 x의 함수가 아니다.

ㄴ. 길이가 120 cm인 노끈을 x cm 사용하고 남은 노끈의 길이는 $(120-x)$ cm이므로 $y=120-x$

ㄷ. 매분 x L씩 y분 동안 넣은 물의 양이 xy L이므로

$xy=50$ $\quad\therefore y=\frac{50}{x}$

ㄹ. $x=3$일 때, 3과 서로소인 자연수는 1, 2, 4, 5, 7, ⋯로 y의 값이 오직 하나로 정해지지 않으므로 y는 x의 함수가 아니다.

이상에서 y가 x의 함수인 것은 ㄴ, ㄷ의 2개이다.

2 ① $x+y=0$에서 $y=-x$

② $(x+1)y=1$에서 $y=\frac{1}{x+1}$

③ $y-2=x-y$에서 $2y=x+2$ $\quad\therefore y=\frac{x}{2}+1$

따라서 y가 x에 대한 일차함수가 아닌 것은 ②이다.

3 $f(-3)=-3a+4=10$이므로

$-3a=6$ $\quad\therefore a=-2$

따라서 $f(x)=-2x+4$이므로

$f(-4)=-2\times(-4)+4=12$

4 ① $-\frac{-9}{3}+2=5\neq6$

② $-\frac{-6}{3}+2=4\neq5$

③ $-\frac{-1}{3}+2=\frac{7}{3}\neq\frac{1}{3}$

④ $-\frac{3}{3}+2=1$

⑤ $-\frac{6}{3}+2=0\neq-4$

따라서 그래프 위의 점인 것은 ④이다.

5 $y=-2x+k$의 그래프를 y축의 방향으로 -1만큼 평행이동한 그래프의 식은

$y=-2x+k-1$

이 그래프가 점 $(-3, 14)$를 지나므로

$14=6+k-1$ $\quad\therefore k=9$

6 $y=-3x-6$의 그래프의 기울기가 a이므로

$a=-3$

x절편이 b이므로

$0=-3b-6$, $3b=-6$ $\quad\therefore b=-2$

y절편이 c이므로

$c=-6$

$\therefore a+b-c=-3+(-2)-(-6)=1$

7 $\frac{k-3}{4-(-2)}=-6$이므로

$k-3=-36$ $\quad\therefore k=-33$

8 $y=-\frac{1}{4}x-3$의 그래프의 x절편은 -12, y절편은 -3이므로 $\mathrm{A}(-12, 0)$, $\mathrm{B}(0, -3)$

따라서 삼각형 ABO의 넓이는

$\frac{1}{2}\times12\times3=18$

9 주어진 그림에서 $-a<0$, $b<0$이므로
$a>0$, $b<0$

10 ③ $y=\frac{2}{3}x-10$의 그래프는 $y=\frac{2}{3}x-6$의 그래프와 평행하므로 만나지 않는다.

11 ① 점 $(-2,\ -10)$을 지난다.
② x절편은 2, y절편은 -5이다.
③ 오른쪽 위로 향하는 직선이다.
④ $y=\frac{2}{5}x+5$의 그래프와 평행하지 않다.
따라서 옳은 것은 ⑤이다.

12 $y=\frac{4}{5}x+8$의 그래프의 x절편은 -10, y절편은 8이므로 그 그래프는 ①이다.

13 기울기가 -3이고 y절편이 -5인 일차함수의 식은
$y=-3x-5$
이 그래프가 점 $(k,\ 19)$를 지나므로
$19=-3k-5$, $3k=-24$ $\quad\therefore k=-8$

14 두 점 $(-4,\ 0)$, $(0,\ 3)$을 지나는 직선과 평행하므로
$(\text{기울기})=\frac{3-0}{0-(-4)}=\frac{3}{4}$
구하는 일차함수의 식을 $y=\frac{3}{4}x+b$라 하면 이 그래프가 점 $(4,\ -1)$을 지나므로
$-1=3+b$ $\quad\therefore b=-4$
$\therefore y=\frac{3}{4}x-4$

15 1개월마다 식물의 높이가 2 cm씩 자라므로 x개월 후의 식물의 높이를 y cm라 하면
$y=15+2x$
$y=37$이면 $37=15+2x$
$-2x=-22$ $\quad\therefore x=11$
따라서 식물의 높이가 37 cm가 되는 것은 11개월 후이다.

16 출발한 지 x시간 후의 남은 거리를 y km라 하면
$y=154-70x$
$x=2$이면 $y=154-70\times2=14$
따라서 출발한 지 2시간 후의 남은 거리는 14 km이다.

Ⅶ. 일차함수와 일차방정식의 관계

⑬ 일차함수와 일차방정식의 관계

준비 해 보자 213쪽

각 순서쌍을 일차방정식 $-3x+2y=6$에 대입하면 다음과 같다.
$-3\times(-2)+2\times0=6$ ⇨ 성
$-3\times1+2\times5=7\neq6$
$-3\times(-1)+2\times2=7\neq6$
$-3\times(-4)+2\times4=20\neq6$
$-3\times0+2\times3=6$ ⇨ 공
$-3\times2+2\times(-1)=-8\neq6$
따라서 주어진 명언을 완성하면 '성공은 열심히 노력하며 기다리는 사람에게 찾아온다.'이다.

답 성공

33 일차함수와 일차방정식의 관계 216쪽

1-1 답 ④

$6x-4y+1=0$에서 $y=\frac{3}{2}x+\frac{1}{4}$

1-2 답 풀이 참조

(1) $4x-y-1=0$에서 $y=4x-1$
따라서 일차방정식 $4x-y-1=0$의 그래프는 오른쪽 그림과 같이 기울기가 4이고 y절편이 -1인 직선이다.

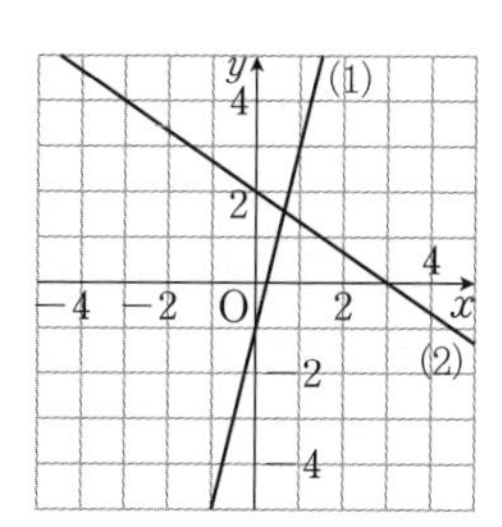

(2) $2x+3y-6=0$에서
$y=-\frac{2}{3}x+2$
따라서 일차방정식 $2x+3y-6=0$의 그래프는 위의 그림과 같이 기울기가 $-\frac{2}{3}$이고 y절편이 2인 직선이다.

34 일차방정식 $x=p$, $y=q$의 그래프 220쪽

1-1 답 풀이 참조

(1) $x-1=0$에서 $x=1$

(2) $y+4=2$에서 $y=-2$

(3) $2x+1=-5$에서 $2x=-6$ $\quad \therefore x=-3$

(4) $3y-12=0$에서 $3y=12$ $\quad \therefore y=4$

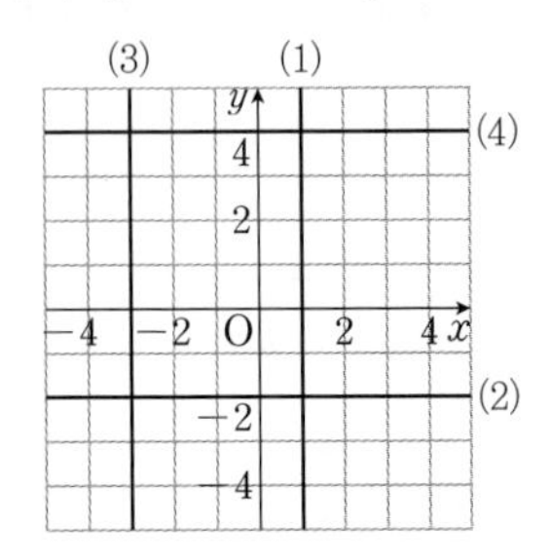

1-2 답 (1) $x=-5$ (2) $y=-6$ (3) $x=4$ (4) $y=-1$

(2) y축에 수직인 직선은 x축에 평행한 직선이므로
점 $(-3, -6)$을 지나고 x축에 평행한 직선의 방정식은
$y=-6$

(3) 두 점 $(4, 0)$, $(4, -3)$의 x좌표가 모두 4이므로
$x=4$

(4) 두 점 $(2, -1)$, $(6, -1)$의 y좌표가 모두 -1이므로
$y=-1$

35 일차방정식의 그래프와 연립방정식 (1)

223쪽

1-1 답 (1) $x=-1, y=-1$ (2) $x=0, y=2$

(1) 두 일차방정식의 그래프의 교점의 좌표가 $(-1, -1)$이므로
연립방정식의 해는 $x=-1, y=-1$

(2) 두 일차방정식의 그래프의 교점의 좌표가 $(0, 2)$이므로 연립방정식의 해는 $x=0, y=2$

1-2 답 $(1, 2)$

두 일차방정식을 연립방정식으로 나타내면

$$\begin{cases} x-3y=-5 & \cdots\cdots ㉠ \\ 5x-2y=1 & \cdots\cdots ㉡ \end{cases}$$

㉠×5−㉡을 하면

$-13y=-26$ $\quad \therefore y=2$

$y=2$를 ㉠에 대입하면

$x-6=-5$ $\quad \therefore x=1$

따라서 두 그래프의 교점의 좌표는 $(1, 2)$이다.

36 일차방정식의 그래프와 연립방정식 (2)

227쪽

1-1 답 $-\frac{1}{2}$

두 일차방정식을 각각 y에 대하여 풀면

$ax-y+3=0$에서 $y=ax+3$

$3x+6y-4=0$에서 $y=-\frac{1}{2}x+\frac{2}{3}$

연립방정식의 해가 없으려면 두 일차방정식의 그래프가 서로 평행해야 하므로 기울기는 같고, y절편은 달라야 한다.

$\therefore a=-\frac{1}{2}$

2-1 답 $a=-4, b=-8$

두 일차방정식을 각각 y에 대하여 풀면

$x+ay-4=0$에서 $y=-\frac{1}{a}x+\frac{4}{a}$

$-2x+8y-b=0$에서 $y=\frac{1}{4}x+\frac{b}{8}$

연립방정식의 해가 무수히 많으려면 두 일차방정식의 그래프가 일치해야 하므로 기울기와 y절편이 각각 같아야 한다.

$-\frac{1}{a}=\frac{1}{4}$에서 $a=-4$

$\frac{4}{a}=\frac{b}{8}$에서 $-1=\frac{b}{8}$ $\quad \therefore b=-8$

GoGo! 문제를 풀어 보자

229~232쪽

1 ①	**2** −2	**3** ④, ⑤	**4** −12
5 ③, ④	**6** ①	**7** ②	**8** −3
9 ③	**10** 12	**11** ⑤	**12** ④
13 ②	**14** ④	**15** ④	

1 $2x-y-3=0$에서 $y=2x-3$
따라서 $2x-y-3=0$의 그래프의 기울기는 2, y절편은 -3이므로 그 그래프는 ①이다.

2 $2x+3y+14=0$의 그래프가 점 $(-4, a)$를 지나므로
$-8+3a+14=0$, $3a=-6$ $\quad \therefore a=-2$

3 $3x-y-1=0$에서 $y=3x-1$
① x절편은 $\frac{1}{3}$, y절편은 -1이다.

② 오른쪽 위로 향하는 직선이다.

③ 일차함수 $y=3x+7$의 그래프와 기울기가 같고 y절편은 다르므로 평행하다.

④ $3x-y-1=0$의 그래프는 오른쪽 그림과 같으므로 제2사분면을 지나지 않는다.

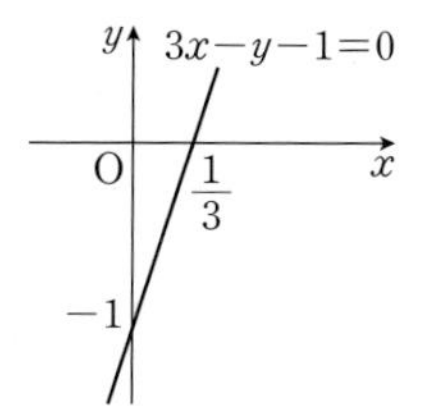

⑤ $3\times(-2)+7-1=0$이므로 점 $(-2, -7)$을 지난다.

따라서 옳은 것은 ④, ⑤이다.

4 $x=-2$, $y=-11$을 $(2a+1)x-y+7=0$에 대입하면

$-2(2a+1)+11+7=0$, $-4a=-16$ $\quad\therefore a=4$

$x=b$, $y=-20$을 $9x-y+7=0$에 대입하면

$9b+20+7=0$, $9b=-27$ $\quad\therefore b=-3$

$\therefore ab=4\times(-3)=-12$

5 y축에 수직인 직선의 방정식은 $y=$(수) 꼴로 나타내어진다.

① $y=-x$ ③ $y=3$ ④ $y=-2$ ⑤ $x=\frac{5}{3}$

따라서 y축에 수직인 직선의 방정식은 ③, ④이다.

6 점 $(k, 9)$가 $5x-y-1=0$의 그래프 위의 점이므로

$5k-9-1=0$, $5k=10$ $\quad\therefore k=2$

따라서 점 $(2, 9)$를 지나고 x축에 수직인 직선의 방정식은

$x=2$

7 주어진 그래프의 식은 $y=-5$이므로

양변을 5로 나누면 $\frac{1}{5}y=-1$

따라서 $a=0$, $b=\frac{1}{5}$이므로

$a-b=0-\frac{1}{5}=-\frac{1}{5}$

8 두 점 $(-a-5, 3)$, $(3a+7, 8)$을 지나는 직선이 y축에 평행하려면 두 점의 x좌표가 같아야 한다.

즉, $-a-5=3a+7$이어야 하므로

$-4a=12$ $\quad\therefore a=-3$

9 직선 $2x+y=-2$의 x절편은 -1, y절편은 -2이므로

직선 $2x+y=-2$는 세 점 B, C, E를 지나는 직선이다.

직선 $4x-3y=6$의 x절편은 $\frac{3}{2}$, y절편은 -2이므로

직선 $4x-3y=6$은 두 점 C, D를 지나는 직선이다.

따라서 주어진 연립방정식의 해를 나타내는 점은 두 직선의 교점인 C이다.

10 두 그래프의 교점의 좌표는 연립방정식 $\begin{cases} x-4y+3=0 \\ 2x-5y-9=0 \end{cases}$의 해와 같다.

위의 연립방정식의 해는 $x=17$, $y=5$이므로

$a=17$, $b=5$

$\therefore a-b=17-5=12$

11 $y=1$을 $y=2x-1$에 대입하면

$1=2x-1$, $-2x=-2$ $\quad\therefore x=1$

즉, 두 직선의 교점의 좌표는 $(1, 1)$이다.

따라서 직선 $y=ax-2$가 점 $(1, 1)$을 지나므로

$1=a-2$ $\quad\therefore a=3$

12 주어진 두 그래프의 교점의 좌표가 $(-4, 5)$이므로 연립방정식의 해는 $x=-4$, $y=5$이다.

$x=-4$, $y=5$를 $ax+y=-3$에 대입하면

$-4a+5=-3$, $-4a=-8$ $\quad\therefore a=2$

$x=-4$, $y=5$를 $x+by=-14$에 대입하면

$-4+5b=-14$, $5b=-10$ $\quad\therefore b=-2$

13 $2x+ay=1$에서 $y=-\frac{2}{a}x+\frac{1}{a}$

$4x-10y=b$에서 $y=\frac{2}{5}x-\frac{b}{10}$

두 직선이 일치하므로

$-\frac{2}{a}=\frac{2}{5}$, $\frac{1}{a}=-\frac{b}{10}$ $\quad\therefore a=-5, b=2$

14 $kx+y=-2$에서 $y=-kx-2$

$3x+2y=8$에서 $y=-\frac{3}{2}x+4$

연립방정식이 오직 한 쌍의 해를 가지려면 두 일차방정식의 그래프가 한 점에서 만나야 하므로

$-k\neq-\frac{3}{2}$ $\quad\therefore k\neq\frac{3}{2}$

15 $ax-2y+4=0$에서 $y=\frac{a}{2}x+2$

$-2x+4y-b=0$에서 $y=\frac{1}{2}x+\frac{b}{4}$

두 직선의 교점이 존재하지 않으려면 두 직선이 서로 평행해야 하므로

$\frac{a}{2}=\frac{1}{2}$, $2\neq\frac{b}{4}$ $\quad\therefore a=1, b\neq8$

MEMO

MEMO

MEMO

www.mirae-n.com

학습하다가 이해되지 않는 부분이나 정오표 등의 궁금한 사항이 있나요?
미래엔 홈페이지에서 해결해 드립니다.

교재 내용 문의
나의 교재 문의 | 수학 과외쌤 | 자주하는 질문 | 기타 문의

교재 정답 및 정오표
정답과 해설 | 정오표

교재 학습 자료
개념 강의 | 문제 자료 | MP3 | 실험 영상

Contact Mirae-N
www.mirae-n.com
(우)06532 서울시 서초구 신반포로 321
1800-8890

수학 EASY 개념서

개념이 수학의 전부다! 술술 읽으며 개념 잡는 EASY 개념서

수학 0_초등 핵심 개념,
1_1(상), 2_1(하),
3_2(상), 4_2(하),
5_3(상), 6_3(하)

수학 필수 유형서

 유형완성

체계적인 유형별 학습으로 실전에서 더욱 강력하게!

수학 1(상), 1(하), 2(상), 2(하), 3(상), 3(하)

미래엔 교과서 연계 도서

자습서

 자습서

핵심 정리와 적중 문제로 완벽한 자율학습!

국어 1-1, 1-2, 2-1, 2-2, 3-1, 3-2
영어 1, 2, 3
수학 1, 2, 3
사회 ①, ②
역사 ①, ②
도덕 ①, ②
과학 1, 2, 3
기술・가정 ①, ②
제2외국어 생활 일본어, 생활 중국어, 한문

평가 문제집

 평가 문제집

정확한 학습 포인트와 족집게 예상 문제로 완벽한 시험 대비!

국어 1-1, 1-2, 2-1, 2-2, 3-1, 3-2
영어 1-1, 1-2, 2-1, 2-2, 3-1, 3-2
사회 ①, ②
역사 ①, ②
도덕 ①, ②
과학 1, 2, 3

내신 대비 문제집

 시험직보 문제집

내신 만점을 위한 시험 직전에 보는 문제집

국어 1-1, 1-2, 2-1, 2-2, 3-1, 3-2
영어 1-1, 1-2, 2-1, 2-2, 3-1, 3-2

• 미래엔 교과서 관련 도서입니다.

예비 고1을 위한 고등 도서

룩

이미지 연상으로 필수 개념을 쉽게 익히는 비주얼 개념서

국어 문학, 독서, 문법
영어 비교문법, 분석독해
수학 고등 수학(상), 고등 수학(하)
사회 통합사회, 한국사
과학 통합과학

탄탄한 개념 설명, 자신있는 실전 문제

수학 고등 수학(상), 고등 수학(하), 수학 Ⅰ, 수학 Ⅱ, 확률과 통계, 미적분
사회 통합사회, 한국사
과학 통합과학

수학중심

개념과 유형을 한 번에 잡는 개념 기본서

수학 고등 수학(상), 고등 수학(하), 수학 Ⅰ, 수학 Ⅱ, 확률과 통계, 미적분, 기하

유형중심

체계적인 유형별 학습으로 실전에서 더욱 강력한 문제 기본서

수학 고등 수학(상), 고등 수학(하), 수학 Ⅰ, 수학 Ⅱ, 확률과 통계, 미적분

BITE

GRAMMAR 문법의 기본 개념과 문장 구성 원리를 학습하는 고등 문법 기본서

핵심문법편, 필수구문편

READING 정확하고 빠른 문장 해석 능력과 읽는 즐거움을 키워 주는 고등 독해 기본서

도약편, 발전편

word 동사로 어휘 실력을 다지고 적중 빈출 어휘로 수능을 저격하는 고등 어휘력 향상 프로젝트

핵심동사 830, 수능적중 2000

손쉬운

작품 이해에서 문제 해결까지 손쉬운 비법을 담은 문학 입문서

현대 문학, 고전 문학